高等职业教育轨道交通类校企合作系列教材

土木工程材料

主 编 李 辉 李 坤
副主编 张 佳 李秀换
主 审 解宝柱

西南交通大学出版社
·成 都·

图书在版编目（CIP）数据

土木工程材料/李辉，李坤主编. —成都：西南交通大学出版社，2017.3（2024.12 重印）
高等职业教育轨道交通类校企合作系列教材
ISBN 978-7-5643-5307-0

Ⅰ. ①土… Ⅱ. ①李… ②李… Ⅲ. ①土木工程－工程材料－高等职业教育－教材 Ⅳ. ①TU5

中国版本图书馆 CIP 数据核字（2017）第 038781 号

高等职业教育轨道交通类校企合作系列教材

土木工程材料

主编　李　辉　李　坤

责 任 编 辑	姜锡伟
封 面 设 计	何东琳设计工作室
出 版 发 行	西南交通大学出版社 （四川省成都市金牛区二环路北一段 111 号 　西南交通大学创新大厦 21 楼）
发 行 部 电 话	028-87600564　028-87600533
邮 政 编 码	610031
网　　　　址	http://www.xnjdcbs.com
印　　　　刷	成都蓉军广告印务有限责任公司
成 品 尺 寸	185 mm×260 mm
印　　　　张	15.5
字　　　　数	386 千
版　　　　次	2017 年 3 月第 1 版
印　　　　次	2024 年 1 月第 5 次
书　　　　号	ISBN 978-7-5643-5307-0
定　　　　价	39.80 元

课件咨询电话：028-81435775
图书如有印装质量问题　本社负责退换
版权所有　盗版必究　举报电话：028-87600562

前 言

本书是高等职业教育轨道交通类校企合作系列教材。本书主要面向铁道工程、道路与桥梁工程和建筑工程等专业。本书在编写过程中，体系设计合理、循序渐进，符合学生的认知规律；理论知识够用，以实用为原则；同时吸收了工程施工、养护企业一线工作人员的建议与意见，使教学更具针对性。

本书由辽宁铁道职业技术学院的李辉和李坤担任主编，辽宁铁道职业技术学院张佳和李秀换担任副主编。具体编写分工如下：李辉编写第四章、第五章、第六章，李坤编写第七章、第八章，张佳编写绪论、第一章、第二章，李秀换编写第三章。本书由解宝柱主审，再此感谢姜雄基提出的宝贵意见，在此表示衷心的感谢。

限于编者的理论水平和实践经验，书中疏漏及不足之处在所难免，恳请读者批评指正。

编 者

2017 年 2 月

目　录

绪　论 · 1
 0.1 土木工程材料的定义 · 1
 0.2 土木工程材料的分类 · 2
 0.3 土木工程材料在土木工程中的地位 · 3
 0.4 土木工程材料的发展 · 3
 0.5 土木工程材料的检验方法及标准化 · 4
 0.6 本课程学习的目的和要求 · 6
 本章小结 · 6
 复习思考题 · 6

第一章 土木工程材料的基本性质 · 7
 1.1 材料的组成、结构与构造及其对材料性质的影响 · 7
 1.2 土木工程材料的基本性质及材料的体积组成 · 11
 1.3 土木工程材料的物理性质 · 12
 1.4 土木工程材料的力学性质 · 24
 1.5 材料的耐久性 · 30
 本章小结 · 31
 复习思考题 · 32

第二章 水　泥 · 33
 2.1 硅酸盐水泥 · 33
 2.2 硅酸盐水泥的水化反应与凝结硬化 · 36
 2.3 掺混合材硅酸盐水泥的组成与水泥 · 46
 2.4 通用硅酸盐水泥 · 48
 2.5 特种水泥 · 52
 本章小结 · 58
 复习思考题 · 59

第三章 混凝土 ... 60
3.1 混凝土概述 ... 61
3.2 普通混凝土的组成材料及技术要求 ... 63
3.3 混凝土拌合物的和易性 ... 84
3.4 混凝土的强度 ... 88
3.5 混凝土的变形性能 ... 94
3.6 混凝土的耐久性 ... 97
3.7 混凝土的质量控制和强度评定 ... 101
3.8 混凝土配合比设计 ... 106
3.9 其他混凝土 ... 114
本章小结 ... 118
复习思考题 ... 119

第四章 无机结合料稳定材料 ... 121
4.1 概述 ... 121
4.2 水泥稳定类混合料 ... 123
4.3 石灰稳定类混合料 ... 127
4.4 石灰粉煤灰稳定类混合料 ... 130
本章小结 ... 132
复习思考题 ... 133

第五章 沥青材料 ... 134
5.1 沥青及其分类 ... 134
5.2 石油沥青 ... 135
5.3 石油沥青的技术性质 ... 143
5.4 煤沥青 ... 153
5.5 乳化沥青 ... 155
5.6 其他沥青 ... 159
本章小结 ... 161
复习思考题 ... 163

第六章 沥青混合料 ... 164
6.1 沥青混合料的分类 ... 164
6.2 沥青混合料的组成结构和强度理论 ... 167
6.3 沥青混合料的技术性质 ... 172
6.4 沥青混合料对组成材料的要求 ... 182

  6.5 沥青混合料的组成设计 ... 186
  本章小结 ... 193
  复习思考题 ... 194

第七章 砌筑材料 ... 195
  7.1 砖 ... 196
  7.2 砌　块 ... 205
  7.3 墙用板材 ... 211
  7.4 砌筑用石材 ... 214
  本章小结 ... 216
  复习思考题 ... 216

第八章 金属材料 ... 217
  8.1 钢的冶炼与分类 ... 217
  8.2 钢材的技术性质 ... 220
  8.3 建筑钢材的牌号与选用 ... 225
  8.4 钢材的锈蚀与防止 ... 233
  8.5 钢　轨 ... 234
  本章小结 ... 239
  复习思考题 ... 239

参考文献 ... 240

绪 论

 本章描述

本章主要讲述了：土木工程材料的含义、分类以及在各种土木工程建设中的地位和作用；合理选择和使用常见的土木工程材料；了解现行的技术标准；明确土木工程材料的学习方法，掌握科学的试验方法。

教学目标

1. 能力目标

能够合理选用、使用常用的土木工程材料。

2. 知识目标

掌握土木工程材料的分类。

了解土木工程材料的发展。

3. 素质目标

培养学生爱岗敬业、细心踏实、勇于进取的工作作风。

具备严谨、科学、勇于创新的工作态度。

具备较强的心理素质和良好的身体素质。

0.1 土木工程材料的定义

土木工程是建造各类工程设施（建筑物和构筑物）的科学技术的统称，涵盖建筑工程、交通土建工程、桥梁工程、铁道工程等专业。构筑物就是不具备、不包含或不提供人类居住功能的人工建造物；具备、包含或提供人类居住功能的人工建造物称为建筑物。

土木工程所用的各种材料及其制品，统称为土木工程材料或建筑材料。各种土木工程建筑物都是由工程材料组成的，没有土木工程材料，就没有土木工程。广义上讲，土木工程材料指建造建筑物和构筑物的所有材料，包括使用的各种原材料、半成品、成品等的总称，如黏土、生石灰、混凝土等。狭义上讲，土木工程材料是指直接构成建筑物和构筑物实体的材料，如混凝土、水泥、钢筋、黏土砖、玻璃等。

总之，土木工程材料必须具备两个基本要求：

（1）满足建筑物和构筑物本身的技术性能要求，保证能正常使用；有足够的强度，能够安全地承受设计荷载。

（2）在其使用过程中，能抵御周围环境的影响与有害介质的侵蚀，保证建筑物和构筑物的合理使用寿命；减少维修费用，有较强的耐久性，同时也不能对周围环境产生危害。

0.2 土木工程材料的分类

土木工程材料在组成成分、结构和构造上多有不同,其品种繁多,性能也各不相同,在土木工程中所起的作用各异,而且价格相差悬殊。土木工程材料在土木工程中的用量很大,因此,正确选择和合理使用土木工程材料,对土木工程结构物的安全、实用、美观、耐久及造价有着重大的意义。为了研究、使用和论述方便,我们常从不同角度对土木工程材料进行分类。

1. 按主要化学组成成分分类

根据材料的化学成分,土木工程材料可分为有机材料、无机材料以及复合材料三大类,如表0-1所示。

表0-1 土木工程材料按化学成分分类

分 类			实 例
无机材料	金属材料	黑色金属	钢、板及其合金、合金钢、不锈钢等
		有色金属	铝、铜、铝合金等
	非金属材料	天然石材	砂、石及石材制品
		烧土制品	黏土砖、瓦、陶瓷制品等
		胶凝材料及制品	石灰、石膏及制品、水泥及混凝土制品等
		玻璃	普遍平板玻璃、特种玻璃等
		无机纤维材料	玻璃纤维、矿物棉等
有机材料	植物材料		木材、竹材、植物纤维及制品等
	沥青材料		煤沥青、石油沥青及其制品等
	合成高分子材料		塑料、涂料、胶黏剂、合成橡胶等
复合材料	有机与无机非金属材料复合		聚合物混凝土、玻璃纤维增强塑料等
	金属与无机非金属材料复合		钢筋混凝土、玻璃纤维混凝土等
	金属与有机材料复合		PVC钢板、有机涂层铝合金板等

2. 按使用功能分类

根据在建筑物中的部位或使用性能不同,土木工程材料大体可分为建筑结构材料、墙体材料、建筑功能材料三大类,如表0-2所示。

表0-2 土木工程材料按使用性能分类

土木工程材料	建筑结构材料	砖混结构:石材、砖、水泥混凝土、钢筋
		钢木结构:建筑钢材、木材
	墙体材料	砖及砌块:普通砖、空心砖、硅酸盐砖及砌块
		墙板:混凝土墙板、石膏板、复合墙板
	建筑功能材料	防水材料:沥青及其制品
		绝热材料:石棉、矿棉、玻璃棉、膨胀珍珠岩石
		吸声材料:木丝板、毛毡、泡沫塑料
		采光材料:窗用玻璃
		装饰材料:涂料、塑料装饰材料、铝材

3. 按材料来源分类

根据材料来源，土木工程材料可分为天然材料与人造材料。而人造材料又可按冶金、窑业（水泥、玻璃、陶瓷等）、石油化工等材料制造部门来分类。

工程中我们一般把各种分类方法经适当组合后对材料种类进行划分，如装饰砂浆、沥青防水材料等。

0.3 土木工程材料在土木工程中的地位

1. 一切建筑结构的物质基础

土木工程材料和建筑设计、建筑结构、公路、城市道路、建筑经济及建筑施工等学科分支一样，是土木和交通运输工程学科极为重要的一部分。土木工程材料是土木工程的物质基础。

2. 土木工程材料与建筑、结构和施工之间存在着相互依存、相互促进的关系

从根本上说，材料是基础，材料决定了土建构造物的形式和施工方法。一个优秀的土木工程师总是能把建筑艺术和以最佳方式选用的土木工程材料融合在一起。土木工程师只有在很好地了解土木工程材料的性能后，才能根据力学计算，准确地确定土建构件的尺寸和创造出先进的结构形式。土建结构的受力特性和材料特性是否有机统一，是否合理地使用土木工程材料，直接影响到土木工程的坚固、耐久和适用性。而土木工程施工的全过程实质上是按设计要求把土木工程材料逐步变成建筑物的过程。它涉及材料的选用、运输、储存以及加工等诸方面。

3. 决定工程造价和经济效益

目前，在我国的土木工程的总造价中，土木工程材料的费用占总费用的 40%～70%。选择质优价廉的土木工程材料，对于降低工程造价、获得较大的经济效益至关重要。

4. 决定建筑物和构筑物的功能和使用寿命

土木工程材料的性能，很大程度上决定了建筑物和构筑物的使用功能。如轻质材料和保温材料的出现对减轻建筑物的自重、提高抗震性、改善工作和居住性能都起到了十分重要的作用。

5. 建筑物和构筑物的可靠度评价，相当程度地依存于材料的可靠度评价

总之，从事土木工程的技术人员都必须了解和掌握土木工程材料的有关技术知识，并使所采用的材料最大限度地发挥其效能，合理、经济地满足土木工程的各种要求。新材料的出现，可以促使土建构造物形式的变化、设计方法的改进和施工技术的革新。

0.4 土木工程材料的发展

材料科学和材料（含土木工程材料）本身都是随着社会生产力和科技水平的提高而逐渐发展的。自古以来，我国劳动者在土木工程材料的生产和使用方面曾经取得了许多重大成就。

如始建于公元前7世纪的万里长城，所使用的砖石材料就达1亿立方米；福建泉州的洛阳桥是900多年前用石材建造的，其中一块石材就有200余吨；山西五台山木结构的佛光寺大殿已有千余年历史仍完好无损；等等。这些都有力证明了我国的土木工程材料在生产、施工和使用方面充满了智慧和技巧。

社会进步、环境保护和节能降耗的需要，对土木工程材料提出了更高、更多的要求。在今后一段时间里，土木工程材料将有如下的发展趋势。

1. 轻质、高强

传统的砖石材料和钢筋混凝土材料具有自重大的缺点，限制了建筑物向高层、大跨度方向进一步发展。通过减轻土木工程材料的自重，从而尽量减小结构物的自重，可以促进土木工程向高层、大跨方向发展。例如，在高层建筑中采用的空心砖是一种典型的轻质高强的土木工程材料。

2. 节约能源

土木工程材料的生产能耗和建筑物使用能耗，在国家总能耗中占20%~35%。因此，研制和生产低能耗的新型节能土木工程材料是构建节约型社会的需要。

3. 绿色化

生产土木工程材料所用的原料，应该尽可能少占用天然资源，应充分利用工业废渣、生活废渣、建筑垃圾生产土木工程材料，将各种废渣尽量地资源化，从而达到保护环境、节约自然资源，促进人类社会可持续发展的目的。例如，矿渣硅酸盐水泥和粉煤灰硅酸盐水泥都是将废渣（矿渣和粉煤灰）作为生产相应品种水泥的原材料。

4. 智能化

所谓智能化材料，是指材料本身具有自我诊断和预告破坏、自我修复的功能，以及可重复利用性。土木工程材料向智能化方向发展，是人类社会向智能化社会发展过程中的关键一步。例如，自动调光玻璃可以根据外部光线的强弱，自动调节投光率，保持室内光线的强度平衡，既避免了强光对人的伤害，又可调节室温和节约能源。

从天然材料发展到人造材料，从无机材料发展到有机材料，从单一材料发展到复合材料，从传统材料发展到新型材料，土木工程材料的生产将越来越注重保护自然资源、利用再生资源、减少能源消耗和环境污染。土木工程材料的发展与建筑设计、施工以及材料科学的发展有着密切联系。一个国家使用的材料品种和数量的多寡是衡量其科学技术和经济发展水平的重要标志。

0.5 土木工程材料的检验方法及标准化

1. 土木工程材料的质量检验方法

土木工程材料的质量检验通常可采用实验室内原材料性能检验、实验室内模拟结构鉴定及现场鉴定等方法。本课程主要着重介绍实验室内材料性能的检验，包括下列内容：

(1)物理性能检验。
(2)力学性能检验。
(3)材料与水有关的性能检验。

2. 土木工程材料的标准化

土木工程材料涉及的标准主要包括两类。一是产品标准,内容主要包括:产品规格、分类、技术要求、检验方法、验收规则、应用技术规程等;二是工程建设标准,内容有土木工程材料选用有关的标准,有各种结构设计规范、施工及验收规范等。土木工程材料规范共145本,其中水泥类31本、混凝土12本、钢材10本、木材13本、砖石和砌块20本、玻璃和陶瓷14本、防水材料11本、饰面和保温材料8本、建筑门窗12本、管道13本。涉及混凝土的规范有:

[1]《混凝土外加剂应用技术规范》(GB 50119—2003)
[2]《硅酸盐建筑制品用砂》(JC/T 622—1996)
[3]《普通混凝土配合比设计规程》(JGJ/T 55—96)
[4]《砌筑砂浆配合比设计规程》(JGJ/T 98—96)
[5]《天然沸石粉在混凝土与砂浆中应用技术规程》(JGJ/T 112—97)
[6]《混凝土碱含量限值标准》(CECS 53:93)
[7]《轻集料及其试验方法 第1部分:轻集料》(GB/T 17431.1—1998)
[8]《轻集料及其试验方法 第2部分:轻集料试验方法》(GB/T 17431.2—1998)
[9]《砂、石碱活性快速试验方法》(CECS 48:93)
[10]《建筑用卵石、碎石》(GB 14685—2011)
[11]《混凝土强度检验评定标准》(GB/T 50107—2010)
[12]《普通混凝土用砂、石质量及检验方法标准》(JGJ 52—2006)

目前,我国常用的标准按适用领域和有效范围,分为四级:
(1)国家标准。分强制性标准(代号为 GB)和推荐性标准(代号 GB/T)。
(2)行业标准。某些行业标准代号见表0-3。

表0-3 几个行业的标准代号

行业名称	建工行业	黑色冶金行业	石化行业	交通行业	建材行业	铁路行业
标准代号	JG	YB	SH	JT	JC	TB

(3)地方标准(代号 DB)。
(4)企业标准(代号 QB)。

有关工程建设方面的技术标准的代号,应在部门代号后加 J。地方标准或企业标准所制定的技术要求应高于类似(或相关)产品的国家标准。

技术标准代号按照标准名称、部门代号、编号和批准年份的顺序编写,按要求执行的程度分为强制性标准和推荐标准(在部门代号后加"/T")。例如,1992年制定的建材行业推荐性479号建筑石灰的标准为:《建筑石灰》(JC/T 479—92)。

0.6 本课程学习的目的和要求

1. 本课程学习的目的与主要内容

土木工程材料课程是针对土木工程、工程管理、水利电力等专业开设的专业技术基础课。通过学习，学生应掌握材料的基本理论和基础知识，为后续专业课程的学习及以后从事土木工程正确选用材料打下良好的基础。

本教材重点介绍了当前土木工程常用的材料，如水泥、石灰、混凝土、钢材、沥青材料等，并简要介绍了建筑功能材料。对于各类材料，本书除重点介绍了技术性质外，对材料的生产、组成、结构与构造、技术标准也做了简要介绍，另外还简要介绍了检测这些技术性能指标的试验方法。

2. 本课程的理论课学习任务

学习时，可把相关内容分成三个层次：

第一层次是土木工程材料基础理论知识。所谓基础理论知识，是指每类材料的生产工艺，材料的组成、结构、构造，对该部分，要重点领会其对材料性能的影响。

第二层次是土木工程材料的基本性质。这一层次要求学生重点掌握，在了解基本概念的基础上，要能运用已有的理论知识对基本性质的改善进行分析，并能够结合工程实际，正确选用材料。对于现场制作的材料，要能根据材料性能要求设计计算材料配比。

第三层次为土木工程材料质量检验的内容。学习该部分时，学生需要结合试验理解基本技术性质要求的意义。

3. 本课程的实验课学习任务

实验是本课程的重要教学环节。通过实验可验证所学的基础理论，增加感性认识，加深对理论知识的理解，熟悉试验鉴定、检验和评定材料质量的方法，掌握一定的试验技能，这对培养学生分析与判断问题的能力、试验工作能力以及严谨的科学态度十分有益，也为今后从事既有材料的改性、新材料的研制以及材料方面的科学研究奠定基础。

本章小结

本章主要介绍了土木工程材料的定义。学生应重点掌握材料的分类，了解土木工程材料的发展历程及其在土木工程建设中的地位。

复习思考题

1. 土木工程材料的分类有哪些？
2. 土木工程材料在土木工程中的地位如何？
3. 土木工程材料未来的发展方向是什么？
4. 材料的技术标准有哪些？

第一章 土木工程材料的基本性质

 本章描述

本章通过各种土木工程特点的分析，说明土木工程材料的物理性质、力学性质及耐久性；重点讲解土木工程材料的密度、与水有关的性质、强度、弹性、黏性与塑性。通过学习，学生应能够对砂石的表观密度、堆积密度、吸水率和含水率进行检测。

 教学目标

1. 能力目标

能够根据材料的基本性质，合理选用、使用常用的土木工程材料。

2. 知识目标

了解材料的组成。

掌握材料的基本性质。

3. 素质目标

培养学生爱岗敬业、细心踏实、勇于进取的工作作风。

具备严谨、科学、勇于创新的工作态度。

具备较强的心理素质和良好的身体素质。

1.1 材料的组成、结构与构造及其对材料性质的影响

1.1.1 材料的组成

材料的组成包括材料的化学组成、矿物组成和相组成。它不仅影响材料的化学稳定性，而且也是决定材料物理及力学性质的重要因素。

1. 化学组成

化学组成是指材料的化学元素及化合物的种类和数量。无机非金属材料的化学成分常用各氧化物的含量来反映。土木工程材料的诸多性质都与其化学成分有关，化学组成是决定材料化学性质（耐腐蚀性、燃烧性等）、物理性质（耐水性、耐热性、保温性等）、力学性质（强度、变形等）的主要因素之一。

2. 矿物组成

矿物是指无机非金属材料中具有特定的晶体结构和特定的物理力学性能的组织结构。矿物组成是指构成材料的矿物的种类和数量。一些建筑材料的矿物组成是决定其性质的主要因素，例如天然石材、无机胶凝材料等。最明显的例子是水泥，水泥是一种无机胶凝材料，它

表现出的各种特性就与它的水泥熟料矿物组成有着直接的关系。

3. 物相组成

物相是指具有相同的物理、化学性质，以及一定的化学成分和结构特征的物质。自然界中的物质可分为气相、液相、固相。凡由两相或两相以上的物质组成的材料称为复合材料，土木工程材料大多是多相固体。

1.1.2 材料的结构

材料的结构对材料的性质有重要影响。材料的结构一般分为宏观、细观和微观三个层次。

1. 宏观结构

土木工程材料的宏观结构是指肉眼可以看到或借助放大镜可观察到的（毫米级）粗大组织。其尺寸在 10^{-3} m 级以上。

（1）散粒结构。

散粒状构造指呈松散颗粒状的材料，有密实颗粒与轻质多孔颗粒之分。前者如砂子、石子等，因其致密，强度高，适合做承重的混凝土骨料。后者如陶粒、膨胀珍珠岩等，因具多孔结构，适合做绝热材料。粒状构造的材料颗粒间存在大量的空隙，其空隙率主要取决于颗粒大小的搭配。密实颗粒用作混凝土骨料时，要求紧密堆积；轻质多孔粒状材料用作保温填充料时，则希望空隙率大一些好。

（2）聚集结构。

聚集结构是指由骨料与胶凝材料胶结成的结构。其综合性能好、价格较低，如水泥混凝土、砂浆沥青混凝土、烧土制品、塑料等。

（3）多孔结构。

多孔构造的材料其内部存在大体上呈均匀分布的独立的或部分相通的孔隙，含孔率较高，孔隙又有大孔和微孔之分。具有多孔构造的材料，其性质取决于孔隙的特征、多少、大小及分布情况。一般来说，这类材料的强度较低，抗渗性和抗冻性较差，绝热性较好，如微孔结构有水泥制品、石膏制品及黏土砖瓦等，多孔结构有加气混凝土、泡沫塑料等。

（4）致密结构。

密实构造的材料内部基本上无孔隙，结构致密。这类材料的特点是强度和硬度较高，吸水性小，抗渗和抗冻性较好，耐磨性较好，绝热性差，如钢材、天然石材、玻璃、玻璃钢等。

（5）纤维结构。

纤维构造的材料内部组成有方向性，纵向较紧密而横向疏松，组织中存在相当多的孔隙。这类材料的性质具有明显的方向性，一般平行于纤维方向的强度较高，导热性较好，如木材、竹、玻璃纤维、石棉等。

（6）层状结构。

层状构造的材料具有叠合结构，它是用胶结料将不同的片材或具有各向异性的片材胶合而成整体，其每一层的材料性质不同，但叠合成层状构造的材料后，可获得平面各向同性，更重要的是可以显著提高材料的强度、硬度、绝热或装饰等性质，扩大其使用范围，如胶合板、纸面石膏板、塑料贴面板等。

（7）纹理结构。

天然材料在生长或形成过程中，自然造成天然纹理，如木材、大理石、花岗石等板材，或人工制造材料时特意造成纹理，如瓷质彩胎砖、人造花岗石板材等，这些天然或人工造成的纹理，使材料具有良好的装饰性。为了提高建筑材料的外观美，目前广泛采用仿真技术，已研制出多种纹理的装饰材料。

2. 细观结构

细观结构（原称亚微观结构）是指用光学显微镜可以观察到的微米级的组织结构。其尺寸范围为 $10^{-6} \sim 10^{-3}$ m。细观结构包括：

（1）晶相种类、形状、颗粒大小及其分布情况。

（2）玻璃相的含量及分布。

（3）气孔数量、形状及分布。

3. 微观结构

微观结构是指借助电子显微镜或 X 射线，可以观察到的材料的原子、分子级的结构。微观结构的尺寸范围在 $10^{-10} \sim 10^{-6}$ m。材料的微观结构是指物相的种类、形态、大小及其分布特征。它与材料的强度、硬度、弹塑性、熔点、导电性、导热性等重要性质有着密切的关系。

土木工程材料的使用状态均为固体，固体材料的相结构基本上可分为晶体、玻璃体、胶体三种形式。不同结构的材料，各具不同特性。

（1）晶体。

晶体是内部质点（原子、离子、分子）在空间上按特定的规则呈周期性排列时所形成的结构。晶体具有特定的几何形状、固定的熔点和化学稳定性。晶体微观上显示各向异性，但实际应用的晶体材料，通常是由许多细小的晶粒杂乱排列组成的，故晶体材料在宏观上显示为各向同性。

晶体内质点的相对密集程度和质点间的结合力，对晶体材料的性质有着重要的影响。例如在硅酸盐矿物材料（如陶瓷）的复杂晶体结构（基本单元为硅氧四面体）中，质点的相对密集程度不高，且质点间大多是以共价键联结，变形能力小，呈现脆性。

材料的化学成分相同，但形成的晶体结构可以不同，其性能也就大有差异。如石英和硅藻土，化学成分同为 SiO_2，但各自性能颇不相同。另外，晶体结构的缺陷，对材料性质的影响很大。

（2）玻璃体。

将熔融物质迅速冷却（急冷），使其内部质点来不及按规则排列就凝固，这时形成的内部质点无序排列的固体或固态液体结构即为玻璃体，又称为无定形体或非晶体。玻璃体没有固定的熔点，其强度、导电性、导热性等低于晶体。玻璃体无固定的几何外形，具有各向同性，破坏时也无清楚的解理面，加热时无固定的熔点，只出现软化现象。同时，因玻璃体是在快速急冷下形成的，故内应力较大，具有明显的脆性，如玻璃。

由于玻璃体在凝固时质点来不及作定向排列，质点间的能量只能以内能形式储存起来，因此玻璃体具有化学不稳定性，亦即存在化学潜能，在一定的条件下，易与其他物质发生化学反应，例如粉煤灰、水淬粒化高炉矿渣、火山灰等均属玻璃体。玻璃体常被大量用作硅酸盐水泥的掺合料,以改善水泥性质。

(3) 胶体。

物质以极其微小的颗粒(粒径为 $10^{-9} \sim 10^{-7}$ m)分散在连续相介质中形成的结构,称为胶体。其中分散粒子一般带有电荷(正电荷或负电荷),而介质带有相反的电荷,从而使胶体保持稳定。由于胶体的质点很微小,其总的表面积很大,因而表面能很大,有很强的吸附力,所以胶体具有较强的黏结力。

胶体中分散的微粒作布朗运动时,这种胶体称溶胶。溶胶具有较大的流动性,建筑材料中的涂料就是利用这一性质配制而成的。当溶胶脱水或微粒产生凝聚,使分散质点不能再按布朗运动自由移动时,称为凝胶。凝胶具有触变性,即将凝胶搅拌或振动,又能变成溶胶。水泥浆、新拌混凝土、胶黏剂等均表现出触变性。当凝胶完全脱水则成干凝胶体,它具有固体的性质,即产生强度。硅酸盐水泥主要水化产物的最后形式就是凝胶体。

材料的宏观结构不同,即使组成与微观结构等相同,材料的性质与用途也不同,如玻璃与泡沫玻璃、密实的灰砂硅酸盐砖与灰砂加气混凝土,它们的许多性质及用途有很大的不同。材料的宏观结构相同或相似,则即使材料的组成或微观结构等不同,材料也具有某些相同或相似的性质与用途,如泡沫玻璃、泡沫塑料、加气混凝土等。

1.1.3 材料的构造

材料的构造是指具有特定性质的材料结构单元间的相互组合搭配情况。构造概念与结构概念相比,更强调了相同材料或不同材料的搭配组合关系。

1.1.4 材料中的孔隙与材料性质的关系

1. 孔隙的分类

按孔隙的大小,可将孔隙分为微小孔隙、细小孔隙(毛细孔)、粗大孔隙等。对于无机非金属材料,孔径小于 20 nm 的微小孔隙,水或有害气体难以侵入,可视为无害孔。

按孔隙形状可将孔隙分为球形孔隙、片状孔隙(即裂纹)、管状孔隙、墨水瓶状孔隙、带尖角的孔隙等。片状孔隙、管状孔隙、带尖角的孔隙对材料性质的影响较大。

按常压下水能否进入到孔隙中,将常压水可以进入的孔隙称为开口孔隙,而将常压水不能进入的孔隙称为闭口孔隙。另外,开口孔中有些孔不仅与外界相通,而且彼此贯通,称为连通孔。开口孔隙对材料性质的影响较闭口孔隙大,往往使材料的大多数性质降低(吸声性除外)(图 1-1)。

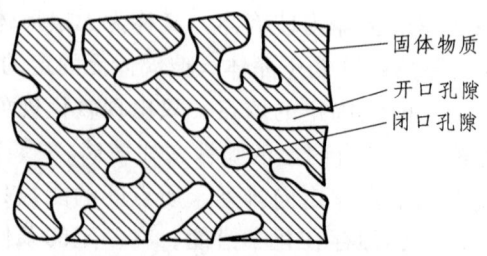

图 1-1 材料内孔隙示意图

2. 孔隙特征对材料性质的影响

孔隙特征是指材料内部孔隙的大小、形状、分布、连通与否等构造上的特征，对材料的物理、力学性质均有显著影响。一般情况下，材料孔隙率越大，则材料的表观密度、堆积密度、强度均越小，耐磨性、抗冻性、抗渗性、耐腐蚀性、耐水性及其他耐久性越差，而保温性、吸声性、吸水性与吸湿性等越强。

1.2 土木工程材料的基本性质及材料的体积组成

1.2.1 土木工程材料的基本性质

1. 材料的物理性质

（1）材料与质量有关的性质，如密度、表观密度、堆积密度、孔隙率和空隙率等。

（2）材料与水有关的性质，如亲水性与憎水性、吸水性、吸湿性、耐水性、抗渗性、抗冻性等。

（3）材料与热有关的性质，如热容量、比热容、导热性、耐火性、耐燃性等。

2. 材料的力学性质

材料的强度、比强度、弹性与塑性、脆性与韧性、硬度和耐磨性等。

3. 材料的耐久性

耐久性是材料抵抗自身和自然环境双重因素长期破坏作用的能力。

1.2.2 材料的体积组成

除钢材、玻璃和沥青（图 1-2）等少数材料外，绝大多数土木工程材料的内部都含有孔隙。

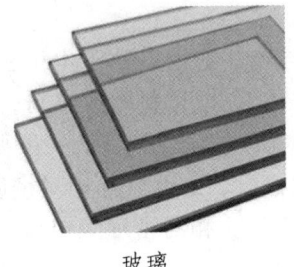

钢材　　　　　　　玻璃　　　　　　　沥青

图 1-2　致密材料

孔隙的多少和孔隙的特征对材料的性能会产生很大的影响。

含孔材料的体积包括三大部分：

（1）材料绝对密实体积，用 V 表示。绝对密实体积是指只有构成材料的固体物质本身的体积，即固体物质内不含有孔隙的体积。

（2）材料的孔隙体积，用 V_P 表示。$V_P = V_B + V_K$，其中：V_B 表示材料的闭口孔隙的体积；V_K 表示材料的开口孔隙的体积。

含孔材料（散粒堆积材料除外）在自然状态下的体积，用 V_0 表示。$V_0 = V + V_P = V + V_B + V_K$，是指材料的绝对密实体积与材料全部孔隙体积之和。

（3）空隙或间隙体积，用 V_J 表示。对于散粒状的堆积材料，如土、砂子和石子等堆积材料，材料的堆积体积除了包含绝对密实体积和孔隙体积外，还包括颗粒堆积时，颗粒与颗粒之间的空隙体积或间隙体积（V_J），所以堆积材料的堆积体积表示为 $V_0' = V + V_P + V_J = V + V_B + V_K + V_J$。

1.3 土木工程材料的物理性质

1.3.1 与质量状态有关的物理性质

密度是指物质单位体积的质量，单位符号为 g/cm^3 或 kg/m^3。材料由于所处的体积状况不同，故有真实密度、表观密度、体积密度和堆积密度之分。

1. 材料的密度、表观密度、体积密度与堆积密度

（1）密度。

密度，也称为真实密度（用符号"ρ"表示），是指材料在规定条件（105 °C±5 °C 烘干至恒重，再冷却至 20 °C）、材料绝对密实状态下（绝对密度状态体积是指不包括任何孔隙在内的体积）单位体积所具有的质量，按照（1-1）式进行计算。

$$\rho = \frac{m}{V} \tag{1-1}$$

式中：ρ——材料的密度，g/cm^3 或 kg/m^3；

m——材料在绝对干燥状态下的质量，g 或 kg；

V——材料的绝对密实体积，cm^3 或 m^3。

材料的密度大小取决于组成物质的原子量和分子结构，例如金刚石为 3.4 ~ 3.5 g/cm^3，C60 为 1.68 g/cm^3，石墨为 2.21 ~ 2.26 g/cm^3。

除钢材、玻璃和沥青等少数材料外，绝大多数土木工程材料的内部都含有孔隙。在测定有孔隙材料（如砖、石等）的密度时，应把材料磨成细粉，干燥后，用李氏瓶测定其绝对密实体积。材料磨得越细，测得的密实体积数值就越精确。一般要求细粉的粒径至少小于 0.2 mm。

另外，工程上还经常用到比重的概念，比重又称相对密度，是用材料的质量与同体积（绝对密实体积）水在 4 °C 时的质量的比值。相对密度无单位，其在数值上与材料的真实密度相同（g/cm^3）。

（2）表观密度。

表观密度是指单位体积（含材料实体及闭口孔隙体积）物质颗粒的干质量，也称视密度。按下式计算：

$$\rho' = \frac{m}{V'} \tag{1-2}$$

式中：ρ'——材料的表观密度，g/cm^3 或 kg/cm^3；

m——材料在绝对干燥状态下的质量，g 或 kg；

V'——材料在包含闭口孔隙条件下的体积（即只含内部闭口孔，不含开口孔），见图1-3，cm^3 或 m^3。

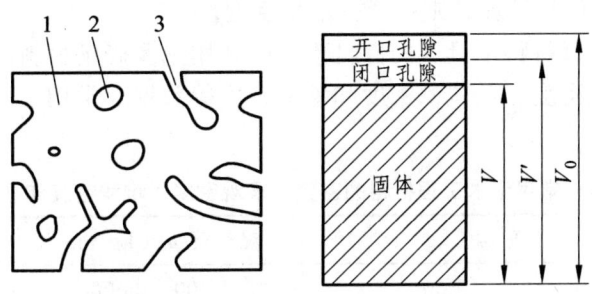

图 1-3 自然状态下体积示意图
1—固体；2—闭口孔隙；3—开口孔隙

通常，材料在包含闭口孔隙条件下的体积是采用排液置换法或水中称重法测量的。

（3）体积密度。

体积密度是指材料在自然状态下单位体积（包括材料实体及其开口孔隙、闭口孔隙）的质量，俗称容重。体积密度按照（1-3）式进行计算。

$$\rho_0 = \frac{m}{V_0} \tag{1-3}$$

式中：ρ_0——材料的体积密度，g/cm^3 或 kg/m^3；

m——材料在自然状态下的质量，g 或 kg；

V_0——材料在自然状态下的体积，包括材料实体及其开口孔隙、闭口孔隙，见图1-1，cm^3 或 m^3。

测定材料在自然状态下的体积的方法比较简单。

对于规则形状材料的体积，可用量具测得，如加气混凝土砌块的体积是逐块量取长、宽、高三个方向的轴线尺寸，计算其体积。

对于不规则形状材料的体积，可用排液法或封蜡排液法测得。为了防止液体由材料孔隙渗入材料内部，从而影响材料的体积测定，可以在材料的表面用蜡进行封涂。

毛体积密度是指单位体积（含材料的实体矿物成分及其闭口孔隙、开口孔隙等颗粒表面轮廓线所包围的毛体积）物质颗粒的干质量。因其质量是指试件烘干后的质量，故也称干体积密度。

（4）堆积密度。

散粒材料（粉状或粒状材料）在堆积状态下，单位体积（包含了颗粒的孔隙及颗粒之间的空隙）材料的质量称为材料的堆积密度，按照（1-4）式进行计算。

$$\rho_0' = \frac{m}{V_0'} \tag{1-4}$$

式中：ρ_0'——散粒材料的堆积密度，g/cm^3 或 kg/m^3；

m——散粒材料在堆积状态下的质量，g 或 kg；

V_0'——散粒材料在堆积状态下的体积，cm^3 或 m^3。

材料的堆积体积包括材料绝对体积、开口孔隙体积、闭口孔隙体积和颗粒间的空隙体积。

材料的堆积密度反映散粒构造材料堆积的紧密程度及材料可能的堆放空间。

测定散粒材料的体积可通过已标定容积的容器计量而得。测定砂子、石子的堆积密度即用此法求得。若以捣实体积计算，则称紧密堆积密度。

在土木工程中，计算材料用量、构件自重、配料用量及确定材料的堆放空间时经需常要用到材料的密度、表观密度、毛体积密度和堆积密度等数据。常用土木工程材料的有关数据见表 1-1。

表 1-1 常用土木工程材料的密度、表观密度、堆积密度和孔隙率

材料	密度 ρ/(kg·m^{-3})	表观密度 ρ/(kg·m^{-3})	孔隙率 P/%
石灰岩	2.60	1 800~2 600	—
花岗岩	2.80	2 500~2 700	0.5~3.0
碎石（石灰岩）	2.60	—	—
砂	2.60	—	—
黏土	2.60	—	—
普通黏土砖	2.50	1 600~1 800	20~40
黏土空心砖	2.50	1 000~1 400	—
水泥	2.50	—	—
普通混凝土	3.10	2 100~2 600	5~20
轻骨料混凝土	—	800~1 900	—
木材	1.55	400~800	55~75
钢材	7.85	7 850	0
泡沫塑料	—	20~50	—
玻璃	2.55	—	—

由于大多数材料或多或少均含有一些孔隙，故一般材料的表观密度总是小于其密度，即：

$$\rho > \rho_0 > \rho_0'$$

2. 材料的孔隙率与密实度

（1）孔隙率。

材料内部孔隙体积占材料自然状态下体积的百分率称为材料的孔隙率，按照（1-5）式进行计算。

$$P = \frac{V_P}{V_0} \times 100\% = \frac{V_0 - V}{V_0} \times 100\% = \left(1 - \frac{\rho_0}{\rho}\right) \times 100\% \tag{1-5}$$

材料孔隙率的大小直接反映材料的密实程度，孔隙率小，则密实程度高。

① 开口孔隙率。

开口孔隙率即开孔体积与材料在自然状态下体积的百分率。

$$P_k = \frac{V_k}{V_0} \times 100\% \tag{1-6}$$

② 闭口孔隙率。

闭口孔隙率即闭孔体积与材料在自然状态下体积的百分率。

$$P_b = \frac{V_b}{V_0} \times 100\% \tag{1-7}$$

$$P = P_k + P_b \tag{1-8}$$

（2）密实度。

材料的绝对密实体积占自然状态下体积的百分率称为材料的密实度。密实度反映了材料体积内被固体物质所填充的程度，按照（1-9）式进行计算：

$$D = \frac{V}{V_0} \times 100\% = \frac{\rho_0}{\rho} \times 100\% \tag{1-9}$$

密实度与孔隙率之间的关系为：

$$P + D = 1$$

含有孔隙的固体材料的密实度均小于1。材料的很多性能如强度、吸水性、耐久性、导热性等均与其密实度有关。

工程上，一般通过测定材料的密度和表观密度来计算材料的孔隙率。

连通孔隙不仅彼此贯通且与外界相通，而封闭孔隙彼此不连通且与外界隔绝。孔隙按其尺寸大小又可分为粗孔和细孔。孔隙率的大小及孔隙本身的特征与材料的许多重要性质，如强度、吸水性、抗渗性、抗冻性和导热性等都有密切关系。一般而言，孔隙率小，且连通孔较少的材料，其吸水性较小，强度较高，抗渗性和抗冻性较好。几种常用土木工程材料的孔隙率见表1-1。

3. 材料的空隙率与填充率

（1）空隙率。

散粒材料颗粒之间的空隙体积占材料堆积体积的百分率称为材料的空隙率，按照（1-10）式进行计算：

$$P' = \frac{V_J}{V_0'} \times 100\% = \frac{V_0' - V_0}{V_0'} \times 100\% = \left(1 - \frac{\rho_0'}{\rho_0}\right) \times 100\% \tag{1-10}$$

空隙率的大小反映了散粒材料的颗粒相互填充的程度。

（2）填充率。

材料在自然状态下的体积占堆积体积的百分率称为材料的填充率。填充率反映了材料被颗粒填充的程度，按照（1-11）式进行计算：

$$D' = \frac{V_0}{V_0'} \times 100\% = \frac{\rho_0'}{\rho_0} \times 100\% \tag{1-11}$$

密实度与空隙率之间的关系为：

$$P' + D' = 1$$

空隙率的大小反映了散粒材料的颗粒相互填充的致密程度。空隙率可作为控制混凝土骨料级配与计算含砂率的依据。

1.3.2 材料与水有关的性质

1. 材料的亲水性与憎水性

（1）基本概念。

材料与水接触时能被水润湿的性质称为亲水性；而材料与水接触时不能被水润湿的性质称为憎水性（或称疏水性）。

润湿边角：材料被水湿润的情况可用润湿边角 θ 表示。当材料与水接触时，在材料、水以及空气三相的交点处，作沿水滴表面的切线，此切线与材料和水接触面的夹角 θ，称为润湿边角。角越小，则该材料能被水所润湿的程度愈高。一般认为，润湿角 $\theta \leqslant 90°$[图 1-4（a）]的材料为亲水性材料。反之，$\theta > 90°$，表明该材料不能被水润湿，称为憎水性材料[图 1-4（b）]。当 $\theta = 0°$ 时，表明材料完全被水润湿，称为铺展。

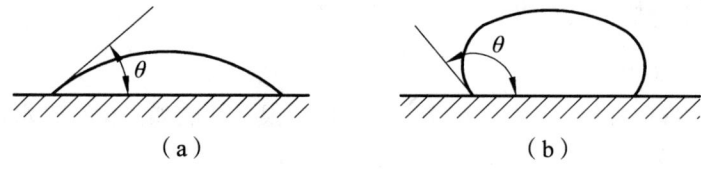

图 1-4 材料润湿示意图

大多数土木工程材料，如石料、集料、砖、混凝土、木材等都属于亲水性材料，表面均能被水润湿，且能通过毛细管作用将水吸入材料的毛细管内部。

沥青、石蜡、塑料、橡胶和油漆等属于憎水性材料，表面不能被水润湿。该类材料一般能阻止水分渗入毛细管中，因而能降低材料的吸水性。憎水性材料不仅可用作防水材料，而且可用于亲水性材料的表面处理，以降低其吸水性。例如：在实木家具的表面涂刷油漆，可提高家具的防水性能。

（2）材料的含水状态（亲水性材料）。

基本含水状态（图 1-5）：

① 干燥状态：材料的孔隙中不含水或含水极少。

② 气干状态：材料的孔隙中所含水与大气湿度相平衡。

③ 饱和面干：材料表面干燥，而孔隙中充满水达到饱和。

④ 湿润状态：材料不仅孔隙中含水饱和，而且表面上被水湿润附有一层水膜。

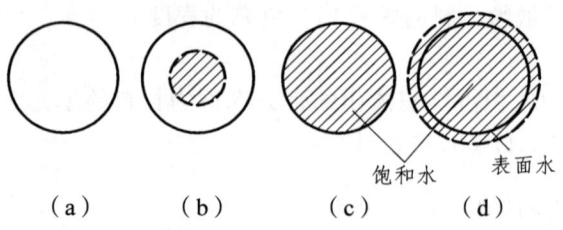

图 1-5 材料含水程度图

2. 材料的吸水性

材料在水中（通过毛细孔隙）吸收水分的性质称为吸水性。材料的吸水性用吸水率来表示，材料的吸水率有质量吸水率和体积吸水率两种表达形式。

质量吸水率是指材料吸水饱和时，其内部吸收水分的质量占干材料质量的百分率，可按照（1-12）式进行计算。

$$W_{\mathrm{m}} = \frac{m_{\mathrm{b}} - m_{\mathrm{g}}}{m_{\mathrm{g}}} \times 100\% \tag{1-12}$$

式中：W_{m}——材料的质量吸水率，%；
m_{b}——材料在吸水饱和状态下的质量，g；
m_{g}——材料在干燥状态下的质量，g。

体积吸水率是指材料吸水饱和时，吸入水的体积占材料自然状态体积的百分率，可按照（1-13）式进行计算。

$$W_{\mathrm{v}} = \frac{m_{\mathrm{b}} - m_{\mathrm{g}}}{V_0} \times 100\% \tag{1-13}$$

式中：W_{v}——材料的体积吸水率，%；
m_{b}——材料在吸水饱和状态下的质量，g；
m_{g}——材料在干燥状态下的质量，g。
V_0——材料在自然状态下的体积，cm^3。

质量吸水率与体积吸水率存在如下关系：

$$W_{\mathrm{v}} = W_{\mathrm{m}} \times \rho_0 \tag{1-14}$$

封闭孔隙较多的材料，吸水率不大时通常用质量吸水率公式进行计算。对于某些轻质材料，如加气混凝土、软木等，由于具有很多开口而微小的孔隙，所以它的质量吸水率往往超过 100%，即湿质量为干质量的几倍，在这种情况下，最好用体积吸水率表示其吸水性。

材料的吸水性与材料的孔隙率和孔隙特征有关。对于细微连通孔隙，孔隙率越大，则吸水率越大。闭口孔隙水分不能进去，而开口大孔虽然水分易进入，但不能存留，只能润湿孔壁，所以吸水率仍然较小。致密材料和仅有闭口空隙的材料是不吸水的。

材料的吸水率反映材料吸收水分的能力，是固定值。各种材料的吸水率都不相同，差异很大，如花岗岩的吸水率只有 0.5%~0.7%，混凝土的吸水率为 2%~3%，黏土砖的吸水率为 8%~20%，而木材的吸水率可超过 100%。

3. 材料的吸湿性

材料在潮湿空气中吸收水分的性质称为吸湿性。材料的吸湿性用含水率来表示。

含水率是指材料内部所含水的质量占干材料质量的百分率，可按照（1-15）式进行计算。

$$W_{\mathrm{h}} = \frac{m_{\mathrm{s}} - m_{\mathrm{g}}}{m_{\mathrm{g}}} \times 100\% \tag{1-15}$$

式中：W_{h}——材料的含水率，%；
m_{s}——材料在吸湿状态下的质量，g；
m_{g}——材料在干燥状态下的质量，g。

材料吸湿性作用一般是可逆的。当较干燥材料处于较潮湿空气中时，会从空气中吸收水分；当较潮湿材料处于较干燥空气中时，材料就会向空气中放出水分。材料在干燥空气中放出所含水分的性质称还湿性。

材料随着空气湿度的变化，既能在空气中吸收水分，又可向外界扩散水分，最终将使材料中的水分与周围空气的湿度达到平衡，这时材料的含水率，称为平衡含水率（或称气干含水率）。平衡含水率并不是固定不变的，它随环境中的温度和湿度的变化而改变。当材料吸水达到饱和状态时的含水率即为吸水率。

材料吸水或吸湿后，可削弱材料内部质点间的结合力或吸引力，引起强度下降，同时也使材料的体积密度和导热性增加，几何尺寸略有增加，而使材料的保温性、吸声性下降，并使材料受到的冻害、腐蚀等加剧。

4. 材料的耐水性

材料长期在饱和水作用下，不破坏同时强度也不显著降低的性质称为耐水性。材料的耐水性好坏用软化系数 K_R 表示，材料在吸水饱和状态下的抗压强度与材料在干燥状态下的抗压强度的比值，称为软化系数，按照（1-16）式计算。

$$K_R = \frac{F_b}{f} \tag{1-16}$$

式中：K_R——材料的软化系数；

F_b——材料在吸水饱和状态下的抗压强度，MPa；

f——材料在干燥状态下的抗压强度，MPa。

材料吸水后，水分会吸附到材料内物质微粒的表面，减弱微粒间的结合力，从而致使其强度下降，这是吸水材料性质变化的重要特征之一，软化系数反映了这一变化的程度。

材料的软化系数为 0~1。经常位于水中或受潮严重的重要结构物的材料，软化系数不宜小于 0.85；受潮较轻或次要结构物的材料，软化系数不宜小于 0.75。软化系数大于 0.85 的材料，通常认为是耐水的材料，称为耐水性材料。

5. 材料的抗冻性

材料在吸水饱和状态下，能经受多次冻融循环而不破坏，同时强度也不严重降低的性质，称为抗冻性。通常采用-15 ℃ 的温度（水在微小的毛细管中低于-15 ℃ 才能冻结）冻结后，再在 20 ℃ 的水中融化，这样的过程为一次冻融循环。材料经多次冻融交替作用后，表面将出现剥落、裂纹，产生质量损失，强度也将会降低。

材料受冻融破坏主要原因是孔隙中的水结冰所致。水结冰时体积增大约 9%，若材料孔隙中充满水，则结冰膨胀对孔壁产生很大冻胀应力，当此应力超过材料的抗拉强度时，孔壁将产生局部开裂。随着冻融次数的增多，材料破坏加重。所以材料的抗冻性取决于其孔隙率、孔隙特征及充水程度。如果孔隙不充满水，即远未达饱和，具有足够的自由空间，则即使受冻也不致产生很大冻胀应力。

材料的抗冻性用抗冻等级表示。抗冻等级是以规定的试件，在规定试验条件下，用标准方法对试件进行冻融循环试验，测得其强度降低不超过规定值，并无明显损坏和剥落时所能经受的冻融循环次数，以此作为抗冻标号，用符号"Fn"表示，其中 n 即为最大冻融循环次数。混凝土共有 F10、F15、F25、F50、F100、F150、F200、F250、F300 九个等级。

描述材料抗冻等级的两个常用参数是：质量损失率（不超过 5%），强度损失率（不超过

25%）。

例如混凝土 F50 含义：混凝土标准试件经 28 d 标准养护后，浸水 4 d 吸水饱和，在 -15 °C ~ -20 °C 条件下冻 6 h，在 10 ~ 20 °C 水中融 6 h，一冻一融为一次冻融，经 50 次的冻融循环后，质量损失不大于 5%，强度损失不超过 25% 也无明显损坏和剥落，则该混凝土达到 F50。Fn ≥ F50 为抗冻混凝土。

影响材料抗冻性的内在因素为：
① 材料的孔隙率和孔隙特征。
② 材料的吸水饱和程度。
③ 材料抵抗冻胀应力的能力，即材料的强度。

极细的孔隙，虽可充满水，但因孔壁对水的吸附力极大，吸附在孔壁上的水其冰点很低，它在一般负温下不会结冰。粗大孔隙一般水分不会充满其中，对冰胀破坏可起缓冲作用。闭口孔隙水分不能渗入。而毛细管孔隙既易充满水分，又能结冰，故其对材料的冰冻破坏作用影响最大。材料的变形能力大、强度高、软化系数大时，其抗冻性较高。

就外界条件来说，材料受冻破坏的程度与冻融温度、结冰速度及冻融频繁程度等因素有关，温度越低、降温越快、冻融越频繁，则受冻破坏越严重。

材料的冻融破坏作用是从外表面开始产生剥落，逐渐向内部深入发展的。抗冻性良好的材料，对于抵抗大气温度变化、干湿交替等风化作用的能力较强，所以抗冻性常作为考查材料耐久性的一项指标。在设计寒冷地区及寒冷环境（如冷库）的建筑物时，必须要考虑材料的抗冻性。处于温暖地区的建筑物，虽无冰冻作用，但为抵抗大气的风化作用，确保建筑物的耐久性，也常对材料提出一定的抗冻性要求。

材料抗冻等级的选择，是根据结构物的种类、使用条件、气候条件等来决定的。

烧结普通砖、陶瓷面砖、轻混凝土等墙体材料，一般要求其抗冻等级（标号）为 F15 或 F25；

用于桥梁和道路的混凝土应为 F50、F100 或 F200；

水工混凝土要求高达 F500。

6. 材料的抗渗性

材料抵抗压力水渗透的性质称为抗渗性，另外，材料抵抗其他液体渗透的性质，也属于抗渗性。

当材料两侧存在不同水压时，一切破坏因素（如腐蚀性介质）都可通过水或气体进入材料内部，然后把所分解的产物带出材料，使材料逐渐破坏，如地下建筑、基础、压力管道、水工建筑等经常受到压力水或水头差的作用，故要求所用材料具有一定的抗渗性，对于各种防水材料，则要求具有更高的抗渗性。

材料的抗渗性通常用两种指标表示：渗透系数和抗渗等级。

对一些抗渗、防水材料，如油毡、瓦、水工沥青混凝土等，其防水性用渗透系数 K 表示。

渗透系数的物理意义是：在一定时间 t 内，透过材料试件的水量 Q，与试件的渗水面积 A 及水头差成正比，与渗透路径（试件的厚度）d 成反比，用公式表示为：

$$K = \frac{Qd}{AtH} \qquad (1-17)$$

式中：K——材料的渗透系数，cm/h；

Q——渗透水量，cm^3；

d——材料的厚度，cm；

A——渗水面积，cm^2；

t——渗水时间，h；

H——静水压力水头，cm。

K 值越大，表示材料渗透的水量越多，即抗渗性愈差。抗渗性是决定材料耐久性的主要指标。建筑工程中大量使用的砂浆、混凝土材料的抗渗性用抗渗等级表示。

抗渗等级是根据材料在标准试验方法下的透水试验，以规定的试件在透水前所能承受的最大水压力来确定的。以符号"P"和材料透水前的最大水压力（以 0.1 MPa 为 1 个单位）表示，如 P4、P6、P8 等分别表示材料能承受 0.4 MPa、0.6 MPa、0.8 MPa 的水压而不渗水。

材料的抗渗性与其孔隙率和孔隙特征有关。细微连通的孔隙水易渗入，故这种孔隙越多，材料的抗渗性越差。闭口孔水不能渗入，因此闭口孔隙率大的材料，其抗渗性仍然良好。开口大孔水最易渗入，故其抗渗性最差。材料的抗渗性还与材料的憎水性和亲水性有关，憎水性材料的抗渗性优于亲水性材料。材料的抗渗性与材料的耐久性有着密切的关系。

1.3.3 与热有关的性质

土木工程材料除了须满足必要的强度及其他性能的要求外，为了节约土建结构物的使用能耗以及为生产和生活创造适宜的条件，常要求土木工程材料具有一定的热工性质，以维持室内温度。常用材料的热工性质有导热性、热容量、比热容等。

1. 导热性和热阻

（1）导热性。

材料传导热量的能力称为导热性。材料导热能力的大小可用导热系数 λ 表示。导热系数在数值上等于厚度为 1 m 的材料，当其相对表面的温度差为 1 K 时，其单位面积（$1\ m^2$）单位时间（1 s）所通过的热量（图 1-6），可用下式表示：

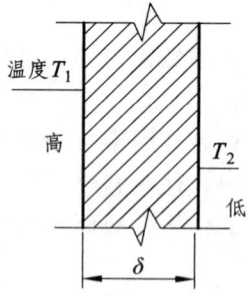

图 1-6 热传导示意图

$$\lambda = \frac{Q\delta}{(T_1 - T_2)At} \tag{1-18}$$

式中：λ——材料的导热系数（热导率），W/(m·K)；

Q——传导的热量，J；

A——热传导面积，m^2；

δ——材料厚度，m；

t——热传导时间，s；

T_2-T_1——材料两侧温差，K。

材料的导热系数越小，其传导能力越差，绝热性能越好。工程中通常把 $\lambda<0.23$ W/(m·K)的材料称为绝热材料。

影响材料导热系数的主要因素有：

① 材料的组成与结构：各种土木工程材料的导热系数差别很大，大致为 0.035～3.5 W/(m·K)，如泡沫塑料 $\lambda=0.035$ W/(m·K)，而大理石 $\lambda=0.35$ W/(m·K)。通常，金属材料的导热系数大于非金属材料的导热系数。

② 材料的孔隙率 P：导热系数与材料孔隙构造有密切关系。由于密闭空气的热导率很小 [$\lambda=0.023$ W/(m·K)]，所以，当材料中含有较多闭口空隙时，其导热系数较小，材料的隔热绝热性较好；当材料内部含有粗大或贯通孔隙时，由于空气的对流作用，其传热性大大提高，材料的导热系数反而增高。

③ 含水率：材料受潮或受冻后，其导热系数会大大提高。这是由于水和冰的导热系数比空气的导热系数高很多[分别为 0.58 W/(m·K) 和 2.20 W/(m·K)]。因此，绝热材料应经常处于干燥状态，以利于发挥材料的绝热效能。

④ 温度：温度越高，材料的导热系数越大（金属除外）。

（2）热阻。

材料层厚度 δ 与导热系数 λ 的比值称为热阻 $R=\delta/\lambda$（m²·K/W），它表明热量通过材料层时所受到的阻力。

多层平壁导热条件下，平壁的总热阻等于各单层材料的热之和（类似于电阻的串联）。

2. 比热容和热容量

材料加热时吸收热量，冷却时放出热量的性质称为热容量。热容量的大小用比热容（也称热容量系数，简称比热）表示。比热容表示质量为 1 g 的材料温度升高 1 K 时所吸收的热量，或降低 1 K 时放出的热量。材料吸收或放出的热量可由下式计算：

$$Q = cm(T_1 - T_2) \qquad (1-19)$$

$$c = \frac{Q}{m(T_1 - T_2)} \qquad (1-20)$$

式中：Q——材料吸收或放出的热量，J；

c——材料的比热，J/(g·K)；

m——材料的质量，g；

T_1-T_2——材料受热或冷却前后的温度差，K。

比热是反映材料的吸热或放热能力大小的物理量。不同材料的比热不同，即使是同一种材料，由于所处物态不同，比热也不同，例如，水的比热为 4.186 J/(g·K)，而结冰后比热则是 2.093 J/(g·K)。

材料的比热对保持土建结构物内部温度稳定有很大意义。比热大的材料，材料在吸收或放出较多的热量时，其自身的温度变化不大，能在热流变动或采暖设备供热不均匀时，缓和室内的温度波动（图 1-7、图 1-8）。

图 1-7 大兴安岭中的松木房屋

图 1-8 施工现场的钢板房和简易混凝土房屋

几种典型材料的热工性能指标如表 1-2 所示。

比热容是描述 1 kg 物质温度上升 1 K 所能吸收的热量；导热性是描述物质传导热量的能力。

以水和油为例，水和油的比热容分别约为 4.2 J/(g·K) 和 2.0 J/(g·K)，即把相同温度的水和油，加热至相同温度时，水吸收的热量比油吸收的热量多出约一倍。若以相同的热能分别把水和油加热的话，油的温升将比水的温升大。

保温瓶能让水温较长时间都保存在较高的温度下，而普通的杯子则不具有这样的能力。这说明保温瓶的材料导热性较差，普通杯子材料的导热性较好。

表 1-2 常用土木工程材料的热工性质指标

材料名称	导热系数 W/(m·K)	比热 J/(g·K)
钢	55	0.46
铜	370	0.38
花岗岩	3.49	0.92
普通混凝土	28	0.88
水泥砂浆	0.93	0.84
普通黏土砖	0.81	0.84
黏土空心砖	0.64	0.92
松木	0.17~0.35	2.51
泡沫塑料	0.03	1.30
冰	2.20	2.05
水	0.60	4.19
静止空气	0.025	

3. 耐燃性

建筑物失火时,材料能经受高温与火的作用不破坏,强度不严重降低的性能称为耐燃性。材料的耐燃性是影响建筑物防火、建筑结构耐火等级的一项因素。根据耐燃性可将材料分为三大类:

(1)不燃材料:在空气中受到火烧或高温高热作用不起火、不炭化、不微燃的材料,如普通石材、混凝土、砖、石棉等。需要注意的是玻璃、钢铁和铝等材料,虽然不燃烧,但在火烧或高温下会发生较大的变形或熔融,因而是不耐火的。

(2)难燃材料:在空气中受到火烧或高温高热作用时难起火、难微燃、难炭化,当火源移走后,已有的燃烧或微燃立即停止的材料,如经过防火处理的木材和刨花板。

(3)易燃材料:在空气中受到火烧或高温高热作用时立即起火或微燃,且火源移走后仍继续燃烧的材料,如木材、沥青等。

4. 耐火性

材料在长期高温作用下,保持不熔性并能工作的性能称为耐火性。工程上用于高温环境的材料和热工设备等都要使用耐火材料。按耐火性高低可将材料分为 3 类:

(1)耐火材料:耐火度不低于 1 580 °C 的材料,如耐火砖中的硅砖、镁砖、铝砖、铬砖等。

(2)难熔材料:耐火度为 1 350～1 580 °C 的材料,如难熔黏土砖、耐火混凝土等。

(3)易熔材料:耐火度低于 1 350 °C 的材料,如普通黏土砖、玻璃等。

5. 材料的热变形性

材料在温度变化时的尺寸变化称为热变形性。多数材料在温度升高时体积膨胀,温度下降时体积收缩。热变形性在单向尺寸上的变化称为线膨胀或线收缩,热变形性的大小用线膨胀系数表示,是计算因温度变化引起的构件变形和内部温度应力的重要参数。

$$\alpha = \frac{\Delta L}{L(T_1 - T_2)} \qquad (1\text{-}21)$$

式中:α——材料在常温下的平均线膨胀系数,K^{-1};

ΔL——材料的线膨胀或线收缩量,mm;

L——材料的原长,mm;

$T_1 - T_2$——温度差,K。

材料的线膨胀系数一般都较小,但由于土木工程结构的尺寸较大,温度变形引起的结构体积变化仍是关系其安全与稳定的重要因素。工程上常用预留伸缩缝的办法来解决热变形性。

1.3.4 与声有关的性质

1. 吸声性

材料能吸收声音的性质称为吸声性,用吸声系数来表示,指声波在材料表面被吸收的声能与入射总声能之比(图 1-9)。

吸声系数 α 与声音的频率和入射方向有关。因此吸声系数用声音从各个方向入射的吸收平均值,并指出是哪一频率下的吸收值。通常使用的 6 个频率为 125 Hz、250 Hz、500 Hz、

1000 Hz、2000 Hz、4000 Hz。

吸声系数一般取上述 6 个频率的平均吸声系数。$\alpha \geqslant 0.20$ 的材料称为吸声材料，如玻璃棉、岩棉、矿棉等纤维材料及其板、毡制品，开口石膏板、软质纤维板等。

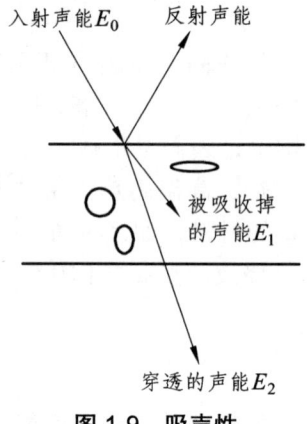

图 1-9 吸声性

最常用的吸声材料多为轻质、疏松、多孔的材料，空隙率常在 70% 以上。影响其吸声效果的主要因素为：

（1）材料的孔隙率或体积密度。对同一吸声材料，孔隙率 P 越低或体积密度越大，则对低频声音的吸收效果越好，而对高频声音的吸收有所降低。

（2）材料的孔隙特征。开口孔隙越多、越细小，则吸声效果越好。

（3）材料的厚度。增加多孔材料的厚度，可提高对低频声音的吸收效果，而对高频声音没有多大的效果。

2．隔声性

材料的隔声性是指材料隔绝声音的性质。声波在建筑结构中的传播主要通过空气和固体来实现，因而隔声分为隔空气声和隔固体声。

（1）隔空气声。

透射声能 E_2 与入射声能 E_0 的比值称为声透射系数 τ，该值越大则材料的隔声性越差。材料或构件的隔声能力用隔声量 R 来表示。

根据"质量定律"，单位面积的材料重量越大，越不易振动，则隔声效果越好。因此，可选择密实、沉重的材料来隔空气声，如黏土砖、钢板、钢筋混凝土等。

（2）隔固体声。

固体声是由于振源撞击固体材料，引起固体材料受迫振动而发声，声能的衰减极少。

对固体声，隔声最有效的措施是采用不连续的结构处理（结构之间加弹性衬垫）。如在楼板面层与结构层之间加弹性衬垫（毛毡、软木、橡皮等材料），在楼板上铺设柔软材料（地毯、木地板）。

1.4 土木工程材料的力学性质

材料的力学性质主要是指材料在外力（荷载）作用下抵抗破坏和变形的能力。工程上，材料常受到四种外力作用,如图 1-10 所示。

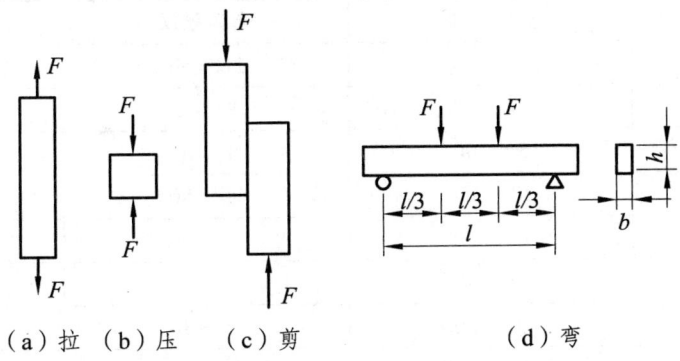

（a）拉　（b）压　　（c）剪　　　　（d）弯

图 1-10　材料的受力状态

1.4.1　材料的强度与比强度

材料在外力（即荷载）作用下抵抗破坏的能力，称为强度，以材料受外力破坏时单位面积上所承受的力表示。

材料的强度取决于结构质点（原子、分子、离子）间的作用力大小。当材料受外力作用时，其内部便产生应力相抗衡，应力随外力的增大而增大。当应力（外力）超过材料内部质点间的结合力所能承受的极限时，便导致内部质点的断裂或错位，使材料发生破坏。材料破坏时的最大应力值称为极限应力，用来表示材料强度的大小。

1. 材料的强度类型

根据外力作用方式的不同，材料的强度有抗压强度、抗拉强度、抗弯强度（或抗折强度）及抗剪强度等形式。

材料的这些强度是通过静力试验来测定的，故总称为静力强度。材料的静力强度通过标准试件的破坏试验而测得。

（1）材料的抗压、抗拉及抗剪强度。

材料的抗压、抗拉及抗剪强度按式（1-22）计算。

$$f = \frac{F}{A} \tag{1-22}$$

式中：f——材料的强度，MPa；

　　　　F——试件破坏时的最大荷载，N；

　　　　A——试件受力截面面积，mm^2。

抗压强度是评定脆性材料强度的基本指标，而抗拉强度是评定塑性材料强度的主要指标。常用土木工程材料的强度见表 1-3。

表 1-3　常用土木工程材料的强度　　　　　　　　　　　　MPa

岩石名称	抗压强度	抗剪强度	抗拉强度
花岗岩	100～250	14～50	7～25
闪长岩	150～300		15～30
灰长岩	150～300		15～30

续表

岩石名称	抗压强度	抗剪强度	抗拉强度
玄武岩	150~300	20~60	10~30
砂　岩	20~170	8~40	4~25
页　岩	5~100	3~30	2~10
石灰岩	30~250	10~50	5~25
白云岩	30~250		15~25
片麻岩	50~200		5~20
板　岩	100~200	15~30	7~20
大理岩	100~250		7~20
石英岩	150~300	20~60	10~30

（2）材料的抗弯强度。

材料的抗弯强度，有两种计算方式。与试件的几何形状及荷载施加的情况有关，对于矩形截面和条形试件，当采用二分点试验（图1-11）（在两支点的中间作用一个集中荷载）时，其抗弯极限强度按式（1-23）计算。

$$R = \frac{3F_{max}L}{2bh^2} \quad (1\text{-}23)$$

式中：R——材料的抗弯强度，MPa；

F_{max}——材料弯曲破坏时的最大荷载，N；

L、b、h——试件两支点的间距、试件横截面的宽度及高度，mm。

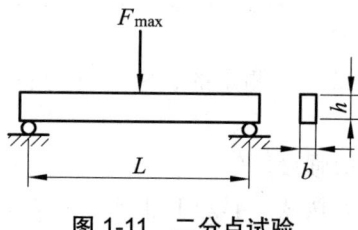

图1-11　二分点试验

当采用三分点试验（图1-12）（在跨度的三分点上加两个集中荷载）时，其抗弯极限强度按式（1-24）计算。

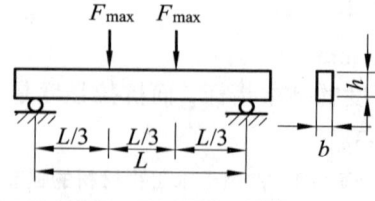

图1-12　三分点试验

$$R = \frac{F_{max}L}{bh^2} \quad (1\text{-}24)$$

式中：R——材料的抗弯极限强度，MPa；

F_{max}——试件破坏时的最大荷载，N；

L——试件两支点间的距离，mm；

b、h——试件截面的宽度和高度，mm。

2. 影响材料强度的因素

（1）材料的组成、结构和构造。材料的强度与其组成及结构有关，即使材料的组成相同，其构造不同，强度也不一样。

（2）孔隙率与孔隙特征：材料的孔隙率越大，则强度越小。对于同一品种的材料，其强度与孔隙率之间存在近似直线的反比关系（图1-13）。一般表观密度大的材料，其强度也大。这些是材料的内部因素。强度还与测试条件和方法等外部因素有关。

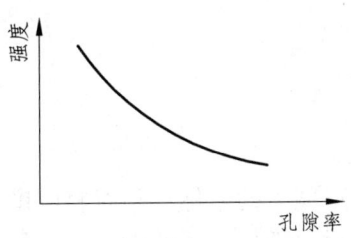

图1-13 材料强度与孔隙率的关系

（3）试件的形状和尺寸：受压时，立方体试件的强度值要高于棱柱体试件的强度值，相同材料采用小试件测得的强度较大试件高。

（4）加荷速度：当加荷速度快时，由于变形速度落后于荷载增长的速度，故测得的强度值偏高；反之，因材料有充裕的变形时间，测得的强度值偏低。

（5）试验环境的温度、湿度：温度高、湿度大时，试件会有体积膨胀，材料内部质点距离加大，质点间的作用力减弱，测得的强度值偏低。

（6）受力面状态：受力面的平整度、润滑情况等。试件表面不平或表面涂润滑剂时，所测强度值偏低。

3. 材料的强度等级

建筑材料常根据极限强度的大小，划分为不同的强度等级或标号。

如混凝土按抗压强度划分为C15～C80；水泥按抗压强度划分为32.5～62.5，砂浆按抗压强度划分为M5～M30六个等级；热轧钢筋按屈服强度和抗拉强度划为分四级。

强度与强度等级的定义不同。强度是实测值，强度等级是人为规定的强度范围。强度指的是材料的极限值，是唯一的，每一强度等级则包含一系列强度值。某一材料强度等级的确定必须以其极限强度值为依据。

4. 材料的比强度

比强度是单位体积质量材料所具有的强度。比强度是材料的强度（断开时单位面积所受的力，一般为抗拉强度）除以其表观密度。比强度是反映材料轻质高强的技术指标，是材料的强度与其表观密度之比（f/ρ_0）。几种主要材料的比强度如表1-4所示。

表 1-4　钢材、木材和混凝土的强度比较

材　料	表观密度/kg·m⁻³	抗拉强度/MPa	比强度
低碳钢	7800	420	0.053
松　木	500	35（顺纹）	0.070
普通混凝土	2400	30	0.012

1.4.2　材料的弹性与塑性

材料在外力作用下产生变形，当外力取消后，变形随即消失并能完全恢复原来形状的性质，称为材料的弹性。弹性变形的大小与所受应力的大小成正比。在材料的弹性范围内，应力与应变的比值称为材料的弹性模量，按照式（1-25）计算。

$$E=\frac{\sigma}{\varepsilon} \qquad (1\text{-}25)$$

式中：σ——材料的应力，MPa；

ε——材料的应变；

E——材料的弹性模量，MPa。

弹性模量是衡量材料抵抗变形能力的指标，是材料刚度的度量。弹性模量的物理意义为单位应变所需要的应力，反映了材料抵抗变形的能力，是结构设计中的主要参数之一。弹性模量越大，材料越不易变形。材料的弹性变形曲线见图 1-14。

材料在外力作用下产生变形，当取消外力后，不能恢复变形，仍然保持变形后的形状和尺寸，并且不产生裂缝的性质，称为材料的塑性。材料的塑性变形曲线见图 1-15。

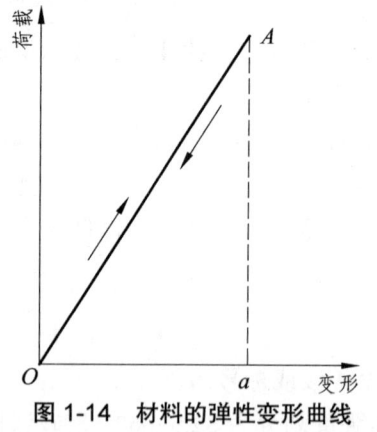
图 1-14　材料的弹性变形曲线

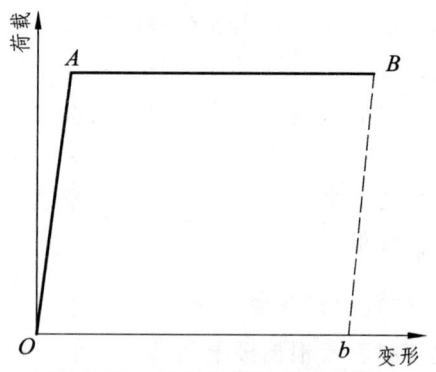
图 1-15　材料的塑性变形曲线

弹性变形为可逆变形，塑性变形为不可逆变形。实际上，单纯的弹性材料是没有的，大多数材料在受力不大的情况下表现为弹性，受力超过一定限度后则表现为塑性，所以可称之为弹塑性材料。材料的弹塑性变形曲线见图 1-16。建筑钢材的应力-应变曲线见图 1-17。

1.4.3　材料的脆性与韧性

材料受外力作用，当外力达到一定限度后，材料突然破坏，但破坏时没有明显塑性变形的性质，称为材料的脆性。具有这种性质的材料称为脆性材料。脆性材料的特点：塑性变形很小，且抗压强度与抗拉强度的比值较大（5～50 倍）。无机非金属属于此类。常见脆性材料有：砖、玻璃、生铁、混凝土、陶瓷、石材、砂浆。脆性材料的变形曲线见图 1-18。

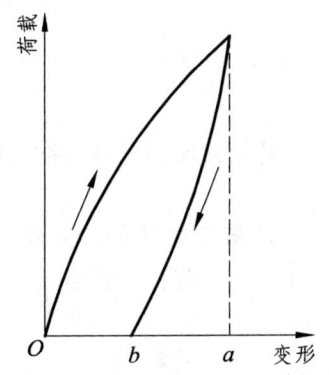

图 1-16 材料的弹塑性变形曲线

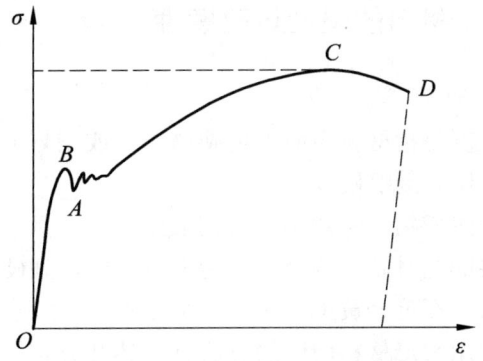

图 1-17 建筑钢材的应力-应变曲线

材料在冲击或振动荷载作用下，能吸收较大能量，产生较大变形而不致破坏的性质，或是材料在发生断裂前单位体积内所消耗功的总量，称为材料的韧性或冲击韧性。韧性材料的特点是：变形大，特别是塑性变形大，抗拉强度接近或高于抗压强度。常用金属材料、木材、橡胶、部分塑料属于此类。例：吊车梁、桥梁、路面等结构具有很好的冲击韧性。韧性材料的应力-应变曲线见图 1-19。

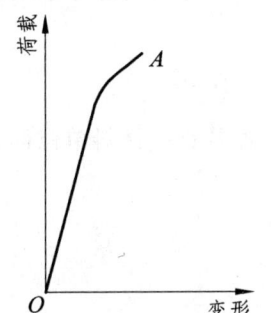

图 1-18 脆性材料的变形曲线

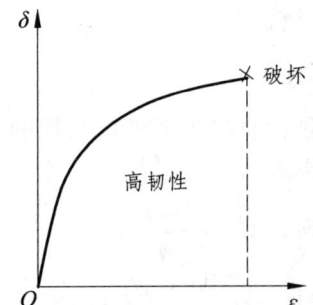

图 1-19 韧性材料的应力-应变曲线

[案例 1-1] 最大的海难——泰坦尼克号的沉没

概况 1912 年，当时世界上最大的客船泰坦尼克号初航，不幸撞上冰山，35 cm 厚船钢板在水位线处像拉链拉开一样被撕裂，海水排山倒海般涌向船内，约 3 h 后沉没。

分析 泰坦尼克号所使用的钢板，其抗压强度比现代钢材还要高，但是做钢材冲击韧性试验时发现，钢材断裂时吸收的冲击功很低，是韧性差的脆性材料。化学分析表明，该钢材的含硫量高，硫致使钢材的脆性增加。

[案例 1-2] 铸铁造桥酿成灾难

概况 1878 年 6 月，英国人用铸铁在北海的 Tay 湾上建造了全长 3 160 m、单跨 73.5 m 的跨海大桥，采用梁式桁架结构，在石材和砖砌筑的基础上采用铸铁管做桥面，结果建成不到两年，在一次台风袭击的夜晚，在台风加上火车冲击荷载的作用桥墩脆断、桥梁倒塌、车毁人亡。

分析 分析原因，主要是铸铁的桥墩在冲击荷载作用下发生脆断。在那之后，人们对钢材和铸铁这两种材料进行了深入的性能比较研究，发现钢材不仅具有很高的抗压强度，同时也具有很高的抗拉强度和抗冲击韧性。从此之后，人们开始采用钢材建造桥梁，并逐步完善其结构设计和施工技术，不断刷新桥梁跨度的记录。

1.4.4 材料的硬度与耐磨性

1. 硬度

硬度是指材料表面抵抗硬物压入或刻划的能力，按试验方法可分为压痕硬度、冲击硬度、回弹硬度、刻痕硬度等。

天然矿物：常用莫氏硬度表示，是以两种矿物相互对刻的方法确定矿物的相对硬度，而非材料的绝对硬度等级。分为十级，由软到硬依次为：滑石、石膏、方解石、萤石、磷灰石、正长石、石英、黄玉、刚玉、金刚石。

常用测定材料硬度的方法有下述几种：

压入法：常用于测定金属材料等的硬度，根据压痕的面积或深度测定材料硬度。

刻划法：用硬度不同的材料对被测材料的表面进行刻划，通过它们对材料的划痕来确定材料的硬度，称为莫氏硬度。刻划法常用来测定天然矿物的硬度。

回弹法：用于测定混凝土表面硬度，并间接推算混凝土的强度；也用于测定陶瓷、砖、砂浆、塑料、橡胶、金属等的表面硬度并间接推算其强度。

根据材料的硬度推算材料的其他力学性质，进行合理选材。有耐磨性要求的工程，可选硬度较大的材料。

2. 耐磨性

耐磨性是指材料表面抵抗磨损的能力。材料的耐磨性以磨损前后材料单位面积的质量损失，即磨损率表示。

块体材料：$M = \dfrac{m_0 - m_1}{A}$ （1-26）

散粒材料：$Q = \dfrac{M_1 - M_2}{M_1} \times 100\%$ （1-27）

式中：M——磨损率，g/cm^2；

m_0——磨前质量，g；

m_1——磨后质量，g；

A——试样受磨面积，cm^2。

材料的磨损率越低，表明该材料的耐磨性越好。

1.5 材料的耐久性

材料在长期使用过程中，能抵抗各种作用而不破坏，并且能保持原有性能的能力，称为材料的耐久性。它是一种复杂的、综合的性质，包括材料的抗冻性、耐热性、大气稳定性和耐腐蚀性等。

材料在使用过程中，除受到各种外力作用外，还要受到环境中各种自然因素的破坏作用。这些破坏作用可分为物理作用、化学作用和生物作用。

物理作用：主要有干湿交替、温度变化、冻融循环等等，这些变化会使材料体积产生膨胀或收缩，或导致内部裂缝的扩展，长久作用后会使材料产生破坏。

化学作用：主要是指材料受到酸、碱、盐等物质的水溶液或有害气体的侵蚀作用，使材料的组成成分发生质的变化，而引起材料的破坏，如钢材的锈蚀等等。

生物作用：主要是指材料受到虫蛀或菌类的腐朽作用而产生的破坏，如木材等一类的有机质材料，常会受到这种破坏作用的影响。

一般土木工程材料，如石材、砖瓦、陶瓷、水泥混凝土、沥青混凝土等，暴露在大气中时，主要受到大气的物理作用；当材料处于水位变化区或水中时，还受到环境的化学侵蚀作用。金属材料在大气中易被锈蚀。沥青及高分子材料，在阳光、空气及辐射的作用下，会逐渐老化、变质而破坏。

为了提高材料的耐久性，延长建筑的使用寿命和减少维修费用，可根据使用情况和材料特点采取相应的措施。例如：设法减轻大气或周围介质对材料的破坏作用（降低湿度、排除侵蚀性物质等）；提高材料本身对外界作用的抵抗性（提高材料的密度、采取防腐措施等），也可用其他材料保护主体材料免受破坏（覆面、抹灰、刷涂料等）。

现代工程对耐久性的要求越来越高，提出耐久性指标的工程设计也越来越多。对材料的质量评定也应逐渐由强度指标发展为耐久性指标。未来工程设计中将用耐久性设计取代目前按强度进行的设计。研究耐久性具有明确的经济意义：节约材料、降低成本；减少维修费用；延长土木工程结构使用寿命。

本 章 小 结

本课程所介绍的主要是土木工程中所使用到的结构材料，虽然各种材料的性能特点各不相同，但作为土木工程整体的一部分，这些材料又具有一些共性的特点和要求。本章主要对土木工程中常用材料的共性性能进行讲解。通过本章的学习，学生应建立材料的物理力学性能和耐久性的基本概念。

密度是材料的一项基本性能，但土木工程中所使用的材料由于其中多会含有一定量的孔隙和水分，从而使密度的概念变得较为复杂，其中包括了真实密度、表观密度、毛体积密度、饱和面干密度和堆积密度等，在后面的沥青混合料一章中还将涉及最大理论密度等概念。在学习过程中，学生可结合第二章有关集料密度的内容进行深入的理解。

真实密度是指材料完全密实情况下的密度，它同物理学中的密度概念是一致的，但实际测试起来较为困难，并且实用性不大。

表观密度是指材料单位的真实体积和闭合孔隙体积范围内的材料真实质量，其所表征的体积是不能为其他材料所占据的体积，如将材料放入水中时，水只能进入开口孔而无法进入闭口孔。因此在土木工程中，常以表观密度来表征材料的实际密度。

毛体积密度是指材料单位的真实体积、闭合孔隙体积以及开口孔隙体积范围内的材料真实质量，其所表征的体积是材料的宏观毛体积。

饱和面干密度又称为表干密度，是指材料单位毛体积范围内的真实质量和开口孔中所吸附的毛细水的质量，其所表征的是一种理想的状态，即材料的开口孔中饱含水分，但表面干燥。

以上几种密度概念较为接近，但对具体材料其数值并不相同，所使用的场合也不同，应注意进行严格区分，并掌握各密度、空隙率、吸水率、含水率等参数之间的换算关系。

水是土木工程材料在实际使用过程中最常接触到的环境条件，而不同的材料在水的作用下所表现出来的性能特点也是各不相同的。其中有有益的作用，如水泥混凝土拌和时，水起的润滑作用，但也有有害的作用，如沥青路面的水损害。在本章的学习中，学生应理解材料的亲水性、憎水性、吸水性和耐水性。

耐久性是土木工程材料性能的一项重要的基本要求，学生应结合后面各章内容的学习，掌握影响常用材料耐久性的主要因素及提高材料耐久性的方法。

复习思考题

1. 什么是材料的密度、表观密度和堆积密度？
2. 材料的体积有几种分类？
3. 什么是材料的空隙率和孔隙率？
4. 什么是材料的耐水性和抗冻性？各用什么指标来表示？
5. 材料的质量吸水率和体积吸水率有何不同？什么情况下采用体积吸水率来反映材料的吸水性？
6. 什么是材料的导热性？材料导热系数的大小与哪些因素有关？
7. 材料的抗渗性好坏主要与哪些因素有关？怎样提高材料的抗渗性？
8. 材料的强度按通常所受外力作用不同分为哪几个（画出示意图）？分别如何计算？单位是什么？
9. 某一块材料的全干质量为 100 g，自然状态下的体积为 40 cm^3，绝对密实状态下的体积为 33 cm^3，计算该材料的实际密度、表观密度、密实度和孔隙率。
10. 已知一块烧结普通砖的外观尺寸为 240 mm×115 mm×53 mm，其孔隙率为 37%，干燥时质量为 2 487 g，浸水饱和后质量为 2 984 g，试求该烧结普通砖的表观密度、绝对密度以及质量吸水率。
11. 某工程现场搅拌混凝土，每罐需加入干砂 120 kg，而现场砂的含水率为 2%，计算每罐应加入湿砂多少。
12. 测定烧结普通砖抗压强度时，测得其受压面积为 115 mm×118 mm，抗压破坏荷载为 260 kN，计算该砖的抗压强度（精确至 0.1 MPa）。
13. 公称直径为 20 mm 的钢筋作拉伸试验，测得其能够承受的最大拉力为 145 kN，计算钢筋的抗拉强度（精确至 1 MPa）。

第二章 水 泥

本章描述

本章着重讲述硅酸盐水泥的熟料矿物组成、凝结硬化过程、技术性质及应用；在此基础上介绍混合材料，以及掺混合材料硅酸盐水泥的组成、特性及应用；概要介绍高铝水泥的组成及特点；简介其他品种水泥。通过学习，学生应：掌握硅酸盐水泥的性质、影响因素及应用范围；掌握掺混合材料硅酸盐水泥的特性，并能合理选用；了解高铝水泥的特性及应用范围，一般了解其他品种水泥的特点。

教学目标

1. 能力目标

熟悉各种水泥的技术性质。

在施工过程中能正确选用水泥。

2. 知识目标

掌握硅酸盐水泥熟料各矿物成分特性。

掌握硅酸盐水泥水化、凝结硬化的机理。

掌握硅酸盐水泥技术性质的检验测定方法。

了解其他水泥的特性和应用。

3. 素质目标

培养学生爱岗敬业、细心踏实、勇于进取的工作作风。

具备严谨、科学、勇于创新的工作态度。

具备较强的心理素质和良好的身体素质。

2.1 硅酸盐水泥

胶凝材料指能在物理、化学作用下，从具有流动性的浆体转变成坚固的石状体，并能将砂、石子等散粒材料或砖、板等块片状材料黏结为一个整体的材料。

胶凝材料按化学成分分为两大类：有机胶凝材料和无机（矿物）胶凝材料。

无机胶凝材料则按照硬化条件分为气硬性胶凝材料和水硬性胶凝材料。

气硬性胶凝材料只能在空气中硬化，也只能在空气中保持或继续发展其强度；水硬性胶凝材料则不仅能在空气中，而且可以更好地在水中硬化，保持并发展其强度。

水泥是一种包含多种矿物成分的人造粉末状材料，与水拌和后成为塑性胶体，既能在空气中硬化，也能在水中硬化，并能将砂石等材料结合成具有一定强度的整体。水泥是水硬性无机胶凝材料。

水泥按化学成分分类有硅酸盐类水泥、铝酸盐类水泥、硫铝酸盐类水泥、铁铝酸盐类水泥、氟铝酸盐类水泥,按用途和性能分类有通用水泥、专用水泥、特种水泥。

水泥是建筑业的基本材料,使用广,用量大,素有"建筑业的粮食"之称。它具有高的强度及稳定性、料源广泛、经济性好、工艺简单的优点,因而被广泛地应用于国民经济各部门的基本建设之中。同时,它也具有自重大、刚度大、变形小、有收缩及裂缝现象、污染环境(温室效应)的缺点。

水泥的生产和使用在世界上已有150多年的历史。目前,世界上水泥的品种已有200多种。1949年以后,我国水泥产量快速上升。1985年,我国水泥产量已跃居世界第一位,品种亦有70多种。同时,我国在水泥生产中不断发展新技术、新工艺,促进了水泥工业的技术进步。但也应该看到,与世界先进水平相比,我国水泥工业尚存在不少问题,如生产技术落后、经济效益差、人均产量仍低、供需矛盾突出、不能满足建设要求等。今后,我们要在现有的基础上增加产量,提高质量,减少能耗,降低成本。

目前,我国水泥品种虽然很多,但大量使用的是硅酸盐水泥、普通硅酸盐水泥、矿渣硅酸盐水泥、火山灰质硅酸盐水泥和粉煤灰硅酸盐水泥,即所谓的五大品种水泥。本章重点介绍用途最广、用量最大的通用硅酸盐水泥。国家标准《通用硅酸盐水泥》(GB 175—2007)规定:凡是以适当成分的生料,烧至部分熔融,所得以硅酸钙为主要成分的水泥熟料,并掺入 0~5%的石灰石或粒化高炉矿渣、适量石膏,磨细制成的水硬性胶凝材料,称为硅酸盐水泥。硅酸盐水泥分两种类型,不掺混合材料的称Ⅰ型硅酸盐水泥,代号 P·Ⅰ。在硅酸盐水泥粉磨时掺加不超过水泥质量5%的石灰石或粒化高炉矿渣混合材料的称Ⅱ型硅酸盐水泥,代号 P·Ⅱ。

2.1.1 硅酸盐水泥的生产

硅酸盐系水泥的生产有三大主要环节:生料制备、熟料烧成和水泥制成。这三大环节的主要设备是生料粉磨机、水泥熟料煅烧窑和水泥粉磨机,其生产过程常形象地概括为"两磨一烧"。

1. 生料的配制

硅酸盐水泥的原料主要由三部分组成:石灰质原料、黏土质原料、校正原料。

石灰质原料提供氧化钙,它可以采用石灰石、白垩、石灰质凝灰岩等。黏土质原料主要提供 SiO_2、Al_2O_3 及少量 Fe_2O_3,可以采用黏土、页岩等。有时还需配入校正原料,如铁矿石等。

将石灰质、黏土质和校正原料按适当的比例配合,并将这些原料磨制到规定的细度,并使其均匀混合,这个过程叫作生料配制。生料的配制有干法和湿法两种。

2. 水泥熟料的煅烧

将配制好的生料在窑内进行煅烧。水泥窑型主要有立窑和回转窑。一般立窑适合于小型水泥厂,回转窑适合于大型水泥厂。煅烧的主要过程包括五个环节:

(1)干燥。

(2)预热。

(3)分解。

(4)烧成。

（5）冷却。

生料经过煅烧后，通过一系列的物理、化学变化，生成水泥矿物，形成水泥熟料。

3．水泥熟料的粉磨

将生产出来的水泥熟料配以适量的石膏，或根据水泥品种的要求掺入一定量的混合材料，进入水泥粉磨机磨至适当的细度，即制成硅酸盐水泥（图2-1）。

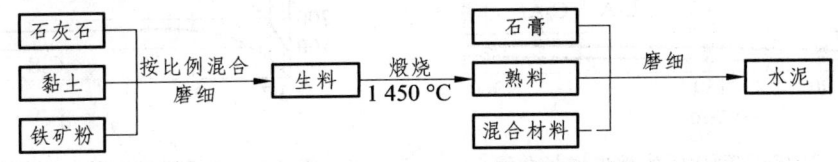

图2-1　硅酸盐水泥生产工艺流程示意图

2.1.2　硅酸盐水泥熟料的矿物组成及特性

1．水泥熟料的矿物组成

硅酸盐水泥的熟料主要由4种矿物组成，其名称、成分、化学式缩写、含量如下：

矿物名称	化学成分	缩写符号	含量
硅酸三钙	$3CaO \cdot SiO_2$	C_3S	36%～60%
硅酸二钙	$2CaO \cdot SiO_2$	C_2S	15%～36%
铝酸三钙	$3CaO \cdot Al_2O_3$	C_3A	7%～15%
铁铝酸四钙	$4CaO \cdot Al_2O_3 \cdot Fe_2O_3$	C_4AF	10%～18%

2．水泥熟料矿物的特性

硅酸盐水泥中含有的4种熟料矿物与水作用时所表现的特性是不同的。表2-1列出了4种熟料矿物与水作用的特性。

表2-1　水泥熟料主要矿物与水作用的特性

矿物组成	C_3S	C_2S	C_3A	C_4AF
与水反应速度	快	慢	最快	中
水化热	高	低	最高	中
早期	高	低	中	低
后期	高	高	低	中
耐化学侵蚀	中	好	差	优
干缩性	中	小	大	小
大致含量	36%～60%	15%～36%	7%～15%	15%～18%

表中所列各种矿物的放热量和强度，是指全部放热量和最终强度，至于其发展规律则如图2-2和图2-3所示。

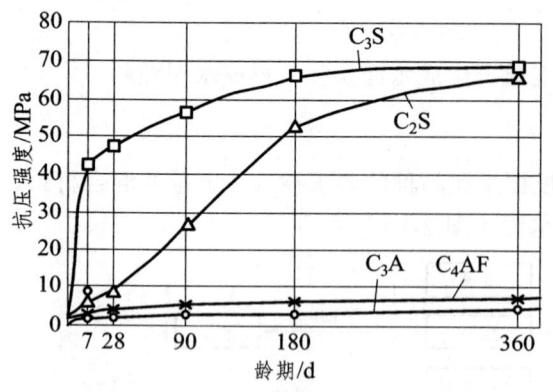

图 2-2 水泥熟料在硬化时的强度增长曲线　　图 2-3 水泥熟料在硬化时的放热曲线

水泥熟料是由多种不同特性的矿物所组成的混合物。因此，改变熟料矿物成分之间的比例，水泥的性质即发生相应的变化。例如：要使用水泥具有凝结硬化快、强度高的性能，就必须适当提高熟料中 C_3S 和 C_3A 的含量；要使用水泥具有较低的水化热，就应降低 C_3A 和 C_3S 的含量。

2.2 硅酸盐水泥的水化反应与凝结硬化

2.2.1 硅酸盐水泥加水后的水化产物

水泥加水拌和后，水泥颗粒立即与水发生化学反应，即发生水化反应，生成一系列的化合物并放出一定的热量。常温下水泥熟料单矿物的水化反应式如下：

1. 硅酸三钙

水泥熟料矿物中，硅酸三钙含量最高。硅酸三钙与水作用时，反应较快，水化放热量大，生成水化硅酸钙及氢氧化钙：

$$2(3CaO \cdot SiO_2) + 6H_2O = 3CaO \cdot 2SiO_2 \cdot 3H_2O（水化硅酸钙）+ 3Ca(OH)_2$$

2. 硅酸二钙

硅酸二钙与水作用时，反应较慢，水化放热小，生成水化硅酸钙，也有氢氧化钙析出：

$$2(2CaO \cdot SiO_2) + 4H_2O = 3CaO \cdot 2SiO_2 \cdot 3H_2O + Ca(OH)_2$$

3. 铝酸三钙

铝酸三钙与水作用时，反应极快，水化放热甚大，生成水化铝酸三钙：

$$3CaO \cdot Al_2O_3 + 6H_2O = 3CaO \cdot Al_2O_3 \cdot 6H_2O（水化铝酸三钙）$$

4. 铁铝酸四钙

铁铝酸四钙为水作用时，反应也较快，水化放热中等，生成水化铝酸三钙及水化铁酸钙：

$$4CaO \cdot Al_2O_3 \cdot Fe_2O_3 + 7H_2O = 3CaO \cdot Al_2O \cdot 6H_2O + CaO \cdot Fe_2O_3 \cdot H_2O（水化铁酸钙）$$

硅酸三钙和硅酸二钙水化生成的水化硅酸钙几乎不溶于水，立即以胶体微粒析出，并逐渐凝聚成胶凝体（C—S—H）；生成的氢氧化钙呈六方晶体，易溶于水，但是在溶液中的浓度很快达到饱和，呈六方晶体析出。

由于氢氧化钙的溶解，使溶液的石灰浓度很快达到饱和状态。因此，各矿物成分的水化主要是在石灰饱和溶液中进行的。

水化铝酸三钙为立方晶体，它易溶于水。

在石灰饱和溶液中，水化铝酸三钙和水化铁酸钙还会与氢氧发生二次反应，分别生成水化铝酸钙和水化铁酸四钙。

铁铝酸四钙水化速率较快，仅次于铝酸三钙，水化热不高，凝结正常，其强度值较低，但抗折强度相对较高。提高铁铝酸四钙的含量，可降低水泥的脆性，有利于道路等有振动交变荷载作用的应用场合。

由于铝酸三钙水化极快，会使水泥很快凝结，为使工程使用时有足够的操作时间，水泥中可以掺加适量的石膏，延缓水泥凝结。水泥加入石膏后，铝酸三钙水化时，石膏会与水化铝酸三钙反应生成针状的钙矾石。钙矾石很难溶解于水，覆盖在水泥颗粒的表面形成一层保护膜，以此来阻碍铝酸三钙的水化，从而阻止水泥颗粒表面水化产物向外扩散，降低了水泥的水化速度，使水泥的凝结时间得以延缓。

硅酸盐水泥的主要产物为水化硅酸钙凝胶和氢氧化钙晶体。水化硅酸钙凝胶约占70%，氢氧化钙晶体约占20%。

2.2.2 水泥的凝结硬化过程

硅酸盐水泥加水拌和后，成为可塑性的浆体，随着时间的推移，其塑性逐渐降低，最后失去塑性而成为水泥石，这个过程称为水泥的凝结。

随着水化的不断进行，水泥凝胶不断生成，形成密实的空间网状结构，水泥浆转变为石状体，产生了强度，即达到了硬化。

水泥的凝结硬化过程是很复杂的物理化学变化过程。水泥的凝结过程和硬化过程是连续进行的。凝结过程较短暂，一般几个小时即可完成；硬化过程是一个长期的过程。自1882年以来，世界各国学者对水泥凝结硬化的理论经过了一百多年的研究，至今仍持有各种论点。下面仅作简单介绍。

水泥加水拌和后，未水化的水泥颗粒分散在水中，成为水泥浆体[图2-4（a）]。

水泥的水化反应首先在水泥颗粒表面剧烈地进行，生成的水化物溶于水中。此种作用继续下去，使水泥颗粒周围的溶液很快成为水化产物的饱和溶液。

此后，水泥继续水化，在饱和溶液中生成的水化产物便从溶液中析出，包在水泥颗粒表面。水化产物中的氢氧化钙、水化铝酸钙和水化硫铝酸钙是结晶程度较高的物质，而数量多的水化硅酸钙则是大小为1~100 nm的粒子（或结晶），比表面积很大，相当于胶体物质，胶体凝聚便形成凝体。由此可见，水泥水化物中有凝胶和晶体。以水化硅酸钙凝胶为主体，其中分布着氢氧化钙等晶体的结构，通常称之为凝胶体。

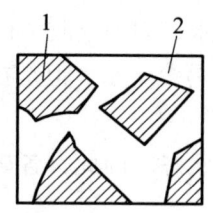 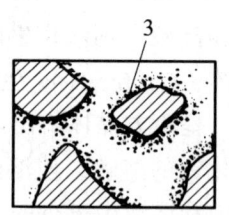

（a）水泥颗粒分散在水中　　　　　　（b）在水泥颗粒表面形成水化产物膜层

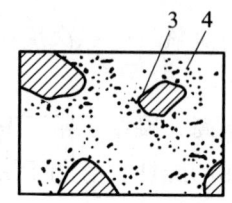 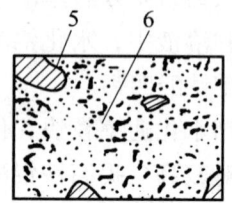

（c）膜层长大并相互连接（凝结）　　（d）水化物进一步发展，填充毛细孔（硬化）

图 2-4　硅酸盐水泥凝结硬化示意图

1—水泥颗粒；2—水；3—水泥凝胶体；4—晶体；5—未水化的水泥颗粒内核；6—孔隙

水化开始时，由于水化物尚不多，包有凝胶体膜层的水泥颗粒之间还是分离着的，相互间引力较小，此时水泥浆具有良好的塑性[图2-4（b）]。

随着水泥颗粒不断水化，凝胶体膜层不断增厚而破裂，并继续扩展，在水泥颗粒之间形成了网状结构，水泥浆体逐渐变稠，黏度不断增高，失去塑性，这就是水泥的凝结过程[图2-4（c）]。

以上过程不断地进行，水化产物不断生成并填充颗粒之间空隙，毛细孔越来越少，使结构更加紧密，水泥浆体逐渐产生强度而进入硬化阶段[图2-4（d）]。

由上述可见，水泥的水化反应是由颗粒表面逐渐深入到内层的。当水化物增多时，堆积在水泥颗粒周围的水化物不断增加，以致阻碍水分继续透入，使水泥颗粒内部的水化越来越困难，经过长时间（几个月，甚至几年）的水化以后，多数颗粒仍剩余尚未水化的内核。因此，硬化后的水泥石是由凝胶体（凝胶和晶体）、未水化水泥颗粒内核和毛细孔组成的不匀质结构体。

关于熟料矿物在水泥石强度发展过程中所起的作用，可以认为：硅酸三钙在最初约四个星期（28 d）以内对水泥石强度起决定性作用；硅酸二钙在大约四个星期以后才发挥其强度作用，大约经过一年，与硅酸三钙对水泥石强度发挥相等的作用；铝酸三钙在 1~3 d 或稍长的时间内对水泥石强度起有益作用。目前，专家学者对铁铝酸四钙在水泥水化时所起的作用，认识还存在分歧，各方面试验结果也有较大差异。多数人认为铁铝酸四钙水化速率不低，但到后期由于生成凝胶而使其进一步水化被阻止。

2.2.3　影响水泥凝结硬化的主要因素

水泥的凝结硬化过程除受本身的矿物组成影响外，尚受以下因素的影响：

1. 细　度

细度即磨细程度，水泥颗粒越细，总表面积越大，与水接触的面积也越大，则水化速度越快，凝结硬化也越快。

2. 石膏掺量

水泥中掺入石膏，可调节水泥凝结硬化的速度。在磨细水泥熟料时，若不掺入少量石膏，则所获得的水泥浆可在很短时间内迅速凝结。当掺入少量石膏后，石膏将与水化硅酸三钙作用，生成难溶的水化硫铝酸钙晶体（钙矾石），延缓了水泥浆体的凝结速度。但石膏掺量不能过多，因过多不仅缓凝作用不大，还会引起水泥安定性不良。

合理的石膏掺量，主要取决于水泥中铝酸三钙的含量及石膏中三氧化硫的含量。一般掺量占水泥质量的3%~5%，具体掺量通过试验确定。

3. 养护时间（龄期）

随着时间的延续，水泥的水化程度在不断增大，水化产物也不断增加。因此，水泥石强度的发展是随龄期而增长的。一般在28 d内强度发展最快，28 d后显著减慢。但只要在温暖与潮湿的环境中，水泥强度的增长可延续几年，甚至几十年。

水泥水化龄期时强度的影响曲线见图2-5。

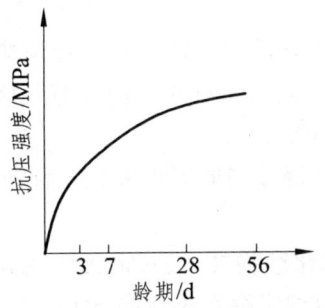

图2-5 水泥水化龄期对强度的影响

4. 温度和湿度

温度对水泥的凝结硬化有着明显的影响。提高温度可加速水化反应，通常提高温度可加速硅酸盐水泥的早期水化，使早期强度能较快发展，但后期强度反而可能有所降低。在较低温度下硬化时，虽然硬化缓慢，但水化产物较致密，所以可获得较高的最终强度。当温度降至负温时，水化反应停止，由于水分结冰，会导致水泥石冻裂，破坏其结构。温度的影响主要表现在水泥水化的早期阶段，对后期影响不大。

水泥的水化反应及凝结硬化过程必须在水分充足的条件下进行。环境湿度大，水分不易蒸发，水泥的水化及凝结硬化就能够保持足够的化学用水。如果环境干燥，水泥浆中的水分蒸发过快，当水分蒸发完后，水化作用将无法进行，硬化即行停止，强度不再增长，甚至还会在制品表面产生干缩裂缝。

因此，使用水泥时必须注意养护，使水泥在适宜的温度及湿度环境中进行硬化，从而使其强度不断增长。

2.2.4 硅酸盐水泥的腐蚀与防止

1. 水泥石的结构

水泥石主要由凝胶体、晶体、孔隙、水、空气和未水化的水泥颗粒等组成，存在固相、液相和气相。因此硬化后的水泥石是一种多相多孔介质。水泥石的结构如图 2-6 所示。

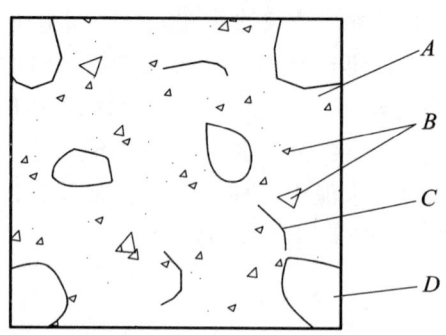

图 2-6 水泥石结构图

A—凝胶体（C-S-H 凝胶，水化硅酸钙凝胶）；B—晶体（氢氧化钙、水化铝酸钙、水化硫铝酸钙）；
C—孔隙（毛细孔、凝胶孔、气孔等）；D—未水化的水泥颗粒

2. 水泥石的几种主要侵蚀类型

水泥石硬化后，在正常的使用条件下，即在潮湿环境中或水中，仍可以逐渐硬化并不断增长其强度。在一些腐蚀性介质中，水泥石的结构会遭到破坏，强度和耐久性降低，甚至出现完全破坏的现象，称为水泥的腐蚀。

其中由于外界介质引起水泥石侵蚀的原因很多，几种典型水泥石腐蚀的类型如下：

（1）软水腐蚀（溶出性腐蚀）。

$Ca(OH)_2$ 晶体是水泥的主要水化产物之一。$Ca(OH)_2$ 易溶于水，水泥的其他水化产物必须在一定浓度的 $Ca(OH)_2$ 溶液中才能稳定存在（较高 pH 值）。

当水泥石中的 $Ca(OH)_2$ 被溶解流失，其浓度低于水化产物稳定存在的最低要求时，水泥的水化产物就会被溶解或分解，从而造成水泥石的破坏。所以软水腐蚀是一种溶出性的腐蚀。软水对 $Ca(OH)_2$ 的溶解度大，溶出严重。（雨水、雪水、蒸馏水、冷凝水、含碳酸盐较少的河水和湖水等都是软水，每升水中可溶解 $Ca(OH)_2$ 1.3 g 以上。）

静水、无压或总水量不多时：由于 $Ca(OH)_2$ 的溶解度较小，溶液易达到饱和，故溶出作用仅限于表面，并很快停止，其影响不大。

流水、压力水或大量水时：$Ca(OH)_2$ 会不断地被溶解流失。这样一来就会导致：

① 使水泥石孔隙率增大，密实度和强度下降，水更易向内部渗透。

② 水泥石的碱度不断降低，引起水化产物分解，最终变成胶结能力很差的产物，使水泥石结构受到破坏。

软水腐蚀的程度与水的暂时硬度（水中重碳酸盐即碳酸氢钙和碳酸氢镁的含量）有关。碳酸氢钙和碳酸氢镁能与水泥石中的 $Ca(OH)_2$ 反应生成不溶于水的碳酸钙：

$$Ca(OH)_2 + Ca(HCO_3)_2 \Longrightarrow 2CaCO_3\downarrow + 2H_2O$$

生成的碳酸钙沉淀在水泥石的孔隙内而提高其密实度，并在水泥石表面形成紧密不透水层，从而可以阻止外界水的侵入和内部 $Ca(OH)_2$ 的扩散析出。所以，水的暂时硬度越高，腐蚀作用越小。对须与软水接触的混凝土制品或构件，可先在空气中硬化，再进行表面炭化，形成碳酸钙外壳，可起到一定的保护作用。

（2）酸类腐蚀。

酸与水化产物中的 $Ca(OH)_2$ 发生中和反应生成盐和水。生成物（盐）具有易溶、无胶结能力或膨胀等特点。

① 碳酸腐蚀。

工业污水、地下水中常溶解有较多的二氧化碳，形成碳酸水，这种水对水泥石有较强的腐蚀作用。

首先，二氧化碳与水泥石中的 $Ca(OH)_2$ 反应，生成碳酸钙：

$$Ca(OH)_2 + CO_2 + H_2O = CaCO_3 + 2H_2O$$

生成的碳酸钙在含碳酸的水中不稳定，发生可逆反应，转变成重碳酸钙（碳酸氢钙），反应式如下：

$$CaCO_3 + CO_2 + H_2O = Ca(HCO_3)_2$$

当水中的碳酸超过平衡浓度时，上式反应就向右进行，将导致水泥石中的 $Ca(OH)_2$ 转变成为重碳酸盐而溶失，发生溶出性的腐蚀。

当水的暂时硬度较大时（所含重碳酸盐较多），上式平衡所需的碳酸就越多，因而，可以减轻腐蚀的影响。

② 一般酸的腐蚀。

$Ca(OH)_2$ 呈碱性，一般酸都会与 $Ca(OH)_2$ 发生中和反应，反应的产物或者易溶于水，或者体积膨胀，使水泥石性能下降，甚至导致破坏；无机强酸还会与水泥石中的水化硅酸钙、水化铝酸钙等水化产物反应，使之分解，从而导致腐蚀破坏。

一般地，有机酸的腐蚀作用较无机酸弱；酸的浓度越大，腐蚀作用越强。例如：

$$Ca(OH)_2 + 2HCl = CaCl_2 + 2H_2O$$

$$Ca(OH)_2 + 2H_2SO_4 = CaSO_4 \cdot 2H_2O$$

$$2CaO \cdot SiO_2 + 4HCl = 2CaCl_2 + SiO_2 \cdot 2H_2O$$

$$3CaO \cdot Al_2O_3 + 6HCl = 3CaCl_2 + Al_2O_3 \cdot 3H_2O$$

腐蚀作用较强的是无机酸中的盐酸（HCl）、氢氟酸（HF）、硝酸（HNO_3）、硫酸（H_2SO4）和有机酸中的醋酸（即乙酸 CH_3COOH）、蚁酸（即甲酸 HCOOH）和乳酸［$CH_3CH(OH)COOH$］等。

氢氟酸能侵蚀水泥石中的硅酸盐和硅质骨料，腐蚀作用非常强烈；而草酸（即乙二酸 $HOOCCOOH \cdot 2H_2O$）与 $Ca(OH)_2$ 反应生成的草酸钙为不溶性盐，可在水泥石表面形成保护层，所以腐蚀作用很小。

（3）盐类腐蚀。

① 硫酸盐腐蚀（膨胀腐蚀）。

海水、湖水、盐沼水、地下水、某些工业污水、流经高炉矿渣或煤渣的水中，常含钾、钠和氨等的硫酸盐。含硫酸盐的水与水泥石中的 $Ca(OH)_2$ 发生置换反应，生成硫酸钙。硫酸钙与水泥石中的水化铝酸钙作用生成高硫型水化硫铝酸钙（钙矾石），其反应式为：

$$MgSO_4 + Ca(OH)_2 + 2H_2O \longrightarrow Mg(OH)_2（絮凝状、无胶结力）+ CaSO_4 \cdot 2H_2O$$

$$3(CaSO_4 \cdot 2H_2O) + 3CaO \cdot Al_2O_3 \cdot 6H_2O + 19H_2O \longrightarrow 3CaO \cdot Al_2O_3 \cdot 3CaSO_4 \cdot 31H_2O$$

（水化硫铝酸钙）（结晶膨胀）

生成的高硫型水化硫铝酸钙晶体（钙矾石）比原有水化铝酸钙体积增大 1~1.5 倍。硫酸盐浓度高时还会在孔隙中直接结晶成二水石膏，比 $Ca(OH)_2$ 的体积增大 1.2 倍以上。这会引起水泥石内部膨胀，致使结构胀裂、强度下降而遭到破坏。因为生成的高硫型水化硫铝酸钙晶体呈针状，所以又被形象地称为"水泥杆菌"。

② 镁盐腐蚀。

海水及地下水中，常含有大量的镁盐，主要是硫酸镁和氯化镁。它们可与水泥石中的 $Ca(OH)_2$ 发生如下反应：

$$MgSO_4 + Ca(OH)_2 + 2H_2O == CaSO_4 \cdot 2H_2O（二水石膏）+ Mg(OH)_2$$

$$MgCl_2 + Ca(OH)_2 == CaCl_2 + Mg(OH)_2$$

所生成的 $Mg(OH)_2$ 松软而无胶凝性，$CaCl_2$ 易溶于水，会引起溶出性腐蚀，二水石膏又会引起膨胀腐蚀。所以硫酸镁对水泥起硫酸盐和镁盐的双重腐蚀作用，危害更严重。

生成的硫酸盐会与水化铝酸三钙继续反应，生成水化硫铝酸钙，导致水泥石的破坏。

（4）强碱的腐蚀。

浓度不高的碱类溶液，一般对水泥石无害。但若长期处于较高浓度（大于 10%）的含碱溶液中水泥石也能发性缓慢腐蚀，主要是化学腐蚀和结晶腐蚀。

化学腐蚀：如氢氧化钠与水化产物反应，生成胶结力不强、易溶析产物。

$$2CaO \cdot SiO_2 \cdot nH_2O + 2NaOH == 2Ca(OH)_2 + Na_2O \cdot SiO_2 + (n-1)H_2O$$

$$3CaO \cdot Al_2O_3 \cdot 6H_2O + 2NaOH == 3Ca(OH)_2 + Na_2O \cdot Al_2O_3 + 4H_2O$$

结晶腐蚀：如氢氧化钠渗入水泥石后，与空气中的二氧化碳反应生成含结晶水的碳酸钠，碳酸钠在毛细孔中结晶，体积膨胀，从而使水泥石开裂破坏。

（5）其他腐蚀。

除了上述四种主要的腐蚀类型外，一些其他物质也对水泥石有腐蚀作用，如糖、氨盐、酒精、动物脂肪、含环烷酸的石油产品及碱-骨料反应等。它们或是影响水泥的水化，或是影响水泥的凝结，或是体积变化引起开裂，或是影响水泥的强度，从不同的方面造成水泥石的性能下降甚至破坏。

实际工程中水泥石的腐蚀是一个复杂的物理化学作用过程，腐蚀的作用往往不是单一的，而是几种同时存在、相互影响的。

3. 水泥石腐蚀的原因

引起水泥石腐蚀的原因主要有内因和外因两个方面。

内因：① 水泥石本身不密实，水泥石内存在原始裂缝和孔隙，为腐蚀性介质侵入提供了通道；② 水泥石中存在容易被腐蚀的组分，如：$Ca(OH)_2$、水化铝酸钙等。易腐蚀组分的存在与水泥石内部的毛细孔通道共同作用，加剧水泥石结构的破坏。

外因：水泥石在使用环境中存在腐蚀性介质，如软水，酸、碱、盐的水溶液等。

4. 水泥石腐蚀的防止

根据水泥石腐蚀的原因，我们可以采用以下措施防止水泥石腐蚀：

（1）根据工程的环境特点，合理选择水泥品种，或适当掺加混合材料，减少可腐蚀物质的浓度，防止或延缓水泥的腐蚀。如处于软水环境的工程，常选用掺混合材料的矿渣水泥、火山灰水泥或粉煤灰水泥，因为这些水泥的水泥石中氢氧化钙含量低，对软水侵蚀的抵抗能力强。

（2）提高混凝土的密实度，采取措施减少水泥石结构的孔隙率，特别是提高表面的密实度，提高水泥石的密实度，减少孔隙，能有效地阻止或减少腐蚀介质的侵入，提高耐腐蚀能力；改善水泥石的孔隙结构，引入密闭孔隙，减少毛细孔连通孔，可提高抗渗性，是提高耐腐蚀能力的有效措施。

（3）在水泥石结构的表面设置保护层，隔绝腐蚀介质与水泥石的联系。当腐蚀作用较强时，可在水泥石表面加做不透水的保护层，隔断腐蚀介质的接触。保护层可选用耐腐蚀性强的石料、陶瓷、玻璃、塑料、沥青和涂料等，也可用化学方法处理形成保护层，如表面炭化形成致密的碳酸钙、表面涂刷草酸形成不溶的草酸钙等。对于特殊抗腐蚀的要求，则可采用抗蚀性强的聚合物混凝土。

2.2.5 硅酸盐水泥的技术指标

1. 物理指标

（1）密度。

一般硅酸盐水泥的密度为 3.0～3.2 g/cm³。

在进行混凝土或砂浆配合比设计时，通常密度取为 3.10 g/cm³。

（2）细度。

细度是指水泥颗粒的粗细程度。颗粒越细，比表面积（单位质量水泥粉末所具有的总表面积）越大，与水的接触面积越大，水化速度快且深入，因此水泥的凝结硬化速度越快，早期强度和后期强度也越高。如果水泥颗粒过细，磨细过程耗费能量较大，水泥的成本提高，并且在水泥凝结硬化后，水泥石的硬化收缩量较大。

国家标准《通用硅酸盐水泥》（GB 175—2007）规定：水泥的细度可用比表面积或 0.08 mm（或 0.045 mm）方孔筛的筛余量（未通过部分占试样总量的百分率）来表示。硅酸盐水泥和普通硅酸盐水泥的细度用比表面积表示，其比表面积不小于 300 m²/kg，否则为不合格品。矿渣硅酸盐水泥、火山灰质硅酸盐水泥、粉煤灰质硅酸盐水泥的细度用筛余量表示。

（3）标准稠度用水量。

为使水泥凝结时间和安定性的测定结果具有可比性，测定凝结时间和体积安定性时必须采用规定稀稠程度的水泥净浆，这个规定的稠度，称为标准稠度。标准稠度用水量是指水泥净浆达到标准稠度时，用水量与水泥质量的百分比。硅酸盐水泥的标准稠度用水量一般为 21%～28%，普通硅酸盐水泥的标准稠度用水量一般为 27%～31%。

（4）凝结时间。

水泥的凝结时间有初凝与终凝之分。自加水时起至水泥浆开始失去可塑性所需的时间，称为初凝时间。自加水起至水泥浆完全失去可塑性，随后开始产生强度的时间，称为终凝时间。

国家标准《通用硅酸盐水泥》（GB 175—2007）规定：硅酸盐水泥的初凝时间不得小于 45 min，终凝时间不得大于 390 min。

水泥的凝结时间在施工过程中有着重要意义。初凝时间不宜过早，是为了有足够的时间进行施工操作，如搅拌、运输、浇筑和成型等。终凝时间不宜过迟，主要是为了使水泥尽快凝结，减少水分蒸发，有利于水泥性能的提高，同时也有利于下一道工序及早进行。

（5）体积安定性。

水泥在凝结硬化过程中体积变化的均匀性称为水泥的体积安定性，即水泥硬化浆体能保持一定形状，不开裂、不变形、不溃散的性质。体积安定性不良的水泥不得应用于工程中，否则将导致严重后果。

引起水泥安定性不良的原因有：

① 水泥熟料中含有过多的游离氧化钙和游离氧化镁，其中游离氧化钙是一种最为常见，影响最为严重的因素。

国家标准规定：由游离氧化钙引起的水泥安定性不良，可用沸煮法检验。沸煮法又分试饼法和雷氏法，当两者发生争议时以雷氏法为准。

游离氧化镁引起的水泥体积安定性不良，用压蒸法才能检验出来。由于游离氧化镁造成的安定性不良不便于快速检验，因此，国家标准规定，水泥中的游离氧化镁的含量不得超过5.0%，当压蒸试验合格时可放宽到6.0%。

② 石膏掺量过多。

国家标准规定，在生产水泥时，控制水泥中 SO_3 的含量不得超过3.5%。

（6）强度等级。

水泥的强度是评定其质量的重要指标。国家标准《水泥胶砂强度检验方法（ISO）》（GB/T 17671—1999）规定，水泥和标准砂按1∶30，水灰比为0.5，用标准制作方法制成 40 mm×40 mm×160 mm 的标准试件，在标准养护条件（温度为 20 ℃±1 ℃，相对湿度90%以上的空气中带模养护；1 d 以后拆模，放入 20 ℃±1 ℃ 的水中养护）下，测定其达到规定龄期（3 d，28 d）的抗折强度和抗压强度，即为水泥的胶砂强度。用规定龄期的抗折强度和抗压强度划分水泥的强度等级。硅酸盐水泥的强度等级划分为 42.5，42.5R，52.5，52.5R，62.5，62.5R，其中 R 表示水泥为早强型，主要特点是其 3 d 强度比同强度等级水泥高。硅酸盐水泥强度主要取决于熟料的矿物组成和细度。硅酸盐水泥各龄期的强度不得低于表 2-2 所列。

表 2-2　硅酸盐水泥各龄期的强度值

品　种	强度等级	抗压强度/MPa		抗折强度/MPa	
		3 d	28 d	3 d	28 d
硅酸盐水泥	42.5	≥17.0	≥42.5	≥3.5	≥6.5
	42.5R	≥22.0		≥4.0	
	52.5	≥23.0	≥52.5	≥4.0	≥7.0
	52.5R	≥27.0		≥5.0	
	62.5	≥28.0	≥62.5	≥5.0	≥8.0
	62.5R	≥32.0		≥5.5	

2. 化学指标

（1）氧化镁含量。

在水泥熟料中，存在游离的氧化镁。它的水化速度很慢，而且水化产物为氢氧化镁，氢氧化镁能产生体积膨胀，可以导致水泥石结构裂缝甚至破坏。因此，氧化镁是引起水泥体积安定性不良的原因之一，应严格控制水泥中的氧化镁含量。

(2)三氧化硫含量。

水泥中的三氧化硫主要来源是生产水泥的过程中掺入的石膏。如果石膏掺量超过一定限度，在水泥硬化后，它会继续水化并产生膨胀，导致结构物破坏。因此，三氧化硫也是引起水泥安定性不良的原因之一，应严格控制水泥中的三氧化硫含量。

(3)烧失量。

烧失量是指坯料在烧成过程中所排出的结晶水，碳酸盐分解出的 CO_2，硫酸盐分解出的 SO_2，以及有机杂质被排除后物量的损失。烧失量是用来限制石膏和混合材中杂质的，以保证水泥质量。水泥煅烧不理想或者受潮后，会导致烧失量增加。因此烧失量是检验水泥质量的一项指标。

(4)不溶物含量。

水泥中的不溶物主要是煅烧过程中存留的残渣，其含量会影响水泥的黏结质量。

(5)氯离子含量。

水泥混凝土是碱性的，钢筋氧化保护膜也为碱性，故一般情况下，在水泥混凝土中的钢筋不锈蚀。但如果水泥中氯离子含量增高，氯离子会强烈促进锈蚀反应，破坏保护膜，导致钢筋锈蚀。

(6)碱含量。

国家标准规定：水泥中的碱含量按 $Na_2O+0.658K_2O$ 计算值表示，如果水泥中的碱含量较高，则有可能会产生碱-集料反应，从而导致混凝土产生膨胀破坏。因此，若使用活性集料时，应使用低碱水泥配置混凝土，水泥中的碱含量不得大于 0.60%，或由买卖双方协商确定。

3. 合格品与不合格品的判定

国家标准《通用硅酸盐水泥》（GB 175—2007）中，取消了废品判定，只规定了合格品和不合格品。

合格品和不合格品的判定规则如下：

检验结果符合化学指标、凝结时间、安定性和强度者为合格品。

检验结果不符合化学指标、凝结时间、安定性和强度中的任何一项技术要求即为不合格品。

2.2.6 硅酸盐水泥的特性、应用及储存

1. 硅酸盐水泥的特性、应用
(1)凝结硬化快，早期强度和后期强度高。
(2)水化热大、抗冻性好。
(3)干缩小、耐磨性较好。
(4)抗炭化性较好。
(5)耐腐蚀性差。
(6)耐高温性差。

2. 水泥的保管

水泥进入施工现场后，应妥善保管，保管时有以下几点注意事项：

(1)不同品种和不同强度等级的水泥要分别存放，并应用标牌加以明确标示。

（2）防水防潮，做到"上盖下铺"。

（3）堆垛不能过高，一般不超过10袋，场地狭窄时最多不超过15袋，同时遵循先到场的水泥先用的原则。

（4）贮存期不能过长。

通用水泥贮存期不得超过3个月，贮存期超过3个月，水泥会受潮结块，强度大幅度降低，从而会影响水泥的使用。过期水泥应按照规定重新取样复检，按复检结果使用，但不能用于重要工程或工程中的重要部位。

2.3 掺混合材硅酸盐水泥的组成与水泥

为了调整水泥强度等级，扩大使用范围，改善水泥的某些性能，增加水泥的品种和产量，充分利用工业废料，降低水泥成本，可以在硅酸盐水泥中掺入一定量的混合材料。所谓混合材料，就是天然或人工的矿物材料，一般多采用磨细的天然岩或工业废渣。

混合材料按其性能可分活性混合材料和非活性混合材料。

磨细的混合材料与石灰、石膏或硅酸盐水泥一起，加水拌和后能发生化学反应，生成有一定胶凝性的物质，且具有水硬性，这种混合材料称为活性混合材料。活性混合材料的这种性质称为火山灰性。因为最初发现火山灰具有这样的性质，因而得名。活性混合材料中一般均含有活性氧化硅和活性氧化铝，它们能与水泥水化生成的氢氧化钙作用，生成水硬性凝胶。属于活性混合材料的有：粒化高炉矿渣、火山灰质混合材料和粉煤灰。

2.3.1 粒化高炉矿渣

高炉矿渣是冶炼生铁时的副产品，每生产1 t生铁，将排渣0.30~1.0 t，它已成为建材工业的重要原料之一，是水泥工业活性混合材料的主要来源。粒化高炉矿渣是将炼铁高炉的熔融矿渣，经急速冷却处理而成的、质地疏松、多孔的粒状物。一般用水淬方法进行急冷，故又称水淬高炉矿渣。粒化高炉矿渣的活性除取决于化学成分外，还取于它的结构状态。粒化高炉矿渣在骤冷过程中，熔融矿渣任其自然冷却，就会凝固成块，呈结晶状态，活性极小，属非活性混合材料。

粒化高炉矿渣的化学成分有：CaO、MgO、Al_2O_3、SiO_2、Fe_2O_3 等氧化物和少量的硫化物。在一般矿渣中，CaO、SiO_2、Al_2O_3 含量占90%以上，其化学成分与硅酸盐水泥的化学成分相似，只不过CaO含量较低，而SiO_2含量偏高。

2.3.2 火山灰质混合材料

它是以活性氧化硅和活性氧化铝为主要成分的矿物材料。火山灰质混合材料没有水硬性，但具有火山灰性，即在常温下能与石灰和水作用生成水硬性的水化物。

火山灰质混合材料的品种很多，天然的有火山灰、凝灰岩、浮石、沸石岩、硅藻土等，人工的有煤矸石、烧页岩、烧黏土、煤渣、硅质渣等。

2.3.3 粉煤灰

粉煤灰是火力发电厂用煤粉作为发电的燃料所排出的废渣,是从煤粉炉烟道气体中收集的粉末。目前,我国电力工业是以燃煤为主,每年排出的粉煤灰量在 5000 万吨以上。随着电力工业的发展,其排出量还将逐年增加,如不加以很好地利用,就会占用农田、堵塞江河、污染环境。粉煤灰中含有较多的 SiO_2 和 Al_2O_3,两者总含量在 60%以上。由于它是由煤粉悬浮态燃烧后急冷而成,所以多呈 1~50 μm 的实心或空心的玻璃态球粒状。就其化学成分和具有火山灰性来看,也与火山灰质混合材料有不同的特点,因此我国水泥标准中将其单独列出。

国家标准《用于水泥和混凝土中的粉煤灰》(GB/T 1596—2005)规定,用于水泥的粉煤灰分Ⅰ级和Ⅱ级灰两种,其质量应满足表 2-3 的要求。

表 2-3 用于水泥中的粉煤灰技术指标

序号	指标	级别	
		Ⅰ级	Ⅱ级
1	烧失量(%),不大于	5	8
2	含水量(%),不大于	1	1
3	三氧化硫(%),不大于	3	3
4	28 d 抗压强度比(%),不小于	75	62

各种活性混合材料在应用时,其质量应符合国家标准的规定。

上述的活性混合材料都含有大量的活性氧化硅和活性氧化铝,它们只有在氢氧化钙饱和溶液中,才会发生明显的水化反应,生成水化硅酸钙和水化铝酸钙:

$$x\text{Ca(OH)}_2 + \text{SiO}_2 + m_1\text{H}_2\text{O} = x\text{CaO} \cdot \text{SiO}_2 \cdot n_1\text{H}_2\text{O}$$

$$y\text{Ca(OH)}_2 + \text{Al}_2\text{O}_3 + m_1\text{H}_2\text{O} = y\text{CaO} \cdot \text{Al}_2\text{O}_3 \cdot n_1\text{H}_2\text{O}$$

可见溶液中的石灰是激发活性混合材料活性的物质,所以被称为激发剂。激发剂分碱性激发剂和硫酸盐激发剂。上述的氢氧化钙即为碱性激发剂;石膏为硫酸盐激发剂,它的作用是进一步与水化铝酸钙化合而生成水化硫铝酸钙。

2.3.4 非活性混合材料

凡不具有活性或活性甚低的人工或天然的矿物质材料称为非活性混合材料。这类材料与水泥成分不起化学反应,或者化学反应甚微。它的掺入仅能起调节水泥强度等级、增加水泥产量、降低水化热等作用。实质上,非活性混合材料在水泥中仅起填充料的作用,所以又称为填充性混合材料。石英砂、石灰石、黏土、慢冷矿渣以及不符合质量标准的活性混合材料均可加以磨细作为非活性混合材料应用。

对于非活性混合材料的质量,主要要求应具有足够的细度,不含或极少含对水泥有害的杂质。

2.4 通用硅酸盐水泥

2.4.1 普通硅酸盐水泥

根据《通用硅酸盐水泥》(GB 175—2007),普通硅酸盐水泥的定义是:凡由硅酸盐水泥熟料、5%~20%混合材料、适量石膏磨细制成的水硬性胶凝材料,称为普通硅酸盐水泥(简称普通水泥),代号为P·O。

普通硅酸盐水泥强度等级分为 32.5、32.5R、42.5、42.5R、52.5 和 52.5R 等三个等级两种类型(普通型和早强型)。各种强度等级水泥在不同龄期的强度要求均不得低于表2-4所列数值。

表2-4 普通水泥的强度要求

品种	强度等级	抗压强度/MPa		抗折强度/MPa	
		3 d	28 d	3 d	28 d
普通水泥	32.5	11.0	32.5	2.5	5.5
	32.5R	16.0	32.5	3.5	5.5
	42.5	16.0	42.5	3.5	6.5
	42.5R	21.0	42.5	4.0	6.5
	52.5	22.0	52.5	4.0	7.0
	52.5R	26.0	52.5	5.0	7.0

普通水泥细度用筛析法检验,要求 0.080 mm 方孔筛余量不得超过 10.0%。普通水泥初凝不得早于 45 min,终凝不得迟于 10 h,对体积安定性要求与硅酸盐水泥相同。

普通硅酸盐水泥中掺入少量混合材料的作用,主要是调节水泥强度等级,因此它的强度等级比硅酸盐水泥多两个等级,有利于合理选用。由于混合材料掺加量较少,其矿物组成的比例仍在硅酸盐水泥范围内,所以其性能、应用范围与同强度等级硅酸盐水泥相近。但普通硅酸盐水泥早期硬化速度稍慢,其 3 d 强度较硅酸盐水泥稍低,抗冻性及耐磨性也较硅酸盐水泥稍差。普通硅酸盐水泥被广泛应用于各种混凝土工程中,是我国主要的水泥品种之一。

2.4.2 矿渣硅酸盐水泥

凡由硅酸盐水泥熟料和粒化高炉矿渣、适量石膏磨细制成的水硬性胶凝材料称为矿渣硅酸盐水泥(简称矿渣水泥),代号为P·O·A或P·O·B。

根据《通用硅酸盐水泥》(GB 175—2007),矿渣硅酸盐水泥中粒化高炉矿渣掺加量按质量百分比计为 20%~70%。矿渣硅酸盐水泥中粒化高炉矿渣掺加量按质量百分比为 20%~50%,代号为P·O·A;矿渣硅酸盐水泥中粒化高炉矿渣掺加量按质量百分比为 50%~70%,代号为P·O·B。

矿渣水泥加水后,其水化反应分两步进行。首先是水泥熟料矿物与水作用,生成氢氧化钙、水化硅酸钙、水化铝酸钙等水化产物。这一过程与硅酸盐水泥水化时基本相同。而后,生成的氢氧化钙与矿渣中的活性氧化硅和活性氧化铝进行二次反应，生成水化硅酸钙和水化铝酸钙。

矿渣水泥中加入的石膏，一方面可调节水泥的凝结时间，另一方面又是激发矿渣活性的激发剂。因此，石膏的掺加量可比硅酸盐水泥稍多一些。矿渣水泥中的 SO_3 的含量不得超过 4%。

矿渣水泥的密度一般为 3.0 ~ 3.1 g/cm³，对于细度、凝结时间和体积安定性的技术要求与硅酸盐水泥相同。

矿渣水泥是我国产量最大的水泥品种，共分三个强度等级：32.5、32.5R、42.5、42.5R、52.5、52.5R。各强度等级水泥不同龄期的强度要求不得低于表 2-5 所列数值。

表 2-5　矿渣水泥、火山灰水泥和粉煤灰水泥的强度要求

强度等级	抗压强度/MPa		抗折强度/MPa	
	3 d	28 d	3 d	28 d
32.5	10.0	32.5	2.5	5.5
32.5R	15.0	32.5	3.5	5.5
42.5	15.0	42.5	3.5	6.5
42.5R	19.0	42.5	4.0	6.5
52.5	21.0	52.5	4.0	7.0
52.5R	23.0	52.5	4.5	7.0

与硅酸盐水泥相比，矿渣水泥有如下特点：

1. 早期强度低，后期强度高

矿渣水泥的水化首先是熟料矿物水化，然后生成的氢氧化钙才与矿渣中的活性氧化硅和活性氧化铝发生反应。同时，由于矿渣水泥中含有粒化高炉矿渣，相应熟料含量较少，因此凝结稍慢，早期（3 d、7 d）强度较低。但在硬化后期，28 d 以后的强度发展将超过硅酸盐水泥（图 2-7）。一般矿渣掺入量越多，早期强度越低，但后期强度增长率越大。为了保证其强度不断增长，应长时间在潮湿环境下养护。

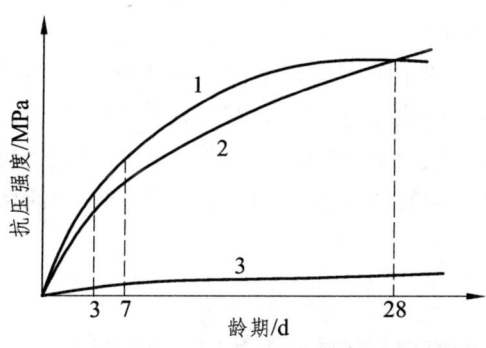

图 2-7　矿渣水泥与硅酸盐水泥

1—硅酸盐水泥；2—矿渣水泥；3—粒化矿渣

此外，矿渣水泥受温度影响的敏感性较硅酸盐水泥大。在低温下硬化很慢，显著降低早期强度；而采用蒸汽养护等湿热处理方法，则能加快硬化速度，并且不影响后期强度的发展。矿渣水泥适用于采用蒸汽养护的预制构件，而不宜用于早期强度要求高的混凝土工程。

2．具有较强的抗溶出性侵蚀及抗硫酸盐侵蚀的能力

由于水泥熟料中的氢氧化钙与矿渣中的活性氧化硅和活性氧化铝发生二次反应，水泥中易受腐蚀的氢氧化钙大为减少，同时，因掺入矿渣而使水泥中易受硫酸盐侵蚀的铝酸三钙含量也相对降低，因而矿渣水泥抗溶出性侵蚀能力及抗硫酸盐侵蚀能力较强。

矿渣水泥可用于受溶出性侵蚀，以及受硫酸盐侵蚀的水工及海工混凝土。

3．水化热低

矿渣水泥中硅酸三钙和铝酸三钙的含量相对减少，水化速度较慢，故水化热也相应较低。此种水泥适用于大体积混凝土工程。

2.4.3　火山灰质硅酸盐水泥

凡由硅酸盐水泥熟料和火山灰质混合材料、适量石膏磨细制成的水硬性胶凝材料称为火山灰质硅酸盐水泥（简称火山灰水泥），代号为 P·P。根据《通用硅酸盐水泥》（GB 175—2007），水泥中火山灰质混合材料掺加量按质量百分比计为 20%～40%。

火山灰水泥各龄期的强度要求与矿渣水泥相同（表 2-5），细度、凝结时间及体积安定性的要求与硅酸盐水泥相同。火山灰水泥标准稠度需水量较大。

火山灰水泥加水后，其水化反应和矿渣水泥一样，也是分两步进行的。火山灰水泥和矿渣水泥在性能方面有许多共同点，如早期强度较低、后期强度增长率较大、水化热低、耐蚀性较强、抗冻性差等。火山灰水泥常因所掺混合材料的品种、质量及硬化环境的不同而有其本身的特点。

1．抗渗性及耐水性高

火山灰水泥颗粒较细，泌水性小，当处在酸潮湿环境中或在水中养护时，火山灰质混合材料和氢氧化钙作用，生成较多的水化硅酸钙胶体，使水泥石结构致密，因而具有较高的抗渗性和耐水性。

2．在干燥环境中易产生裂缝

火山灰水泥在硬化过程中的干缩现象较矿渣水泥更显著。当处在干燥空气中时，形成的水化硅酸钙胶体会逐渐干燥，产生干缩裂缝。在水泥石的表面上，空气中的二氧化碳能使水化硅酸钙凝胶分解成碳酸钙和氧化硅的粉状混合物，从而使已经硬化的水泥石表面产生"起粉"现象。因此，在施工时，应特别注意加强养护，需要较长时间保持潮湿状态，以免产生干缩裂缝和起粉。

3．耐蚀性较强

火山灰水泥耐蚀性较强的原理与矿渣水泥相同。但如果混合材料中活性氧化铝含量较高，在硬化过程中氢氧化钙与氧化铝相互作用生成水化铝酸钙，在此种情况下则不能很好地抵抗

硫酸盐侵蚀。

火山灰水泥除适用于蒸汽养护的混凝土构件、大体积工程、抗软水和硫酸盐侵蚀的工程外，特别适用于有抗渗要求的混凝土结构。火山灰水泥不宜用于干燥地区及高温车间，亦不宜用于有抗冻要求的工程。由于火山灰水泥中所掺的混合材料种类很多，所以必须区别出不同混合材料所产生的不同性能，使用时加以具体分析。

2.4.4 粉煤灰硅酸盐水泥

凡由硅酸盐水泥熟料和粉煤灰、适量石膏磨细制成的水硬性胶凝材料称为粉煤灰硅酸盐水泥（简称粉煤灰水泥），代号为 P·F。根据《通用硅酸盐水泥》（GB 175—2007），水泥中粉煤灰掺加量按质量百分比计为 20%～40%。

粉煤灰水泥各龄期的强度要求与矿渣水泥和火山灰水泥相同（表 2-5）。细度、凝结时间、体积安定性的要求与硅酸盐水泥相同。粉煤灰本身就是一种火山灰质混合材料，因此实质上粉煤灰水泥就是一种火山灰水泥。粉煤灰水泥凝结硬化过程及性质与火山灰水泥极为相似，但由于粉煤灰的化学组成和矿物结构与其他火山灰质混合材料有所差异，因而构成了粉煤灰水泥的特点。

1. 早期强度低

粉煤灰呈球形颗粒，表面致密，内比表面积小，不易水化。粉煤灰活性的发挥主要在后期，所以这种水泥早期强度发展速率比矿渣水泥和火山灰水泥更低，但后期可明显地超过硅酸盐水泥。图 2-8 为粉煤灰水泥强度增长和龄期关系的一例。

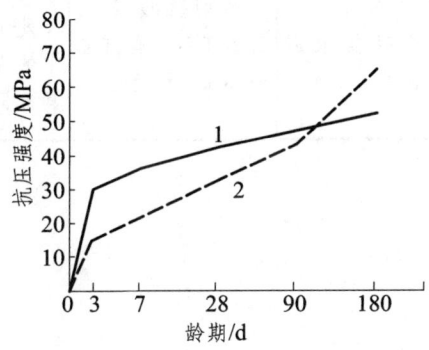

图 2-8 粉煤灰水泥强度与龄期的关系

1—硅酸盐水泥；2—掺 30%粉煤灰

2. 干缩小，抗裂性高

由于粉煤灰表面呈致密球形，吸水能力弱，与其他掺混合材水泥比较，标准稠度需水量较小，干缩性也小，因而抗裂性较高。但球形颗粒的保水性差，泌水较快，若处理不当易引起混凝土产生失水裂缝。

由上述可知，粉煤灰水泥适用于大体积水工混凝土工程及地下和海港工程，对承受荷载较迟的工程更为有利。

2.4.5 五种常用水泥对比

五种常用水泥的对比见表2-6。

表2-6 五种常用水泥的对比

项目	硅酸盐水泥	普通水泥	矿渣水泥	火山灰水泥	粉煤灰水泥
成分	水泥熟料及少量石膏	在硅酸盐水泥中掺活性混合材料15%以下或非活性混合材料10%以下	在硅酸盐水泥中掺入20%~70%的粒化高炉矿渣	在硅酸盐水泥中掺入20%~50%火山灰质混合材料	在硅酸盐水泥中掺入20%~40%粉煤灰
特性	早期强度高、水化热较大、抗冻性较好、耐蚀性差、干缩较小	与硅酸盐水泥基本相同	早期强度低,后期强度增长较快,水化热较低;耐蚀性较强;抗冻性差;干缩性较大	早期强度低,后期强度增长较快;水化热较低;耐蚀性较强;抗渗性好;抗冻性差;干缩性大	早期强度低,后期强度增长较快;水化热较低;耐蚀性较强;干缩性小;抗裂性较高;抗冻性差
适用范围	一般土建工程中的钢筋混凝土结构;受反复冰冻作用的结构;配制高强混凝土	与硅酸盐水泥基本相同	高温车间和有耐热耐火要求的混凝土结构;大体积混凝土结构;蒸汽养护的构件;有抗硫酸盐侵蚀要求的工程	地下、水中大体积混凝土结构和有抗渗要求的混凝土结构;蒸汽养护的构件;有抗硫酸盐侵蚀要求的工程	地上、地下及水中大体积混凝土结构件;抗裂性要求较高的构件;有抗硫酸盐侵蚀要求的工程
不适用范围	大体积混凝土结构;受化学及海水侵蚀的工程	与硅酸盐水泥基本相同	早期强度要求高的工程;有抗冻要求的混凝土工程	处在干燥环境中的混凝土工程;其他同矿渣水泥	有抗炭化要求的工程;其他同矿渣水泥

2.5 特种水泥

2.5.1 高铝水泥

高铝水泥也称矾土水泥,是以铝矾土和石灰石为原料,经高温煅烧得到以铝酸钙为主要成分的熟料,经磨细而成的水硬性胶凝材料。这种水泥与上述的硅酸盐水泥不同,属于铝酸盐系列的水泥。它是一种快硬、早强、耐腐蚀、耐热的水泥。

1. 高铝水泥的矿物成分和水化产物

高铝水泥的主要矿物成分是铝酸一钙($CaO \cdot Al_2O_3$,简写为CA)和二铝酸一钙($CaO \cdot 2Al_2O_3$,简写为CA_2),此外尚有少量硅酸二钙及其他铝酸盐。

铝酸一钙(CA)具有很高的水硬活性,其特点是凝结正常,硬化迅速,是高铝水泥强度的主要来源。

二铝酸一钙(CA_2)的早期强度低,但后期强度能不断增高。高铝水泥中增加CA_2含量,水泥的耐热性提高,但含量过多,将影响其快硬性能。

高铝水泥的水化过程,主要是铝酸一钙的水化过程。一般认为其水化反应随温度不同而不同。当温度小于 20 ℃ 时,主要水化产物为水化铝酸一钙（$CaO \cdot Al_2O_3 \cdot 10H_2O$,简写为 CAH_{10}）。温度在 20~30 ℃ 时主要水化产物为水化铝酸二钙（$2CaO \cdot Al_2O_3 \cdot 8H_2O$,简写为 C_2AH_8）。当温度大于 30 ℃ 时,主要水化产物为水化铝酸三钙（$3CaO \cdot Al_2O_3 \cdot 6H_2O$,简写为 C_3AH_6）。此外,尚有氢氧化铝凝胶（$Al_2O_3 \cdot 3H_2O$）。

二铝酸一钙（CA_2）的水化反应与铝酸一钙相似,但水化速度极慢。硅酸二钙则生成水化硅酸钙凝胶。

水化铝酸一钙和水化铝酸二钙为片状或针状晶体,它们互相交错搭接,形成坚强的结晶连生体骨架,同时所生成的氢氧化铝凝胶填塞于骨架空间中,形成比较致密的结构。经 5~7 d 后水化产物的数量就很少增加,强度即趋向稳定。因此高铝水泥早期强度增长得很快,而后期强度增进不太显著。硅酸二钙的数量很少,在硬化过程中起的作用不是很大。

随着时间的推移,CAH_{10} 或 C_2AH_8 会逐渐转化为比较稳定的 C_3AH_6,这个转化过程随着环境温度的上升而加速。晶体转化的结果,是使水泥石内析出游离水,增大了孔隙体积,同时也由于 C_3AH_6 本身强度较低,所以水泥石的强度明显下降。一般浇灌 5 年以上的高铝水泥混凝土,剩余强度仅为早期强度的二分之一,甚至只有几分之一。

2. 高铝水泥的技术性质

（1）密度与堆积密度。

高铝水泥的密度为 3.20~3.25 g/cm^3,堆积密度为 1000~1300 kg/m^3。

（2）细度。

根据《铝酸盐水泥》（GB/T 201—2015）,高铝水泥的细度在 0.080 mm 方孔筛上的筛余量不得超过 10%。实际生产中,筛余一般在 5%左右。

（3）凝结时间。

初凝时间不得早于 40 min,终凝时间不得迟于 10 h。

（4）强度。

高铝水泥的强度发展很快,以 1 d、3 d 抗压、抗折强度确定其强度等级（表 2-7）。高铝水泥划分为四个强度等级,各龄期的强度值不得低于 3 d 强度的指标。

在自然条件下,高铝水泥长期强度下降,并达到最低值。应用时,应以高铝水泥配制的混凝土最低稳定强度值为准。按国家标准（GB/T 201—2015）,混凝土最低稳定强度以试件脱模后放入（50±2）℃水中养护,按龄期为 7 d 和 14 d 强度值中低的来确定。

表 2-7 高铝水泥的强度要求（GB/T 201—2015）

水泥标号	抗压强度/MPa		抗折强度/MPa	
	1 d	3	1 d	3 d
325	35.5	41.7	3.9	4.4
425	45.1	51.5	4.9	5.4
525	54.9	61.3	5.9	6.4
625	64.7	71.1	6.9	7.4

3. 高铝水泥的特性与应用

高铝水泥与硅酸盐水泥相比有如下特性：

（1）早期强度增长快。

这种水泥的 1 d 强度即可达 3 d 强度的 80%以上，属快硬型水泥，适用于紧急抢修工程和早期强度要求高的特殊工程，但必须考虑到这种水泥后期强度的降低。使用高铝水泥时，要控制其硬化温度。最适宜的硬化温度为 15 °C 左右，一般不得超过 25 °C。如果温度过高，水化铝酸二钙会转化为水化铝酸三钙，使强度降低。若在湿热条件下，强度下降更为剧烈。所以高铝水泥不适用于蒸汽养护的混凝土制品，也不适用于在高温季节施工的工程中。

（2）水化热大。

高铝水泥硬化时放热量较大，而且集中在早期放出，1 d 内即可放出水化热总量的 70%~80%，而硅酸盐水泥仅放出水化热总量的 25%~50%。因此，这种水泥不宜用于大体积混凝土工程，但适用于寒冷地区冬季施工的混凝土工程。

（3）抗硫酸盐侵蚀性强。

高铝水泥水化时不析出氢氧化钙，而且硬化后结构致密，因此它具有较好的抗硫酸盐及抗海水腐蚀的性能。同时，对碳酸水、稀盐酸等侵蚀性溶液也有很好的稳定性。但晶体转化成稳定的水化铝酸三钙后，孔隙率增加，耐蚀性也相应降低。

高铝水泥对碱液侵蚀无抵抗能力，故应注意避免碱性腐蚀。

（4）耐热性高。

高铝水泥在高温下仍保持较高强度。如用这种水泥配制的混凝土在 900 °C 温度下，还具有原强度的 70%，当达到 1300 °C 时尚有 50%左右的强度。这些尚存的强度是水泥石中各组分之间产生固相反应，形成陶瓷坯体所致。因此，高铝水泥可作为耐热混凝土的胶结材料。

高铝水泥一般不得与硅酸盐水泥、石灰等能析出氢氧化钙的胶凝材料混合作用，在拌和浇灌过程中也必须避免互相混杂，并不得与尚未硬化的硅酸盐水泥接触，否则会引起强度降低并缩短凝结时间，甚至还会出现"闪凝"现象。所谓闪凝，即浆体迅速失去流动性，以至无法施工，但可以与已经硬化的硅酸盐水泥接触。

2.5.2 快硬硅酸盐水泥

（1）凡以适当成分的生料，烧至部分熔融，所得以硅酸钙为主要成分的硅酸盐水泥熟料，加入适量石膏，磨细制成具有早期强度增长率较高的水硬性胶凝材料，称为快硬硅酸盐水泥，简称快硬水泥。

（2）生产快硬硅酸盐水泥的方法与生产硅酸盐水泥的方法基本相同，只是要求较严格地控制生产工艺条件，要求原料中含有害杂质较少。应提高熟料中硬化最快的矿物成分含量，即希望 C_3S 和 C_3A 的含量高些。C_3S 含量为 50%~60%，C_3A 含量可为 8%~14%，再适当增加石膏掺量（可达 8%）和粉磨细度，即可制得快硬硅酸盐水泥。

（3）快硬硅酸盐水泥的质量标准与硅酸盐水泥略有差别，根据《快硬硅酸盐水泥》(GB 199—1990)的规定，细度要求在 0.080 mm 方孔筛上的筛余量不得超过 10%，凝结时间初凝规定不得早于 45 min，终凝不得迟于 10 h。由于这种水泥强度发展较快，所以规定以 3 d 抗压、抗折强度确定其强度等级。共分 325、375 和 425 三个强度等级。其各龄期强度不得低于表 2-8 所列数值。

表 2-8 快硬硅酸盐水泥强度指标值

水泥强度等级	抗压强度/MPa		抗折强度/MPa	
	1 d	3 d	1 d	3 d
325	15.0	32.5	3.5	5.0
375	17.0	37.5	4.0	6.0
425	19.0	42.5	4.5	6.4

（4）快硬水泥的水化热较高，这是由于水泥细度高，水化活性大，硅酸三钙和铝酸三钙的含量较高。快硬水泥的早期干缩率较大。由于水泥石比较致密，不透水性和抗冻性往往优于硅酸盐水泥。

（5）由于快硬水泥凝结硬化快，早期强度增长率较快，故适用于紧急抢修工程、军事工程、冬季施工的工程及预应力钢筋混凝土构件。

（6）快硬水泥在运输及储存过程中容易风化、受潮，因此须特别注意防潮。快硬水泥一般保存期不应超过一个月，否则应重新进行检验，合格后方可使用。

2.5.3 膨胀水泥

一般硅酸盐水泥在空气中硬化时，通常都表现为收缩，收缩的数值随水泥的品种、熟料的矿物组成、水泥的细度、石膏的加入量及用水量的多少而定。由于收缩，水泥混凝土制品内部会产生微裂缝。这样，不但使水泥混凝土的整体性被破坏，而且会使混凝土的一系列性能变坏，例如，抗渗性和抗冻性下降，使外部侵蚀性介质（腐蚀性气体、水汽）透入，直接接触使钢筋锈蚀。在浇注构件的接头或建筑物之间的连接处以及填塞孔洞、修缝隙时，由于水泥石的干缩，也不通达到预期的效果。当用膨胀水泥配制混凝土时，在硬化过程中产生一定数值的膨胀，就可以克服或改善上述缺点。

按基本组成，膨胀水泥可以分为以下几种：

（1）硅酸盐膨胀水泥：以硅酸盐水泥为主，外加高铝水泥和石膏组成。

（2）铝酸盐膨胀水泥：以高铝水泥为主，外加石膏组成。

（3）硫铝酸盐膨胀水泥：以无水硫铝酸钙和硅酸二钙为主要矿物，外加石膏组成。

（4）铁铝酸钙膨胀水泥：以铁相、无水硫铝酸钙和硅酸二钙为主要矿物，加石膏制成。

调整各种组成的配合比例，可以得到不同膨胀值的水泥。

根据膨胀值的大小不同，可分为膨胀水泥和自应力水泥。膨胀水泥的线膨胀率一般在 1% 以下，相当于或稍大于普通水泥的收缩率。它可用来补偿水泥的收缩（所以有时又具有更大的膨胀能）。自应力水泥的线膨胀率一般为 1%~3%，所以膨胀结果不仅使水泥避免收缩，而且尚有一定的最后线膨胀值，在限制的条件下，则可使水泥混凝土受到压应力，从而达到了预应力的目的。

自应力水泥适用于制造自应力钢筋混凝土压力管及其配件。

2.5.4 白色硅酸盐水泥

以铁含量少的硅酸盐水泥熟料、适量石膏及混合材料磨细所得的水硬性胶凝材料。简称白水泥，代号为 P·W。其生产方法基本同普通水泥，但原料不同，白水泥采用的是白垩、高岭土、瓷石、白泥等。白水泥生产过程需注意严格控制着色氧化物（Fe_2O_3、MnO、Cr_2O_3、TiO_2 等）的含量。

硅酸盐水泥的颜色主要是由氧化铁引起的。当氧化铁含量在 3%~4%时，熟料呈暗灰色；在 0.45%~0.7%时，带淡绿色；而降低到 0.35%~0.40%后，则接近白色。

性能特点：外观为白色，按白度分为一级、二级和三级；按强度分为 32.5、42.5、52.5 三个等级。其技术要求与普通水泥相同。

白水泥的国家标准为《白色硅酸盐水泥》（GB/T 2015—2005）。白水泥的细度要求为 80 μm，方孔筛筛余不得超过 10.0%；凝结时间初凝不早于 45 min，终凝不迟于 10 h；体积安定性用沸煮法检验必须合格；水泥中三氧化硫含量不得超过 3.5%。

白水泥主要用于各种装饰砂浆及装饰混凝土工程，如制作水刷石、水磨石及人造大理石等。

2.5.5 彩色硅酸盐水泥

彩色硅酸盐水泥的形成方法有：

将硅酸盐水泥熟料（白水泥熟料或普通水泥熟料）、适量石膏和碱性颜料共同磨细而成。（即染色法）；

将着色剂加入水泥生料中，经过煅烧使熟料具有所需的颜色，再与石膏混合磨细（烧成法）。

常用颜料（无机矿物颜料）：氧化铁（黑、红、褐、黄色）、二氧化锰（黑、褐色）、氧化铬（绿色）、钴蓝（蓝）。

彩色硅酸盐水泥的应用特点：

配置彩色砂浆或混凝土，用于制造人工石材和装饰工程。

2.5.6 道路硅酸盐水泥

以适当成分的生料烧至部分熔融，所得到的以硅酸钙为主要成分和有较多量的铁铝酸四钙 C_4AF 的硅酸盐水泥熟料称为道路硅酸盐水泥熟料。

以道路硅酸盐水泥熟料、0~10%活性混合材料和适量石膏磨细制成的水硬性胶凝材料称为道路硅酸盐水泥，简称道路水泥。

道路硅酸盐水泥的主要化学成分与硅酸盐水泥完全相同，只是 C_3A 含量降低（<5.0%），C_4AF 含量提高（≥16.0%）。

道路硅酸盐水泥强度较高，特别是抗折强度高、耐磨性好、干缩率低，抗冲击性、抗冻性和抗硫酸盐侵蚀能力均比较好，适用于道路路面、机场跑道、车站及公共广场等工程的面层混凝土中。

2.5.7 低水化热硅酸盐水泥

低水化热硅酸盐水泥原称大坝水泥，是专门用于要求水化热较低的大坝和大体积工程的水泥品种。

低水化热硅酸盐水泥主要品种有：

中热硅酸盐水泥（中热水泥），代号 P·MH；

低热硅酸盐水泥（低热水泥），代号 P·LH；

低热矿渣硅酸盐水泥（低热矿渣水泥），代号 P·SLH。

熟料中 C_3S、C_3A 的含量较低，后一种掺加 20%～60% 的粒化高炉矿渣。低水化热硅酸盐水泥水化热低，凝结时间较长，中热水泥抗冻性和耐磨性较好，适用于大体积混凝土如大坝水利工程，和要求低水化热、高抗冻性与耐磨性的工程。

2.5.8 抗硫酸盐硅酸盐水泥

以适当成分的硅酸盐水泥熟料（降低熟料中 C_3S 和 C_3A 的含量，相应增加耐蚀性较好的 C_2S 替代 C_3S，增加 C_4AF 替代 C_3A）再加入适量石膏，磨细制成的具有抵抗中等或较高硫酸根离子侵蚀的水硬性胶凝材料，称为抗硫酸盐硅酸盐水泥。抗硫酸盐硅酸盐水泥按其抗硫酸盐侵蚀程度分为中抗硫酸盐水泥（代号 P·MSR）和高抗硫酸盐水泥（代号 P·HSR）两类。

抗硫酸盐硅酸盐水泥具有较高的抗硫酸盐腐蚀的能力，还具有较高的抗冻性，主要用于有硫酸盐侵蚀的工程，如海港、水利、地下隧涵、道桥基础等。

2.5.9 砌筑水泥

适量硅酸盐水泥熟料和石膏，再加上一种或一种以上的水泥混合材料，经磨细制成的工作性较好的水硬性胶凝材料，称为砌筑水泥，代号为 M。

砌筑水泥用混合材料可采用矿渣、粉煤灰、煤矸石、沸腾炉渣和沸石等，掺加量应大于 50%，允许掺入石灰石或窑灰。其凝结时间要求初凝不早于 60 min，终凝不迟于 12 h，按砂浆洗水后保留的水分计，保水率应不低于 80%。

砌筑水泥强度虽低但和易性好，主要用于砌筑与抹面砂浆、垫层混凝土工程等，禁止用于拌制结构承重混凝土。

2.5.10 硫铝酸盐水泥

硫铝酸盐水泥是以适当成分的石灰石、矾土、石膏为原料，经低温（1300～1350 ℃）煅烧而成的以无水硫铝酸钙和硅酸二钙为主要矿物组成的熟料，掺加适量混合材（石膏和石灰石等）共同粉磨所制成的具有早强、快硬、低碱度等一系列优异性能的水硬性胶凝材料。

各国研究者从无水硫铝酸钙复合矿物研究中已开发出硫铝酸盐水泥系列。这个系列包括普通硫铝酸盐水泥和高铁硫铝酸盐水泥（又称铁硫酸盐水泥）。

硫铝酸盐水泥和铁铝酸盐水泥的生产工艺完全一样，区别仅在于两者的铁相矿物含量高低不同。

我国硫铝酸盐水泥应用市场用量及品种见表 2-9。

表 2-9 我国硫铝酸盐水泥应用市场用量及品种

应用市场	年水泥用量/万吨	水泥品种
GRC 制品（墙板、保温、外装饰、其他）	80	低碱度硫铝酸盐水泥 快硬硫铝酸盐水泥
自应力水泥压力管	7	自应力硫铝酸盐水泥
冬季施工及特殊工程	5	42.5 级快硬硫铝酸盐水泥
排水管、电杆和水泥制品	20	42.5 级快硬硫铝酸盐水泥 32.5 级复合硫铝酸盐水泥
配制特种工程材料	10	熟料、快硬硫铝酸盐水泥
企业之间熟料购销	2	熟料
出　口	1	特烧熟料、膨胀剂

硫铝酸盐水泥的特点和应用：

（1）凝结快、早期强度很高，特别适用于抢修或紧急工程。

（2）水化放热快，但放热总量不大，适用于冬期施工，但不适用于大体积混凝土工程。

（3）结构致密，干缩小，抗冻性抗渗性良好，硬化时体积微膨胀，适用于有抗渗、抗裂要求的混凝土工程。

（4）碱度低，与玻璃纤维等增强材料具有良好的结合能力，对钢筋的锈蚀有一定的影响。

（5）耐蚀性好，适用于有耐蚀性要求的混凝土工程。

（6）耐热性差，不适用于有耐热要求的混凝土工程。

（7）高硫型水化硫铝酸钙的膨胀值较大，且易受控制，可制成膨胀水泥和自应力水泥。

目前，硫铝酸盐水泥主要应用在：冬季施工工程、抢修和抢建工程、配制喷射混凝土、生产水泥制品和混凝土预制构件，补偿收缩混凝土的配制和抗渗工程、生产纤维增强水泥制品等。

硫铝酸盐水泥是当今世界水泥发展史上新出现的品种系列，尚处于应用推广时期，然而目前已显示出十分乐观的发展前景。

本章小结

水泥作为一种典型的水硬性胶凝材料，是现代土木工程的基础，水泥的生产和使用在世界上已有 170 多年的历史。目前，世界上水泥的品种已有 200 多种。1949 年以后，我国水泥产量快速上升。1985 年，我国水泥产量已跃居世界第一位，品种亦有 70 多种。

目前，我国水泥品种虽然很多，但大量使用的是硅酸盐水泥、普通硅酸盐水泥、矿渣硅酸盐水泥、火山灰质硅酸盐水泥和粉煤灰硅酸盐水泥，即所谓五大品种水泥。

水泥加水拌和后，最初形成具有可塑性又有流动性的浆体，经过一定时间，水泥浆体逐渐变稠失去塑性，这一过程称为凝结。随时间继续增长产生强度，强度逐渐提高，并变成坚硬的石状物体——水泥石，这一过程称为硬化。水泥凝结与硬化是一个连续的复杂的物理化学变化过程，这些变化决定了水泥一系列的技术性能。因此，了解水泥的凝结与硬化过程，对于了解水泥的性能有着重要的意义。

水泥的水化反应是由颗粒表面逐渐深入到内层的。当水化物增多时，堆积在水泥颗粒周围的水化物不断增加，以致阻碍水分继续透入，使水泥颗粒内部的水化越来越困难，经过长时间（几个月，甚至几年）的水化以后，多数颗粒仍剩余尚未水化的内核。因此，硬化后的水泥石是由凝胶体（凝胶和晶体）、未水化水泥颗粒内核和毛细孔组成的不匀质结构体。

水泥的水化反应及凝结硬化过程必须在水分充足的条件下进行。环境湿度大，水分不易蒸发，水泥的水化及凝结硬化就能够保持足够的化学用水。如果环境干燥，水泥浆中的水分蒸发过快，当水分蒸发完后，水化作用将无法进行，硬化即行停止，强度不再增长，甚至还会在制品表面产生干缩裂缝。因此，使用水泥时必须注意养护，使水泥在适宜的温度及湿度环境中进行硬化，从而使其强度不断增长。

水泥作为大量应用的建筑材料，国家标准对其各项性能有着明确的规定和要求。其中最为重要的性能是凝结时间、安定性和强度，学生学习时应参考有关的试验规程掌握水泥各主要性能指标的检测方法、目的和标准要求，特别应理解1999年新颁布的水泥标准中关于水泥强度等级的定义和测试，理解其与原标准中的水泥标号的不同。

复习思考题

1. 在硅酸盐水泥生产过程中为什么要掺入适量的石膏？掺入过量的石膏对水泥性质有何影响？
2. 水泥的凝结时间是怎么定义的？水泥的凝结时间对于工程施工有何意义？
3. 硅酸盐水泥的主要技术性质有哪些？
4. 什么是水泥的体积安定性？影响水泥体积安定性的因素有哪些？
5. 如何判断通用水泥是否合格？
6. 粉煤灰水泥、矿渣水泥和火山灰水泥有哪些技术特点？
7. 水泥石为什么会出现腐蚀？水泥石有几种腐蚀类型？如何防治水泥石的腐蚀？
8. 水泥在保管过程中有哪些注意事项？

第三章 混凝土

 本章描述

本章主要讲述了：混凝土的定义、分类、特点以及普通混凝土的基本要求；普通混凝土的组成材料及技术要求；混凝土拌合物的和易性的概念、测试和评定及影响和易性的主要因素；混凝土的强度；混凝土的变形性能；混凝土的耐久性；混凝土的质量控制和强度评定；混凝土配合比设计；其他类型的混凝土。

 教学目标

1. 能力目标

掌握坍落度、维勃稠度等实验方法。

理解混凝土强度的检验评定方法。

2. 知识目标

了解混凝土的定义、分类、特点以及普通混凝土的基本要求。

理解混凝土拌合物和易性的概念、混凝土强度等级及影响因素。

了解混凝土的变形性能、耐久性及混凝土配合比设计。

3. 素质目标

培养学生准确、科学、熟练地操作各种实验仪器、设备的工作作风。

培养严谨、求实的学习态度。

混凝土是现代建筑工程中用途最广、用量最大的建筑材料之一。目前，全世界每年生产的混凝土材料超过 100 亿吨。广义来讲，混凝土是由胶凝材料、集料按适当比例配合，与水（或不加水）拌和制成的具有一定可塑性的流体，经硬化而成的，具有一定强度的人造石。

混凝土作为建筑材料的历史久远，用石灰、砂和卵石制成的砂浆和混凝土在公元前 500 年就已经在东欧使用，但最早使用水硬性胶凝材料制备混凝土的是古罗马人。这种用石灰、砂、石制备的"天然混凝土"具有黏结力强、坚固耐久、不透水等特点，在古罗马得到了广泛应用，万神殿和古罗马圆形剧场就是其中杰出的代表。因此，可以说混凝土建筑是古罗马最伟大的建筑遗产。

混凝土发展史中最重要的里程碑是约瑟夫·阿斯普丁发明的波特兰水泥，从此，水泥逐渐代替了火山灰、石灰用于制造混凝土，但主要用于墙体、屋瓦、铺地、栏杆等部位。直到 1875 年，威廉·拉塞尔斯（Willian·Lascelles）采用改良后的钢筋强化的混凝土技术获得专利，混凝土才真正成为最重要的现代建筑材料。1895—1900 年，人们用混凝土成功地建造了第一批桥墩。至此，混凝土开始作为最主要的结构材料，影响和塑造了现代建筑。

3.1 混凝土概述

3.1.1 混凝土的定义

混凝土是由胶凝材料、水和粗、细集料按适当比例配合，拌制成拌合物，经一定时间硬化而成的人造石材。混凝土具有强度高、耐久性好、原料来源广、制作工艺简单、成本低、适用于各种自然环境等优点，是目前世界上使用量最大的人工建筑材料。通常讲的混凝土一词是指用水泥作胶凝材料，砂、石作集料，与水（可含外加剂和掺合料）按一定比例配合，经搅拌而得的水泥混凝土，也称普通混凝土，它广泛应用于土木工程。

3.1.2 混凝土的分类

混凝土的种类很多，分类方法也很多。

1. 按表观密度分类

（1）重混凝土：表观密度大于 2 600 kg/m³ 的混凝土，通常是采用高密度集料（如重晶石、铁矿石、钢屑等）或同时采用重水泥（如钡水泥、锶水泥等）制成的混凝土。因为它主要用作核能工程的辐射屏蔽结构材料，所以又称为防辐射混凝土。

（2）普通混凝土：表观密度为 1 950～2 500 kg/m³ 的水泥混凝土，通常是以常用水泥为胶凝材料，且以天然砂、石为集料配制而成的混凝土。它是目前土木工程中最常用的水泥混凝土。

（3）轻混凝土：表观密度小于 1 950 kg/m³ 的混凝土，通常是采用陶粒等轻质多孔的集料，或者不用集料而掺入加气剂或泡沫剂等而形成多孔结构的混凝土。其根据性能与用途的不同又可分为结构用轻混凝土、保温用轻混凝土和结构保温轻混凝土等。

2. 按胶凝材料的品种分类

（1）无机胶凝材料混凝土，如水泥混凝土、石膏混凝土、硅酸盐混凝土、水玻璃混凝土等。
（2）有机胶结料混凝土，如沥青混凝土、聚合物混凝土等。

3. 按使用功能和特性分类

按使用部位、功能和特性，混凝土通常可分为：结构混凝土、道路混凝土、水工混凝土、耐热混凝土、耐酸混凝土、防辐射混凝土、补偿收缩混凝土、防水混凝土、泵送混凝土、自密实混凝土、纤维混凝土、聚合物混凝土、高强混凝土、高性能混凝土等。

4. 按强度等级分类

混凝土按抗压强度可分为低强混凝土、中强混凝土、高强混凝土及超高强混凝土等。
普通混凝土：抗压强度小于 30 MPa；
中强混凝土：抗压强度为 30～60 MPa；
高强混凝土：抗压强度大于或等于 60 MPa；
超高强混凝土：抗压强度在 100 MPa 以上。

5. 按生产和施工方法分类

混凝土按生产和施工方法不同可分为预拌（商品）混凝土、泵送混凝土、喷射混凝土、压力灌浆混凝土（预填骨料混凝土）、挤压混凝土、离心混凝土、真空吸水混凝土、碾压混凝土等。

6. 按配筋情况分类

混凝土按配筋情况可分为素混凝土、钢筋混凝土、纤维混凝土。

混凝土的分类方式虽然比较多，但在工程中应用最广泛的是以水泥为胶凝材料，天然砂、石为集料的普通混凝土，本书若无特殊说明，所指混凝土即为普通混凝土。

3.1.3 混凝土的特点

普通混凝土在建筑工程中能得到广泛应用，是因为它与其他材料相比有以下优点：

（1）原材料来源丰富。

混凝土中约 70% 以上的材料是砂石料，属地方性材料，可就地取材，避免远距离运输，因而价格低廉。

（2）施工方便。

混凝土拌合物具有良好的流动性和可塑性，可根据工程需要浇筑成各种形状尺寸的构件及构筑物，既可现场浇筑成型，也可预制。

（3）性能可根据需要设计调整。

通过调整各组成材料的品种和数量，特别是掺入不同外加剂和掺合料，可获得不同施工和易性、强度、耐久性或具有特殊性能的混凝土，满足工程上的不同要求。

（4）抗压强度高。

混凝土的抗压强度一般为 7.5~60 MPa。当掺入高效减水剂和掺合料时，强度可达 100 MPa。而且，混凝土与钢筋具有良好的匹配性，浇筑成钢筋混凝土后，可以有效地改善混凝土抗拉强度低的缺陷，使混凝土能够应用于各种结构部位。

（5）耐久性好。

原材料选择正确、配比合理、施工养护良好的混凝土具有优异的抗渗性、抗冻性和耐腐蚀性能，且对钢筋有保护作用，可保持混凝土结构长期使用性能稳定。

混凝土也存在以下缺点：

（1）自重大。1 m^3 混凝土重约 2400 kg，故结构物自重较大，导致地基处理费用增加。

（2）抗拉强度低，抗裂性差。混凝土的抗拉强度一般只有抗压强度的 1/10~1/20，易开裂。

（3）收缩变形大。水泥水化凝结硬化引起的自身收缩和干燥收缩达 $500×10^{-6}$ m/m 以上，易产生混凝土收缩裂缝。

随着混凝土新功能、新品种的不断开发，这些缺点正不断被克服和改进。

3.1.4 普通混凝土的基本要求

（1）满足便于搅拌、运输和浇捣密实的施工和易性。

（2）满足设计要求的强度等级。

（3）满足工程所处环境条件所必需的耐久性。

（4）满足上述三项要求的前提下，最大限度地降低水泥用量，节约成本，即经济合理性。

为了满足上述四项基本要求，就必须研究原材料性能，研究影响混凝土和易性、强度、耐久性、变形性能的主要因素，研究配合比设计原理、混凝土质量波动规律以及相关的检验评定标准等。

3.1.5 混凝土的发展前景及展望

1861年，钢筋混凝土得到了第一次的应用，首先建造的是水坝、管道和楼板。1875年，法国的一位园艺师蒙耶（1828—1906）建成了世界上第一座钢筋混凝土桥。

20世纪初，有人发表了水灰比等学说，初步奠定了混凝土强度的理论基础。以后，相继出现了轻集料混凝土、加气混凝土及其他混凝土，各种混凝土外加剂也开始使用。60年代以来，广泛应用减水剂，并出现了高效减水剂和相应的流态混凝土；高分子材料进入混凝土材料领域，出现了聚合物混凝土；多种纤维被用于分散配筋的纤维混凝土。现代测试技术也越来越多地应用于混凝土材料科学的研究。

随着时代的变迁、技术的进步，"混凝土家族"里也有了新成员的加盟，其中纤维混凝土无论从抗压强度和价格来看，都具有一定的优势。然而，钢筋混凝土虽然受到"混凝土家族"的竞争影响，其发展的优势也不如从前，但是，在如今的很多领域中，仍能看到它那熟悉的身影。它依旧是坚固耐用的代名词。代表城市形象的高楼大厦，自然少不了钢筋混凝土。高速公路、建筑桥梁、隧道等是钢筋混凝土现代应用的另一方面。然而，钢筋混凝土还有一个更为实用的功能，那就是除险，在处理各类坍塌事故中，使用钢筋混凝土，可以更快地取得关键性的进展，因为有了它的支撑，才能使抢险行动获得控制性成果。因此，从这些方面可以看出，钢筋混凝土在众多建材中，依旧占有一席之地。

3.2 普通混凝土的组成材料及技术要求

普通混凝土是由水泥、砂子、石子和水组成的。为了改善混凝土的某些性能，通常加入适量的外加剂和掺合料。

3.2.1 混凝土中各组分的作用

在混凝土中，砂子、石子的体积百分数约为80%，主要起骨架作用，故分别被称作细集料和粗集料，集料又称骨料。水泥加水形成水泥浆，包裹在砂粒表面形成水泥砂浆，水泥砂浆又包裹石子并填充石子间的空隙而形成混凝土。水泥浆在硬化前起润滑作用，使混凝土拌合物具有良好的流动性；硬化后将集料胶结在一起形成坚硬的整体——混凝土。加入适量的外加剂和掺合料，在硬化前能改善拌合物的和易性，而且现代化的施工工艺对拌合物的高和易性要求，只有加入适宜的外加剂才能满足；硬化后，能改善混凝土的物理力学性能和耐久性等。尤其是在配制高强度混凝土、高性能混凝土时，外加剂和掺合料是必不可少的。

图3-1（a）、（b）分别表示干稠状态和塑性状态混凝土的组成和结构。

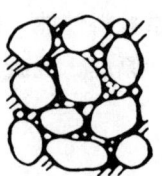 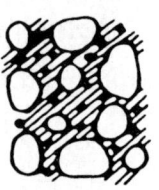

（a）干稠状态　（b）塑性状态

图 3-1　干稠和塑性状态混凝土

混凝土的性能在很大程度上取决于组成材料的性能。因此必须根据工程性质、设计要求和施工现场条件合理选择原料的品种、质量和用量。要做到合理选择原材料，则首先必须了解组成材料的性质、作用原理和质量要求。

3.2.2　混凝土中各组分的技术要求

1. 水 泥

（1）水泥品种的选择。

水泥品种的选择主要根据工程结构特点、工程所处环境及施工条件确定，如高温车间结构混凝土有耐热要求，一般宜选用耐热性好的矿渣水泥等。常用水泥品种的选用见表3-1。

表3-1　常用水泥品种选用参考表

混凝土工程特点及所处环境条件		优先使用	可以使用	不宜使用
普通混凝土	在普通气候环境中的混凝土	普通硅酸盐水泥	矿渣水泥 火山灰水泥 粉煤灰水泥	
	在干燥环境中的混凝土	普通硅酸盐水泥	矿渣水泥	火山灰水泥
	在高湿环境中或长期处于水下的混凝土	矿渣水泥 火山灰水泥 粉煤灰水泥	普通硅酸盐水泥	
	厚大体积的混凝土	矿渣水泥 火山灰水泥 粉煤灰水泥	普通硅酸盐水泥	硅酸盐水泥
有特殊要求的混凝土	要求快硬高强（≥C30）	硅酸盐水泥 快硬硅酸盐水泥		
	严寒地区的露天混凝土及处于水位升降范围内的混凝土	普通硅酸盐水泥 硅酸盐水泥 抗硫酸盐硅酸盐水泥	矿渣水泥	火山灰水泥
	有抗渗要求的混凝土	普通硅酸盐水泥 火山灰水泥	硅酸盐水泥 粉煤灰水泥	矿渣水泥
	有耐磨要求的混凝土	普通硅酸盐水泥	矿渣水泥	火山灰水泥
	受侵蚀性环境水或气体作用的混凝土	根据介质的种类、浓度等具体情况，按专门规定选用		

(2) 水泥强度等级的选择。

水泥强度等级的选择，应当与混凝土的设计强度等级相适应。水泥强度等级的选择原则为：混凝土设计强度等级越高，则水泥强度等级也宜越高；设计强度等级低，则水泥强度等级也相应低。例如：C40 以下混凝土，一般选用强度等级 32.5 级；C45~C60 混凝土一般选用 42.5 级，在采用高效减水剂等条件下也可选用 32.5 级；大于 C60 的高强混凝土，一般宜选用 42.5 级或更高强度等级的水泥；对于 C15 以下的混凝土，则宜选择强度等级为 32.5 级的水泥，并外掺粉煤灰等混合材料。水泥强度等级选择的目标是保证混凝土中有足够的水泥，既不过多，也不过少。因为水泥用量过多（低强水泥配制高强度混凝土），一方面成本增加；另一方面，混凝土收缩增大，对耐久性不利。水泥用量过少（高强水泥配制低强度混凝土），混凝土的黏聚性变差，不易获得均匀密实的混凝土，严重影响混凝土的耐久性。

2. 拌和及养护用水

混凝土拌和用水按水源可分为饮用水、地表水、地下水、海水以及经适当处理或处置后的工业废水。凡是生活饮用水和清洁的天然水都能用于拌制混凝土，宜优先采用符合国家标准的饮用水；若用其他来源的水时，水中不得含有影响水泥正常凝结、硬化的有害杂质（如油脂糖类等），不得产生降低混凝土耐久性、加快钢筋腐蚀及导致预应力钢筋脆裂、污染混凝土表面等有害作用；水质要求必须符合《混凝土用水标准》（JGJ 63—2006）的规定，各种杂质含量应符合表 3-2 的规定。

表 3-2 水中物质含量限制值

项 目	预应力混凝土	钢筋混凝土	素混凝土
pH 值	≥5	≥4.5	≥4.5
不溶物/(mg·L^{-1})	≤2 000	≤2 000	≤5 000
可溶物/(mg·L^{-1})	≤2 000	≤5 000	≤10 000
Cl$^-$/(mg·L^{-1})	≤500	≤1 000	≤3 500
SO$_4^{2-}$/(mg·L^{-1})	≤600	≤2 000	≤2 700
碱含量/(mg·L^{-1})	≤1 500	≤1 500	≤1 500

3. 细骨料——砂

混凝土中所用细骨料按产源分为天然砂和机制砂两类。《建设用砂》（GB/T 14684—2011）中对天然砂和机制砂的定义为：天然砂是指自然生成的，经人工开采和筛分的粒径小于 4.75 mm 的岩石颗粒，包括河砂、湖砂、山砂、淡化海砂，但不包括软质、风化的岩石颗粒；机制砂是指经除土处理，由机械破碎、筛分制成的粒径小于 4.75 mm 的岩石、矿山尾矿或工业废渣颗粒，但不包括软质、风化的颗粒，俗称人工砂。

《建设用砂》（GB/T 14684—2011）规定：建筑用砂按技术质量要求分为 I 类、II 类和 III 类。I 类用于强度等级大于 C60 的混凝土；II 类用于强度等级为 C30~C60 及有抗冻、抗渗或其他要求的混凝土；III 类宜用于强度等级小于 C30 的混凝土。配制混凝土时所采用的细集料的质量要求有以下几个方面：

(1) 有害杂质。

《建设用砂》（GB/T 14684—2011）强调建设用砂中不应混有草根、树叶、树枝、煤块和炉渣等杂物。

配制混凝土的细集料要求清洁不含杂质，以保证混凝土的质量。而砂中常含有一些有害杂质（如云母、黏土等），黏附在砂的表面，妨碍水泥与砂的黏结，降低混凝土的强度；同时还增加混凝土的用水量，从而加大混凝土的收缩，降低抗冻性和抗渗性。一些有机杂质、硫化物及硫酸盐，它们都对水泥有腐蚀作用。砂中有害物质应符合表3-3的规定。重要工程混凝土使用的砂，应进行碱活性检验，经检验判断为有潜在危害时，在配制混凝土时，应使用碱含量小于0.6%的水泥或采用能抑制碱集料反应的掺合料，如粉煤灰等；当使用含钾、钠离子的外加剂时，必须进行专门试验。在一般情况下，海砂可以配制混凝土和钢筋混凝土，但由于海砂盐含量较大，对钢筋有腐蚀作用，故对钢筋混凝土，海砂中氯离子含量不应超过0.06%（以干砂质量的百分率计）。预应力混凝土不宜采用海砂，若必须用海砂时，则应经淡水冲洗，其氯离子含量不得大于0.02%。有些杂质（如泥土、贝壳和杂物）可在使用前经过冲洗、过滤处理将其清除，特别是配制高强度混凝土时更应严格些。当用较高强度等级水泥配制低强度混凝土时，由于水灰比大、水泥用量少，拌合物的和易性不好。这时，如果砂中泥土细粉多一些，则只要将搅拌时间稍延长，就可改善拌合物的和易性。

表3-3 砂中有害物质含量限制

类别	Ⅰ	Ⅱ	Ⅲ
云母（按质量计）/%	≤1.0	≤2.0	
轻物质（按质量计）/%	≤1.0		
有机物	合格		
硫化物及硫酸盐（按SO_3质量计）/%	≤0.5		
氯化物（以氯离子质量计）/%	≤0.01	≤0.02	≤0.06
贝壳（按质量计）/%[①]	≤3.0	≤5.0	≤8.0

注：① 该指标适用于海砂，其他砂种不作要求。

（2）颗粒形状及表面特征。

河砂和海砂经水流冲刷，颗粒多为近似球状，且表面少棱角、较光滑，配制的混凝土流动性往往比山砂或机制砂好，但与水泥的黏结性能相对较差；山砂和机制砂表面较粗糙，多棱角，故混凝土拌合物流动性相对较差，但与水泥的黏结性能较好。水灰比相同时，山砂或机制砂配制的混凝土强度略高；而流动性相同时，因山砂和机制砂用水量较大，故混凝土强度相近。

（3）坚固性。

砂是由天然岩石经自然风化作用而成的，机制砂也会含大量风化岩体，在冻融或干湿循环作用下有可能继续风化，因此对某些重要工程或特殊环境下工作的混凝土用砂，应做坚固性检验，如严寒地区室外工程，或处于湿潮或干湿交替状态下的混凝土，有腐蚀介质存在或处于水位升降区的混凝土等。坚固性根据《建设用砂》（GB/T 14684—2011）规定，采用硫酸钠溶液浸泡→烘干→浸泡循环试验法检验。测定5个循环后的质量损失率，指标应符合表3-4的要求。

表 3-4 砂的坚固性指标

项目	Ⅰ类	Ⅱ类	Ⅲ类
循环后质量损失/%	≤8	≤8	≤8

【案例 3-1】砂质量不合格导致混凝土凝结异常。

概况：某工厂的钢筋混凝土条形基础，使用强度设计等级 C30 的混凝土，混凝土浇筑后，第二天检查发现部分硬化结块，部分呈疏松状，未完全硬化，轻轻敲击纷纷落下，混凝土基本无强度，工程被迫停工，从混凝土的形态上可以看出有部分砂粒表面无水泥浆，大部分砂粒间水泥浆较少。

分析：经调查，混凝土用砂泥含量超过标准 1 倍以上，导致泥粉总面积大幅度增加，需要更多的水泥浆包裹它们。首先，泥粉本身强度低，降低了混凝土的强度。其次，砂子细度模数小，砂率偏高，在质量相同的情况下，表面积大大增加，需要更多的水泥浆包裹，而此工程混凝土配合比并没有充分考虑此种情况，水泥用量偏低，砂粒表面没有被完全包裹或包裹层太薄，这影响了混凝土的凝结和强度。最后，由于现场砂粒细、泥含量大，砂团不易分散，按常规搅拌时间不能充分使水泥浆完全包裹砂粒，导致混凝土拌合物不均匀。

（4）粗细程度与颗粒级配。

细度模数是用来衡量砂粒混合后总体粗细程度的指标。砂的粒径越大，在质量相同的情况下，则比表面积越小，包裹砂表面所需的水用量和水泥浆用量就越少。因此，采用较粗的砂配制混凝土，可减少拌合用水量，节约水泥用量，减少混凝土的干缩，若用水量不变，则可提高混凝土拌合物的流动性。但砂过粗时，容易使混凝土拌合物产生离析、分层现象。因此，配制混凝土的用砂既不宜过细也不宜过粗。

细度模数仅反映砂的总体粗细情况，细度模数相同的砂，其各粒径颗粒的搭配情况可能有很大不同，因此在配制混凝土时，除了考虑砂的细度模数外，还要考虑砂的颗粒级配情况。

砂的颗粒级配是指颗粒大小不同的砂的搭配情况。级配良好的砂应是大颗粒砂的空隙被中等颗粒砂所填充，而中等颗粒砂的空隙被小颗粒砂所填充，依次填充使骨料的空隙率达到最小，见图 3-2。级配良好的砂可减少混凝土拌合物的水泥浆用量，节约水泥，提高混凝土拌合物的流动性，减少骨料的离析，并可提高混凝土的密实度及混凝土的强度和耐久性。

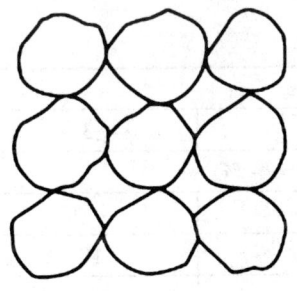 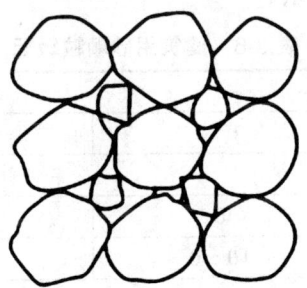 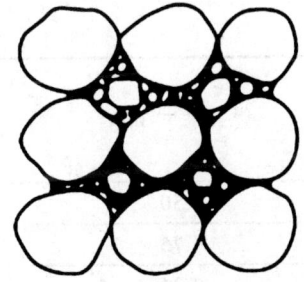

（a）单一粒径的砂堆积　　（b）两种不同粒径的砂堆积　　（c）三种不同粒径的砂堆积

图 3-2　骨料的颗粒级配

① 细度模数和颗粒级配的测定。砂的粗细程度和颗粒级配用筛分析方法测定，用细度模数表示粗细，用级配区表示砂的级配。

《建设用砂》(GB/T 14684—2011)规定：砂的颗粒级配和粗细程度用筛分析的方法进行测定。用级配区表示砂的颗粒级配，用细度模数表示砂的粗细。砂的筛分析方法是用一套孔径为 4.75 mm、2.36 mm、1.18 mm、0.60 mm、0.30 mm 和 0.15 mm 的标准筛，将抽样后经缩分所得 500 g 干砂，由粗到细依次筛析，然后称得各筛筛余量的质量，并计算出各筛上的分计筛余百分率 a_1、a_2、a_3、a_4、a_5、a_6（各筛上的筛余量占砂样总质量的百分率）及累计筛余百分率 A_1、A_2、A_3、A_4、A_5、A_6（各筛与比该筛粗的所有筛的分计筛余百分率之和）。分计筛余百分率与累计筛余百分率的关系见表 3-5。

表 3-5 分计筛余百分率与累计筛余百分率的关系

筛孔尺寸/mm	分计筛余百分率/%	累计筛余百分率/%
4.75	a_1	$A_1=a_1$
2.36	a_2	$A_2=a_1+a_2$
1.18	a_3	$A_3=a_1+a_2+a_3$
0.60	a_4	$A_4=a_1+a_2+a_3+a_4$
0.30	a_5	$A_5=a_1+a_2+a_3+a_4+a_5$
0.15	a_6	$A_6=a_1+a_2+a_3+a_4+a_5+a_6$

细度模数根据下式计算（精确至 0.01）：

$$M_x = \frac{A_6 + A_5 + A_4 + A_3 + A_2 - 5A_1}{100 - A_1} \tag{3-1}$$

细度模数越大，表示砂越粗。按细度模数将砂子分为特粗、粗、中、细、特细和粉砂五种规格：M_x 大于 3.7 为特粗砂；M_x 在 3.1~3.7 的砂，为粗砂；M_x 在 3.0~2.3 的砂，为中砂；M_x 在 2.2~1.6 的砂，为细砂；M_x 在 1.5~0.7 的砂，为特细砂；M_x 小于 0.7 的砂，为粉砂。配制混凝土时一般宜优先选用中砂。

按《建设用砂》(GB/T 14684—2011)的规定，砂按 0.6 mm 筛孔的累计筛余百分率计，可分三个级配区（表 3-6），混凝土用砂的颗粒级配，应处于表 3-6 中的任何一个级配区内。以累计筛余百分率为纵坐标，以筛孔尺寸为横坐标，可以画出三个级配区上下限的筛分曲线。砂的级配区及筛分曲线如图 3-3 所示。

表 3-6 建筑用砂颗粒级配

筛孔尺寸/mm	级配区		
	1 区	2 区	3 区
	累计筛余百分率/%		
9.50	0	0	0
4.75	10~0	10~0	10~0
2.36	35~5	25~5	15~0
1.18	65~35	50~10	25~10
0.60	85~71	70~41	40~16
0.30	9580	92~70	85~55
0.15	100~90	100~90	100~90

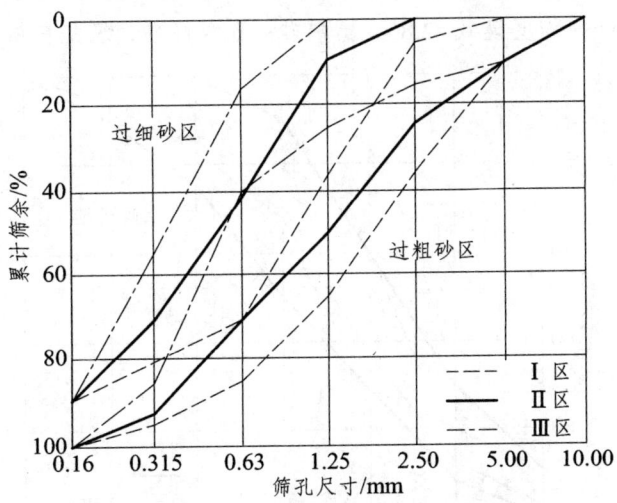

图 3-3 砂的级配区及筛分曲线

从图 3-3 中的筛分曲线可看出砂的粗细，筛分曲线超过第 1 区往右下偏时，表示砂过粗。筛分曲线超过第 3 区往左上偏时，表示砂过细。

过粗砂（细度模数大于 3.7）配制混凝土，其拌合物的和易性不易控制，且内摩擦大，不易振捣成型；过细砂（细度模数小于 0.7）配制混凝土，要增加较多的水泥用量，而且强度显著降低。所以，这两种砂未包括在级配区内。

【例 3-1】某工程用砂，经烘干、称量、筛分析，测得各号筛上的筛余量列于表 3-7。试评定该砂的粗细程度和级配情况。

表 3-7 筛分析试验结果

筛孔尺寸/mm	4.75	2.36	1.18	0.600	0.300	0.150	底盘	合计
筛余量/g	28.5	57.6	73.1	156.6	118.5	55.5	9.7	499.5

【解】① 分计筛余率和累计筛余率计算结果列于表 3-8。

表 3-8 分计筛余和累计筛余计算结果

	a_1	a_2	a_3	a_4	a_5	a_6
分计筛余率/%	5.71	11.53	14.63	31.35	23.72	11.11
	A_1	A_2	A_3	A_4	A_5	A_6
累计筛余率/%	5.71	17.24	31.87	63.22	86.94	98.05

② 计算细度模数：

$$M_x = \frac{A_6 + A_5 + A_4 + A_3 + A_2 - 5A_1}{100 - A_1}$$

$$= \frac{98.05 + 86.94 + 63.22 + 31.87 + 17.24 - 5 \times 5.71}{100 - 5.71} = 2.85$$

③ 确定级配区、绘制级配曲线：该砂样在 0.600 mm 筛上的累计筛余率=63.22%落在Ⅱ级区，其他各筛上的累计筛余率也均落在Ⅱ级区规定的范围内，因此可以判定该砂为Ⅱ级区砂。级配曲线图见图 3-4。

④ 结果评定：该砂的细度模数=2.85，属中砂；Ⅱ级区砂，级配良好。可用于配制混凝土。

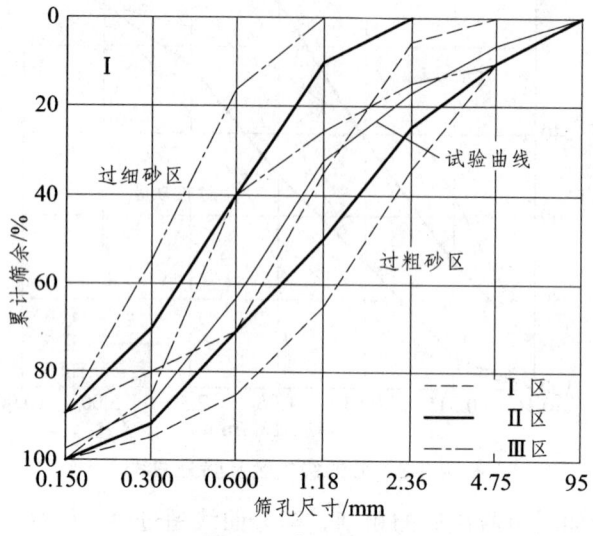

图 3-4　级配曲线

② 砂的掺配使用。

配制普通混凝土的砂宜为中砂（M_x=2.3～3.0），Ⅱ级区。但实际工程中往往出现砂偏细或偏粗的情况。通常有两种处理方法：

- 当只有一种砂源时，对偏细砂适当减少砂用量，即降低砂率；对偏粗砂则适当增加砂用量，即增加砂率。
- 当粗砂和细砂可同时提供时，宜将细砂和粗砂按一定比例掺配使用，这样既可调整 M_x，也可改善砂的级配，有利于节约水泥，提高混凝土性能。掺配比例可根据砂资源状况、粗细砂各自的细度模数及级配情况，通过试验和计算确定。

（5）砂的含水状态。

砂的含水状态有如下4种，如图 3-5 所示。

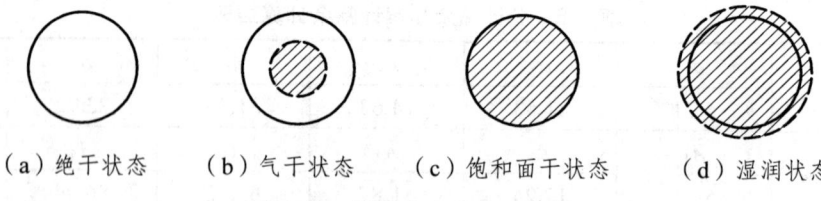

（a）绝干状态　　（b）气干状态　　（c）饱和面干状态　　（d）湿润状态

图 3-5　骨料含水状态示意图

① 绝干状态：砂粒内外不含任何水，通常在（105±5）℃条件下烘干而得。

② 气干状态：砂粒表面干燥，内部孔隙中部分含水。气干状态指室内或室外（天晴）空气平衡的含水状态，其含水量的大小与空气相对湿度和温度密切相关。

③ 饱和面干状态：砂粒表面干燥，内部孔隙全部吸水饱和。水利工程上通常采用饱和面干状态计量砂用量。

④ 湿润状态：砂粒内部吸水饱和，表面还含有部分表面水。施工现场，特别是雨后常出现此种状况，搅拌混凝土中计量砂用量时，要扣除砂中的含水量；同样，计量水用量时，要扣除砂中带入的水量。

【案例 3-2】集料含有害杂质引发事故。

概况：某厂一座 4 层钢筋混凝土框架结构厂房，梁、柱为现浇混凝土构件。该厂房于 1988 年 1 月开工，工期为 10 个月，交付使用后一个月就在梁、柱等多处出现爆裂。半年后混凝土柱基、大梁根部等处混凝土也陆续出现爆裂，严重的导致大梁折断。

分析：使用含有害杂质的工业废渣作集料。取裂缝处碎片进行 X 射线分析，发现其中晶体多为方镁石，并含有少量生石灰石，裂缝由方镁石、生石灰石水化膨胀造成。调查发现该厂为节省资金，使用含有 MgO 和 CaO 的工业废渣代替部分混凝土集料，导致了事故的发生。

【案例 3-3】集料中含硫酸盐引发工程事故案例。

概况：山西某厂有 9 幢 4 层砖混结构住宅，均采用预制空心楼板。该工程于 1984 年 5 月开工，同年底完成主体工程，翌年内部装修。在 1985 年 6 月进行工程质量检查时，发现其中一幢（12 号楼）有多处预制板起鼓、酥裂情况。随后，盖楼楼板损坏越来越严重，其他四幢（11 号、13 号、16 号、17 号楼）也相继不同程度地出现破坏迹象。

分析：预制板从普遍破坏迹象看，主要是由混凝土材料品质不良引起的，而且显然是混凝土内含有害物质使材料逐渐发生物理、化学变化引起体积膨胀所造成的，于是，从破坏最严重的楼板以及尚未出厂的楼板上取样做材料的化学分析和岩相分析检验。检验时按粗集料的不同颜色分类。检测结果表明：混凝土集料中含有过量的游离三氧化硫，大大超过规定的标准限量，且三氧化硫的质量分数大于 1% 的试样占总分析样的 78.9%。在混凝土凝结硬化后，游离的三氧化硫继续与水化铝酸钙作用形成水化硫铝酸钙，未耗尽的石膏也可能在混凝土硬化后继续生成水化硫铝酸钙，而水化硫铝酸钙生成时的体积约为原体积的 2.5 倍，这就是造成预制板混凝土膨胀、酥裂、破坏乃至倒塌的主要内在原因。

（6）砂的表观密度、松散堆积密度和空隙率。

《建设用砂》（GB/T 14684—2011）中规定：砂的表观密度不小于 2 500 kg/m³；松散堆积密度不小于 1400 kg/m³；空隙率不大于 44%。

（7）碱-集料反应。

碱-集料反应是指水泥、外加剂等混凝土组成物及环境中的碱与骨料中碱活性矿物在潮湿环境下缓慢发生并导致混凝土开裂破坏的膨胀反应。

将砂试样与高碱水泥按国家标准规定的试验方法制成试件，按标准养护（24 h±2 h）后，测定其基准长度，经 14 d、1 个月、2 个月、3 个月、6 个月（如有必要时间可以延长）分别测定其长度，计算膨胀率。经各龄期观察，试件应无裂纹、酥裂、胶体外溢等现象，在规定的试验龄期内，膨胀率应小于 0.10%。

4. 粗骨料

普通混凝土中粒径大于 4.75 mm 的骨料称为粗骨料，简称石。建设用石分为卵石和碎石。卵石是指由自然风化、水流搬运和分选、堆积形成的，粒径大于 4.75 mm 的岩石颗粒。碎石是指天然岩石、卵石、矿山废石经机械破碎、筛分制成的粒径大于 4.75 mm 的岩石颗粒。

卵石表面光滑且空隙率较小，配制混凝土时混凝土拌合物的和易性较好，水泥用量较少。但卵石与水泥石黏结能力较差，在其他条件相同的情况下，相较于用碎石配置的混凝土，用卵石配置的混凝土强度更低。碎石表面粗糙、棱角多，配制混凝土时，在用水和水泥用量相同的情况下，混凝土拌合物的和易性较差，但它与水泥石的黏结能力强，配置的混凝土强度较高。

《建设用卵石、碎石》（GB/T 14685—2011）中，对卵石和碎石的一般要求是：用矿山废石生产的碎石除应符合该标准的技术要求外，还应符合我国环保和安全相关的标准和规范，不应对人体、生物、环境及混凝土性能产生有害影响。卵石、碎石的放射性应符合《建筑材料放射性核素限量》（GB 6566—2010）的规定。

卵石、碎石按技术要求分为Ⅰ类、Ⅱ类和Ⅲ类。卵石、碎石的技术要求如下所述。

（1）有害杂质。

与细骨料中的有害杂质一样，粗骨料中的有害杂质主要有黏土、硫化物及硫酸盐、有机物等。根据《建筑用卵石、碎石》（GB/T 14685—2011），其含量应符合表3-9的要求。《普通混凝土用碎石和卵石质量标准及检验方法》（JGJ 53）也作了相应规定。

表3-9 碎石、卵石中有害杂质及针片状颗粒限制值

项 目	质量指标		
	Ⅰ类	Ⅱ类	Ⅲ类
含泥量（按质量计）/%	≤0.5	≤1.0	≤1.5
泥块含量（按质量计）/%	0	≤0.5	≤0.7
硫化物和硫酸盐含量折算成SO_3（按质量计）/%	≤0.5	≤1.0	≤1.0
针片状颗粒含量（按质量计）/%	≤5	≤15	≤25
有机质含量（用比色法试验）	合格	合格	合格

（2）颗粒形态及表面特征。

粗骨料的颗粒形状及表面特征同样会影响其与水泥石的黏结及混凝土拌合物的流动性。

形状为片状、针状的骨料不仅影响骨料空隙率，增加混凝土水泥用量，还使混凝土拌合物和易性变差。在混凝土成型密实过程中，有可能倾向一个方向排列，对混凝土硬化后的强度和耐久性造成不利影响。表3-9所列骨料质量标准中限制了片状、针状骨料含量。骨料颗粒形状会影响骨料总表面积，比表面积越小越接近于球形，不规则棱角形、扁平形、细长形颗粒比表面积大，用这些形状的骨料配制混凝土，水泥用量大，拌合物和易性差。

骨料颗粒的表面特征是指其表面粗糙程度、孔隙状况和棱角大小等。一般表面粗糙多孔的骨料空隙率大，反之空隙率小。但是，粗糙多孔骨料与水泥浆黏结力大，有利于混凝土强度的提高，碎石混凝土较卵石混凝土强度可提高10%以上。骨料总表面积与骨料颗粒的表面特征也相关，表面粗糙多孔，棱角突出的骨料表面积大。用这种骨料配制混凝土，则水泥用量较多，拌合物的和易性也差。一般碎石混凝土的水泥用量比卵石混凝土为多。

（3）粗骨料最大粒径。

混凝土所用粗骨料的公称粒级上限称为最大粒径。骨料粒径越大，其表面积越小，通常空隙率也相应减小，因此所需的水泥浆或砂浆数量也可相应减少，有利于节约水泥、降低成本，并改善混凝土性能。所以在条件许可的情况下，应尽量选较大粒径的骨料。但在实际工程上，骨料最大粒径受到多种条件的限制：

① 最大粒径不得大于构件最小截面尺寸的1/4，同时不得大于钢筋净距的3/4。

② 对于混凝土实心板，最大粒径不宜超过板厚的1/3，且不得大于40 mm。

③ 对于泵送混凝土，当泵送高度在50 m以下时，最大粒径与输送管内径之比，碎石不宜

第三章 混凝土

大于 1∶3；卵石不宜大于 1∶2.5。

④ 对大体积混凝土（如混凝土坝或围堤）或疏筋混凝土，最大粒径往往受到搅拌设备和运输、成型设备条件的限制。有时为了节省水泥，降低收缩，可在大体积混凝土中抛入大块石（或称毛石），常称作抛石混凝土。

（4）粗骨料的颗粒级配。

石子的粒级分为连续粒级和单位级两种。连续粒级指 5 mm 以上至最大粒径，各粒级均占一定比例，且在一定范围内。单粒级指从 1/2 最大粒径开始至最大粒径。单粒级用于组成具有要求级配的连续粒级，也可与连续粒级混合使用，以改善级配或配成较大密实度的连续粒级。单粒级一般不宜单独用来配制混凝土，如必须单独使用，则应作技术经济分析，并通过试验证明不发生离析或影响混凝土的质量。

石子的级配与砂的级配一样，通过一套标准筛筛分试验，计算累计筛余率确定。《建设用卵石、碎石》(GB/T 14685—2011)，将石子的级配分为连续粒级和单粒级两种情况（表 3-10）。

表 3-10 碎石和卵石的颗粒级配规定

公称粒级/mm		累计筛余百分率/%										
		方孔筛/mm										
		2.36	4.75	9.50	16.0	19.0	26.5	31.5	37.5	53.0	63.0	75.0	90.0
连续粒级	5~16	95~100	85~100	30~60	0~10	0							
	5~20	95~100	90~100	40~80	—	0~10	0						
	5~25	95~100	90~100	—	30~70	—	0~5	0					
	5~31.5	95~100	90~100	70~90	—	15~45	—	0~5	0				
	5~40	—	95~100	70~90	—	30~65	—	—	0~5	0			
单粒粒级	5~10	95~100	80~100	0~15	0								
	10~16		95~100	80~100	0~15								
	10~20		95~100	85~100	—	0~15	0						
	16~25		—	95~100	55~70	25~40	0~10						
	16~31.5		95~100	—	85~100		—	0~10	0				
	20~40		—	95~100	—	80~100		—	0~10	0			
	40~80					95~100			70~100	30~60	0~10	0	

（5）粗骨料的强度。

根据《建设用卵石、碎石》(GB/T 14685) 和《普通混凝土用碎石和卵石质量标准及检验方法》(JGJ 53) 的规定，碎石和卵石的强度可用岩石的抗压强度或压碎值指标两种方法表示。

岩石的抗压强度采用 $\phi 50$ mm×50 mm 的圆柱体或边长为 50 mm 的立方体试样测定。一般要求其抗压强度大于配制混凝土强度的 1.5 倍，且不小于 45 MPa（饱水）。

根据 GB/T 14685—2011，压碎值指标是将 9.5~19 mm 的石子 m g，装入专用试样筒中，施加 200 kN 的荷载，卸载后用孔径 2.36 mm 的筛子筛去被压碎的细粒，称量筛余，则压碎值指标 Q 按下式计算：

$$Q = \frac{m - m_1}{m} \times 100\% \tag{3-2}$$

压碎值越小,表示石子强度越高,反之亦然。各类别骨料的压碎值指标应符合表 3-11 的要求。

表 3-11 粗集料的压碎指标

类别	Ⅰ	Ⅱ	Ⅲ
碎石压碎指标/%	≤10	≤20	≤30
卵石压碎指标/%	≤12	≤14	≤16

（6）粗骨料的坚固性。

粗集料的坚固性是指卵石、碎石在自然风化和其他外界物理、化学因素作用下抵抗破裂的能力。采用硫酸钠溶液法进行试验,粗集料坚固性指标应符合表 3-12 的规定。

表 3-12 粗骨料坚固性指标

类别	Ⅰ	Ⅱ	Ⅲ
质量损失/%	≤5	≤8	≤12

（7）表观密度、连续级配松散堆积空隙率。

《建设用卵石、碎石》（GB/T 14685—2011）中规定卵石和碎石的表观密度不小于 2600kg/m³；连续级配松散堆积空隙率应符合表 3-13 的规定。

表 3-13 卵石、碎石的连续级配松散堆积空隙率

类别	Ⅰ	Ⅱ	Ⅲ
孔隙率/%	≤43	≤45	≤47

（8）吸水率。

卵石、碎石的吸水率应符合表 3-14 的规定。

表 3-14 卵石、碎石吸水率

类别	Ⅰ	Ⅱ	Ⅲ
吸水率/%	≤1	≤2	≤2

（9）碱-集料反应。

经碱-集料反应试验后,试件应无裂纹、酥裂、胶体外溢等现象,在规定的试验龄期膨胀率应小于 0.1%。

5. 外加剂

混凝土外加剂是一种在混凝土搅拌之前或拌制过程中加入的,用以改善新拌混凝土和（或）硬化混凝土性能的材料。它的掺量一般情况下不超过胶凝材料总质量的 5%,在设计配合比时,不考虑其对混凝土体积或质量的影响。它的掺量虽少,但对改善新拌混凝土和硬化混凝土的各项性能却能起到很大的作用,是混凝土必不可少的组分之一。

根据《混凝土外加剂的定义、分类、命名与术语》（GB/T 8075—2005）的规定,混凝土外加剂按其主要功能可分为 4 类。

（1）改善新拌混凝土流变性能的外加剂,包括各种减水剂和泵送剂等。

（2）调节混凝土凝结时间、硬化性能的外加剂,包括缓凝剂、促凝剂和速凝剂等。

（3）改善混凝土耐久性的外加剂，包括引气剂、防水剂、阻锈剂和矿物外加剂等。

（4）改善混凝土其他性能的外加剂，包括膨胀剂、防冻剂、着色剂等。

下面对常用的外加剂分别进行介绍。

（1）减水剂。

减水剂是指在混凝土坍落度基本相同的条件下，用来减少拌和用水量和增大混凝土坍落度的外加剂。常用的减水剂是阴离子表面活性剂。阴离子表面活性剂能显著降低液体表面张力或相互间的界面张力，故又称界面活性剂。根据效果和功能的不同，减水剂可分为普通减水剂、高效减水剂、缓凝高效减水剂、早强减水剂、缓凝减水剂和引气减水剂。

① 减水剂的技术经济效果。

根据使用条件和目的的不同，在混凝土中加入减水剂后，一般可取得以下效果。

·保持混凝土拌合物流动性不变时，可以减少用水量。在减少用水量的同时，如果保持水泥用量不变，则水灰比减小，混凝土强度提高；如果水泥用量与用水量同时减少，保持水灰比不变，则可在强度不变的情况下，节约水泥。

·保持用水量不变时，可提高混凝土拌合物的流动性。

·改善混凝土拌合物的泌水、离析现象，延缓混凝土拌合物的凝结，降低水泥水化放热速度等。

·提高混凝土的密实度，从而可提高混凝土的抗渗性、抗冻性、抗腐蚀性等，改善混凝土的耐久性。

② 减水剂的作用机理。

减水剂的作用机理可归纳为两方面：吸附-分散作用和润湿-润滑作用。

·吸附-分散作用。水泥加水拌和后，由于水泥颗粒间分子引力的作用，会形成絮凝结构，絮凝结构中包裹着一部分拌合水没有释放出来，这部分水起不到提高流动性的作用，从而降低了混凝土拌合物的流动性。当加入适量减水剂后，减水剂分子定向吸附于水泥颗粒表面，一方面降低了水泥颗粒的表面能，从而降低了粒子间的黏结力；另一方面亲水基团指向水溶液，因亲水基团的电离作用，使水泥颗粒表面带上电性相同的电荷而相互排斥，从而使水泥颗粒分散开来，导致絮凝结构被破坏，包裹在絮凝结构中的游离水被释放出来，从而有效地增大了混凝土拌合物的流动性。

·润湿-润滑作用。加入减水剂后，表面活性剂降低了水和水泥颗粒间的界面张力，水泥颗粒更容易被润湿，同时亲水基吸附了大量极性水分子，在水泥颗粒表面形成溶剂化水膜，使水泥颗粒间易于相对滑动，起到了很好的润滑作用，从而提高流动性。图3-6为减水剂作用机理的示意图。

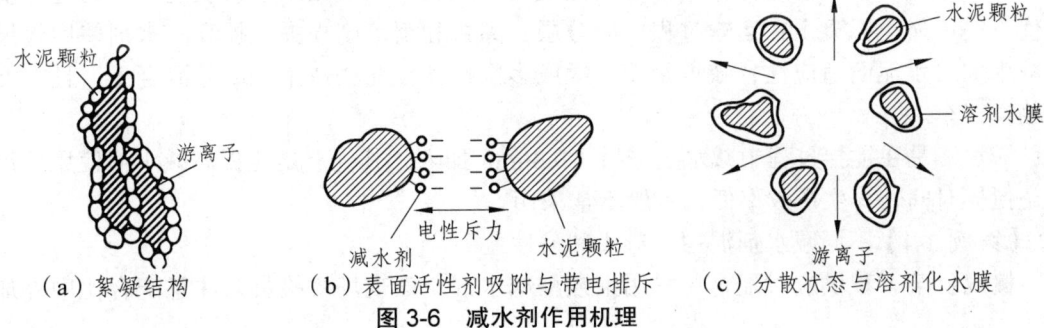

图3-6 减水剂作用机理

③ 常用减水剂，见表 3-15。

表 3-15 常用减水剂

类别		普通减水剂		高效减水剂	
		木质素系	糖蜜系	多环芳香族磺酸盐系（萘系）	水溶性树脂系
主要品种		木质素磺酸钙（木钙）木质素磺酸钠（木钠）木质素磺酸镁（木镁）	3FG、TF、ST	NNO、NF、FDN、UNF、JN、建Ⅰ型 SN-2 等	SM、CRS 等
主要成分		木质素磺酸钙 木质素磺酸钠 木质素磺酸镁	矿渣、废蜜经石灰中和处理而成	芳香族磺酸盐甲醛缩合物	三聚氢胺树脂磺酸钠（SM）、古玛隆—茚树脂磺酸钠（CRS）
适宜掺量（占水泥质量）/%		0.2~0.3	0.2~0.3	0.2~1.0	0.5~2.0
效果	减水率/%	10 左右	6~10	15~25	18~30
	早强	—	—	明显	显著
	缓凝	1~3 h	3 h 以上	—	—
	引气/%	1~2		一般为非引气或引气<2	<2

④ 减水剂的相容性。

减水剂和含减水组分的复合外加剂在使用过程中存在一个普遍且非常重要的问题，就是其与胶凝材料、细骨料和其他外加剂的相容性问题，特别是与水泥的相容性问题。减水剂与这些材料的相容性不好，会降低减水剂的作用效果，增加掺量，增加成本，还可能带来负面影响。减水剂相容性的好坏可按照《混凝土外加剂应用技术规范》（GB 50119—2013）中规定的试验方法来检测。

⑤ 减水剂的掺入方法。减水剂掺入混凝土中的方法有先掺法、同掺法、滞水法和后掺法四种。

先掺法是将减水剂与水泥混合后再与集料和水一起搅拌。其优点是使用方便；缺点是减水剂中有粗粒子时，在拌合物中不易分散，影响质量且搅拌时间要长，工程中不常采用。

同掺法是将减水剂先溶入水形成溶液后再加入拌合物中一起搅拌。其优点是计量准且易搅拌均匀，使用方便；缺点是增加了溶解和储存工序，工程中经常采用。

后掺法是指在混凝土拌合物运送到浇筑地点后，才加入减水剂再次搅拌均匀进行浇筑。其优点是可避免混凝土在运输过程中的分层、离析和坍落度损失，提高减水剂使用效果，提高减水剂对水泥的适应性；缺点是需二次或多次搅拌。此法适用于商品混凝土，且有混凝土运输搅拌车。

滞水法是在搅拌过程中减水剂滞后 1~3 min 加入。其优点是能提高减水剂使用效果；缺点是搅拌时间长，生产效率低，一般不常采用。

【案例 3-4】不同减水剂混用，造成和易性差。

概况：某工程供应时配合比采用聚羧酸减水剂，而现场质检员未注意配合比中外加剂品种，当现场坍落度偏小时，按萘系减水剂调整量加入萘系减水剂 8 kg，造成混凝土和易性差退回。

分析：多数外加剂与聚羧酸高效减水剂不能相溶，表现为产品不能互溶或互溶后无叠加效应，有时会使聚羧酸高效减水剂的流动性或保坍性降低，还有的会增大混凝土的泌水离析。聚羧酸高效减水剂与萘系高效减水剂，蒽系高效减水剂及氨基磺酸盐高效减水剂完全不能相溶，与三聚氰胺高效减水剂按一定比例尚可相溶，只与脂肪族高效减水剂相溶性较好。

（2）早强剂。

早强剂是指能促进混凝土凝结硬化、加速混凝土早期强度发展并对后期强度无明显影响的外加剂。早强剂能促进水泥的水化与硬化，缩短混凝土的施工养护期，加快施工速度，提高模板和场地周转率，主要适用于有早强要求的混凝土、有防冻要求的混凝土及在低温、负温环境中施工（最低气温不低于-5 ℃）的混凝土等。

• 常用的早强剂有氯盐类早强剂、硫酸盐类早强剂、有机胺类早强剂及复合早强剂等，见表 3-16。

表 3-16 常用早强剂

类别	氯盐类	硫酸盐类	有机胺类	复合类
常用品种	氯化钙	硫酸钠	三乙醇胺	① 三乙醇胺（A）+氯化钠（B）+氯化钠（C） ② 三乙醇胺（A）+亚硝酸钠（B）+氯化钠（C） ③ 三乙醇胺（A）+亚硝酸钠（B）+二水石膏（C） ④ 硫酸盐复合早强剂（NC）
适宜掺量（占水泥质量）/%	0.5～1.0	0.5～2.0	0.02～0.05 一般不单独使用，常与其他早强剂复合用	①（A）0.05+（B）0.5 ②（A）0.05+（B）0.5+（C）0.5 ③（A）0.05+（B）0.5+（C）2.0 ④（NC）2.0～4.0
早强效果	显著。3 d 强度可提高 50%～100%；7 d 强度可提高 20%～40%	显著。掺 15% 时达到混凝土设计强度 70% 的时间可缩短一半	显著。早期强度提高 50% 左右；28 d 强苏不变或稍有提高	显著。2 d 强度可提高 70%；28 d 强度可提高 20%

• 早强剂的掺入方法。

含有硫酸钠的粉状早强剂使用时，应加入水泥中，不能先与潮湿的砂石混合。含有粉煤灰等不溶物及溶解度较小的早强剂、早强减水剂应以粉剂掺入，并要适当延长搅拌时间。

（3）缓凝剂。

缓凝剂是指能延长混凝土的凝结时间，但不显著影响混凝土后期强度发展的外加剂。在气温较高或运距较远的情况下，为防止混凝土发生过早凝结并失去可塑性而影响混凝土的浇注质量，常需掺入缓凝剂。分层浇注的混凝土为防止出现冷缝等质量事故，也常需掺入缓凝剂。

① 缓凝剂的品种。

缓凝剂的品种很多，主要有木钙、糖钙、柠檬酸、枸橼酸钠、葡萄糖酸钠、葡萄糖酸钙、山梨醇等，见表 3-17。

表 3-17　常见缓凝剂

类别	品种	掺量（占水泥质量）/%	延缓凝结时间/h
糖类	糖蜜类	0.2~0.5（水剂） 0.1~0.3（粉剂）	2~4
木质素磺酸类	木质素磺酸钙（钠）等	0.2~0.3	2~3
羟基羧酸盐类	柠檬酸、酒石酸钾（钠）	0.03~0.1	4~10
无机盐类	锌盐、硼酸盐、磷酸盐	0.1~0.2	

② 缓凝剂的作用机理。

有机缓凝剂多为表面活性剂，掺入混凝土中能吸附在水泥颗粒表面，形成同种电荷的亲水水膜，使水泥颗粒相互排斥，阻碍水泥水化产物凝聚，起到缓凝作用。无机缓凝剂往往是在水泥颗粒表面形成一层难溶的薄膜，对水泥颗粒的正常水化起阻碍作用，从而导致缓凝。

缓凝剂适用于夏季施工、泵送及滑模施工等要求缓凝的混凝土工程及远距离运输，可防止混凝土拌合物过早发生坍落度损失。缓凝剂亦适用于大体积混凝土等要求降低水化热的工程。缓凝剂不宜单独用于蒸养混凝土，亦不宜用于在 5 ℃ 以下的环境中施工的混凝土工程。

③ 缓凝剂的掺入方法。

缓凝剂及缓凝减水剂应配制成适当含量的溶液加入水中拌和使用。糖蜜减水剂中常有少量难溶和不溶物，静置时会有沉淀现象，使用时应搅拌成悬浮液。当缓凝剂与其他外加剂复合使用时，必须是共溶的才能事先混合，否则应分别掺入。

【案例 3-5】缓凝剂超量造成混凝土 3 d 不凝结。

概况：该项工程位于辽阳，施工期间为冬季，为现浇混凝土柱及剪力墙，为 C50 混凝土，施工进行到二层发现混凝土 3 d 不能拆模，计算时间约有 66 h。

分析：① 缓凝组分掺量过多。泵送剂说明书中推荐掺量为 1%~1.2%。缓凝组分为葡萄糖酸钠，折算成胶凝材料掺量为 50/1000×1.20%=0.060%。商品混凝土公司生产 C50 混凝土掺量提高到 1.6%~1.9%，这时葡萄糖酸钠的掺量为 50/1000×1.9%=0.095%。施工现场由于卸料等待时间过长，坍落度损失严重，决定采用泵送剂进行二次流化，掺量没有进行严格控制，随意添加，这样葡萄糖酸钠在混凝土中的含量已无法考量，估计在 0.10%~0.12%。根据以上计算分析，笔者认为这次缓凝事故是由葡萄糖酸钠掺量过多引起的。② 环境温度偏低。辽阳地处沈阳与鞍山之间，该项工程施工期间为冬季。掺入葡萄糖酸钠混凝土的凝结时间，将随环境温度降低，水泥水化速率减弱，凝结时间将明显延长，早期强度降低也更加明显。这次混凝土缓凝事故的发生与环境温度偏低有直接关系。

（4）引气剂。

引气剂是一种能使混凝土在搅拌过程中引入大量均匀分布、稳定而封闭的微小气泡，从而改善混凝土和易性和耐久性的一类化学外加剂。引气剂种类很多，其中松香树脂类引气剂应用最为广泛，该类引气剂包括松香热聚物类、松香皂类及松香酸钠等。

① 引气剂的作用机理。在搅拌混凝土的过程中必然会混入一些空气，在搅拌力作用下就会产生大量气泡，加入水溶液中的引气剂便吸附在水-气界面上，显著降低水的表面张力和界面能，在搅拌力作用下就会产生大量气泡，引气剂分子定向排列在泡膜界面上，阻碍泡膜内水分子的移动，增加了泡膜的厚度及强度，使气泡不易破灭；水泥等微细颗粒吸附在泡膜上，

水泥浆中的氢氧化钙与引气剂作用生成的钙皂沉积在泡膜壁上,也提高了泡膜的稳定性,从而使气泡稳定存在。

② 引气剂的使用方法。引气剂最常用的是松香热聚物,它不能直接溶解于水,使用时需将其溶解于加热的氢氧化钠溶液中,再加水配成一定含量的溶液后加入混凝土中。当引气剂与减水剂、早强剂、缓凝剂等复合使用配制溶液时,应注意它们的共溶性。

③ 引气剂掺入混凝土中对混凝土性能的影响。改善混凝土拌合物的和易性:在混凝土拌合物中引入的大量微小气泡,相对增加了水泥浆体积,气泡本身又起到如同滚珠轴承的作用,使颗粒间摩擦力减小,从而可提高混凝土的流动性。由于水分均匀分布在气泡表面,这又显著改善了混凝土的保水性和黏聚性。提高混凝土的耐久性:由于气泡能隔断混凝土中毛细管通道,对水泥石内水分结冰时所产生的水压力有缓冲作用,故能显著提高混凝土的抗渗性和抗冻性。对强度、耐磨性和变形的影响:引入的大量气泡减小了混凝土有效受压面积,混凝土强度和耐磨性有所降低。当保持水灰比不变时,含气量增加 1%,混凝土强度下降为 3% ~ 5%。大量气泡的存在,可使混凝土弹性模量有所降低,从而对提高混凝土的抗裂性有利。

④ 引气剂的掺量。引气剂的掺量应根据混凝土的含气量确定。一般松香热聚物引气剂的适宜掺量为 0.006% ~ 0.012%(占水泥质量)。

(5)速凝剂。

速凝剂是能使混凝土迅速硬化的外加剂。速凝剂的主要种类有无机盐类和有机盐类,我国常用的速凝剂是无机盐类。常用速凝剂见表 3-18。

表 3-18 常用速凝剂

种 类	铝氧熟料(红星 I 型)	铝氧熟料(711 型)	铝氧熟料(782 型)
主要成分	铝酸钠+碳酸钠+生石灰	铝氧熟料+无水石膏	矾泥+铝氧熟料+生石灰
适宜掺量(占水泥质量)/%	2.5 ~ 4.0	3.0 ~ 5.0	5.0 ~ 7.0
初凝/min	≤5		
终凝/min	≤10		
强 度	1 h 产生强度,1 d 强度可提高 2 ~ 3 倍,28 d 强度为不掺的 80% ~ 90%		

① 速凝剂的作用机理。速凝剂加入混凝土后,其主要成分中的铝酸钠、碳酸钠在碱性溶液中迅速与水泥中的石膏反应生成硫酸钠,使石膏丧失其原有的缓凝作用,从而导致铝酸钙矿物 C_3A 迅速水化,并在溶液中析出其水化产物晶体,致使水泥混凝土迅速凝结。

② 速凝剂的使用方法。喷射混凝土施工工艺分干、湿两种。采用干法喷射时,是将速凝剂(一般为细粉状)按一定比例与水泥、砂、石一起干拌均匀后,用压缩空气通过胶管将材料送到喷射机的喷嘴中,在喷嘴里,引入高压水,与干拌料拌成混凝土,喷射到建筑物或构筑物上。这种方法简便,目前使用普遍,但存在施工时粉尘污染较大、回弹量较大的缺点。采用湿法喷射时,是在搅拌机中按水泥、砂、石、速凝剂和水拌成混凝土后,再由喷射机通过胶管从喷嘴喷出。

(6)防冻剂。

防冻剂是指能使混凝土在负温环境下硬化,并在规定的养护条件下达到预期性能的外加剂。防冻剂一般由防冻组分、早强组分、减水组分、引气组分等复合而成。防冻组分能降低水的冰点,使水泥在负温环境下继续水化;早强组分可提高混凝土的早期强度,从而提高抵抗水结冰时产生膨胀应力破坏的能力；引气组分引入适量的封闭微气泡，可减缓结冰应力。上述组分综合作用，可达到防冻效果。

防冻剂的作用机理：防冻组分可改变混凝土液相含量，降低冰点，保证了混凝土在负温下有液相存在，使水泥仍能继续水化；减水组分可减少混凝土拌和用水量，从而减少了混凝土中的成冰量，并使冰晶粒度细小且均匀分散，减小对混凝土的破坏应力；引气组分是引入一定量的微小封闭气泡，减缓冻胀应力；早强组分是能提高混凝土早期强度，增强混凝土抵抗冰冻的破坏能力。因此，防冻剂的综合效果是能显著提高混凝土的抗冻性。

（7）膨胀剂。

膨胀剂是能使混凝土产生一定体积膨胀的外加剂。混凝土工程中采用的膨胀剂种类有硫铝酸钙类、硫铝酸钙-氧化钙类、氧化钙类等。硫铝酸钙类有明矾石膨胀剂（主要成分是明矾石与无水石膏或二水石膏）、CSA 膨胀剂（主要成分是无水硫铝酸钙）、U 型膨胀剂（主要成分是无水硫铝酸钙、明矾石、石膏）等。氧化钙类有多种制备方法。其主要成分为石灰，再加入石膏与水淬矿渣或硬脂酸或石膏与黏土，经一定的煅烧或混磨而成。硫铝酸钙-氧化钙类为复合膨胀剂。

① 膨胀剂的作用机理。硫铝酸钙类膨胀剂加入混凝土中后，无水硫铝酸钙水化、参与水泥矿物的水化或与水泥水化产物反应，生成三硫型水化硫铝酸钙（钙矾石），使固相体积大为增加，而导致体积膨胀。氧化钙类膨胀剂的膨胀作用主要由氧化钙晶体水化生成氢氧化钙晶体，体积增大而导致。

② 膨胀剂掺量的确定方法。为了保证掺有膨胀剂的混凝土的质量，胶凝材料（水泥和掺合料）的用量不能过少，膨胀剂的掺量也应合适。补偿收缩混凝土、填充用膨胀混凝土和自应力混凝土的胶凝材料最少用量分别为 300（有抗渗要求时为 320）、350 和 500；膨胀剂合适掺量分别为 6%~12%、10%~15% 和 15%~25%。

③ 膨胀剂的使用。粉状膨胀剂应与其他原材料一起投入搅拌机，拌和时间应比普通混凝土延长 30s。膨胀剂可与其他外加剂复合使用，但必须有良好的适应性。掺加膨胀剂的混凝土不得采用硫铝酸盐水泥、铁铝酸盐水泥和高铝水泥。

（8）泵送剂。

泵送剂是指能改善混凝土拌合物泵送性能的外加剂。泵送剂一般分为非引气剂型（主要组分为木质素磺酸钙、高效减水剂等）和引气剂型（主要组分为减水剂、引气剂等）两类。个别情况下，如为防止大体积混凝土产生收缩裂缝，也可掺入适量的膨胀剂。木质素磺酸钙除可使拌合物的流动性显著增大外，还能减少泌水，延缓水泥的凝结，使水泥水化热的释放速度明显延缓，这对泵送的大体积混凝土十分重要。引气剂能使拌合物的流动性显著增加，而且也能降低拌合物的泌水性及水泥浆的离析现象，这对泵送混凝土的和易性和可泵性很有利。

（9）防水剂。

防水剂是指能降低砂浆或混凝土在静水压力下的透水性的外加剂。混凝土是一种非均质材料，内部分布着大小不同的孔隙（凝胶孔、毛细孔和大孔）。防水剂的主要作用是减少混凝土内部的孔隙，提高密实度或改变孔隙特征以及堵塞渗水通路，以提高混凝土的抗渗性。常采用引气剂、引气减水剂、膨胀剂、氯化铁、氯化铝、三乙醇胺、硬脂酸钠、甲基硅醇钠、乙基硅醇钠等外加剂作为防水剂。

(10) 阻锈剂。

阻锈剂是指能抑制或减轻混凝土中的钢筋锈蚀的外加剂,分为阳极型、阴极型和复合型。阳极型阻锈剂为含氧化性离子的盐类,能起到增加钝化膜的作用,主要有亚硝酸钠、亚硝酸钙、铬酸钾、苯甲酸钠等;阴极型阻锈剂大多数是表面活性物质,能在钢筋表面形成吸附膜,起到减缓或阻止电化学反应的作用,主要有氨基醇类、羧酸盐类、磷酸酯等,某些阻锈剂能在阴极生成难溶于水的物质从而起到阻锈作用,如氟铝酸钠、氟硅酸钠等。阴极型阻锈剂的掺量大,效果不如阳极型的好;复合型阻锈剂对阳极和阴极均有保护作用。

在工程中,主要使用亚硝酸盐作为阻锈剂,但亚硝酸钠严禁用于预应力混凝土工程。阻锈剂应复合使用,以增加阻锈效果、减少掺量。

6. 矿物掺合料

混凝土掺合料是指在混凝土搅拌前或在搅拌过程中,直接加入的人造或天然的矿物材料以及工业废料。常用的混凝土掺合料有粉煤灰、硅粉、磨细矿渣粉、烧黏土、天然火山灰质材料(如凝灰岩粉、沸石岩粉等)及磨细自燃煤矸石等,其中粉煤灰的应用最为普通。通常矿物掺合料掺量一般应超过水泥质量的5%,其目的是改善混凝土性能、调节混凝土的强度等级和节约水泥用量等。

(1) 粉煤灰。

粉煤灰是从煤粉炉排出的烟气中收集到的细粉末。其按排放方式的不同,分为干排灰与湿排灰两种。湿排灰内含水率大,活性降低较多,质量不如干排灰。按收集方法的不同,粉煤灰分静电收尘灰和机械收尘灰两种。静电收尘灰颗粒细、质量好。机械收尘灰颗粒较粗、质量较差。经磨细处理的称为磨细灰,未经加工的称为原状灰。

① 粉煤灰的质量要求。粉煤灰有高钙灰(一般 CaO 的质量分数>10%)和低钙灰(CaO 的质量分数<10%)之分,由褐煤燃烧形成的粉煤灰呈褐黄色,为高钙灰,具有一定的水硬性;由烟煤和无烟煤燃烧形成的粉煤灰呈灰色或深灰色,为低钙灰,具有火山灰活性。

细度是评定粉煤灰品质的重要指标之一。粉煤灰中实心微珠颗粒最细、表面光滑,是粉煤灰中需水量最小、活性最高的成分,如果粉煤灰中实心微珠较多、未燃尽炭及不规则的粗粒含量较少,粉煤灰就较细,品质较好;未燃尽的炭粒,颗粒较粗,可降低粉煤灰的活性,增大需水性,是有害成分,可用烧失量来评定。多孔玻璃体等非球形颗粒,表面粗糙、粒径较大,将增大需水量,当其含量较多时,粉煤灰品质下降。SO_3是有害成分,应限制其含量。

我国粉煤灰质量控制、应用技术有关的技术标准、规范有《用于水泥和混凝土中的粉煤灰》(GB/T 1596—2005),《硅酸盐建筑制品用粉煤灰》(JC 409—2001)和《粉煤灰应用技术规范》(GBJ 146—1990)等。《用于水泥和混凝土中的粉煤灰》规定:粉煤灰按煤种分为F类(由无烟煤或烟煤煅烧收集的粉煤灰)和C类(由褐煤或次烟煤煅烧收集的粉煤灰,其氧化钙的质量分数一般大于10%),分为Ⅰ、Ⅱ、Ⅲ三个等级,相应的技术要求见表3-19。

《粉煤灰混凝土应用技术规范》(GBJ 146—1990)规定:Ⅰ级粉煤灰适用于钢筋混凝土和跨度小于6m的预应力钢筋混凝土,Ⅱ级粉煤灰适用于钢筋混凝土和无筋混凝土;Ⅲ级粉煤灰主要用于无筋混凝土。对强度等级≥C30的无筋粉煤灰混凝土,宜采用Ⅰ级、Ⅱ级粉煤灰。

表 3-19 用于水泥和混凝土中的粉煤灰技术要求

项目	粉煤灰等级		
	Ⅰ	Ⅱ	Ⅲ
细度（0.045 mm 方孔筛筛余）（%）不大于	12.0	25.0	45.0
烧失量（%）不大于	5.0	8.0	15.0
需水量比（%）不大于	95.0	105.0	115.0
三氧化硫（%）不大于	3	3	3
含水率（%）不大于	1	1	不确定
游离氧化钙（%）	F 类粉煤灰≤1.0；C 类粉煤灰≤4.0		
安定性（雷氏夹沸煮后增加距离）/mm	C 类粉煤灰≤5.0		

② 粉煤灰掺入混凝土中的作用与效果。活性效应：粉煤灰在混凝土中，具有火山灰活性作用，它的活性成分 SiO_2 和 Al_2O_3 与水泥水化产物 $Ca(OH)_2$ 反应，生成水化硅酸钙和水化铝酸钙，成为胶凝材料的一部分。形态效应：微珠球状颗粒，具有增大混凝土（砂浆）的流动性、减少泌水、改善和易性的作用；若保持流动性不变，则可起到减水作用。微集料效应：其微细颗粒均匀分布在水泥浆中，填充孔隙，改善混凝土孔结构，提高混凝土的密实度，从而使混凝土的耐久性得到提高。同时，粉煤灰还可降低水化热、抑制碱-集料反应。

（2）硅粉。

硅粉又称硅灰，是从生产硅铁合金或硅钢等所排放的烟气中收集的颗粒较细的烟尘，呈浅灰色；硅粉的颗粒是微细的玻璃球体，粒径为 0.1~1.0 mm，是水泥颗粒的 1/100~1/50，比表面积为 18.5~20 m^2/g，密度为 2.1~2.2 g/cm^3，堆积密度为 250~300 kg/cm^3。硅粉中无定形二氧化硅的质量分数一般为 85%~96%，具有很高的活性。

由于硅粉具有高比表面积，因而其需水量很大，将其作为混凝土掺合料必须配以高效减水剂方可保证混凝土的和易性。

硅粉掺入混凝土中，可取得以下几方面的效果：

① 改善混凝土拌合物的黏聚性和保水性。在混凝土中掺入硅粉的同时又掺用了高效减水剂，保证了混凝土拌合物必须具有的流动性。由于硅粉的掺入会显著改善混凝土拌合物的黏聚性和保水性，故它适宜配制高流态混凝土、泵送混凝土及水下灌注混凝土。

② 提高混凝土强度。当硅粉与高效减水剂配合使用时，硅粉与水化产物 $Ca(OH)_2$ 反应生成的水化硅酸钙凝胶，填充了水泥颗粒间的空隙，改善了界面结构及黏结力，形成了密实结构，从而显著提高了混凝土强度。一般硅粉掺量为 5%~10%时，便可配制出抗压强度达 100 MPa 的超高强混凝土。

③ 改善混凝土的孔结构，提高耐久性。掺入硅粉的混凝土，虽然其总孔隙率与不掺时基本相同，但其大毛细孔减少、超细孔隙增加，改善了水泥石的孔结构。因此，混凝土的抗渗性、抗冻性及抗硫酸盐腐蚀性等耐久性显著提高。此外，混凝土的抗冲磨性随硅粉掺量的增加而提高，故适用于水工建筑物的抗冲刷部位及高速公路路面。硅粉还同样有抑制碱-集料反应的作用。

（3）磨细矿渣粉。

磨细矿渣粉是指将粒化高炉矿渣经干燥、磨细达到相当细度且符合相应活性指数的粉状材料，细度大于 350 m²/kg，一般为 400~600 m²/kg。其活性比粉煤灰高，根据《用于水泥与混凝土中的粒化高炉矿渣粉》(GB/T 18046—2000)的规定，磨细矿渣粉技术要求应符合表 3-20 的规定。

表 3-20　磨细矿渣粉技术要求

项　目		级　别		
		S105	S95	S75
密度/(g/cm³)		≥2.8		
比表面积/(m²/kg)		≥350		
活性指数/%	7 d	≥95	≥75	≥55
	28 d	≥105	≥95	≥75
流动度比/%		≥85	≥90	≥95
含水率/%		≤1.0		
三氧化硫/%		≤4.0		
氯离子/%		≤0.02		
烧失量/%		≤3.0		

（4）其他混凝土掺合料。

① 沸石粉。沸石粉由天然的沸石岩磨细而成，颜色为白色。沸石岩是一种经天然燃烧后的火山灰质铝硅酸盐矿物，含有一定量的活性二氧化硅和三氧化二铝，能与水泥水化产物 $Ca(OH)_2$ 作用，生成胶凝物质。沸石粉具有很大的内表面积和开放性结构，细度为 0.08 mm 筛筛余量小于 5%，平均粒径为 5.0~6.5 μm。

沸石粉掺入混凝土后有以下效果：改善混凝土拌合物的和易性，沸石粉与其他矿物掺合料一样，具有改善混凝土和易性及可泵性的功能，因此适宜于配制流态混凝土和泵送混凝土；沸石粉与高效减水剂配合使用，可显著提高混凝土强度，适用于配制高强混凝土。

② 磨细自燃煤矸石粉。自燃煤矸石是由煤矿洗煤过程中排出的矸石，经自燃而成。它具有一定火山灰活性，将其磨细后成粉状，可作为混凝土掺料使用。

（5）超细微粒矿物质掺合料。

超细微粒矿物质掺合料是指超细粉磨的高炉矿渣、粉煤灰、液态渣、沸石粉等。作为混凝土掺合料（简称超细粉掺合料），其比表面积一般大于 500 m²/kg。将活性混合材制成超细微粒矿物质后便具有新的特性与功能：① 表面能高；② 具有微观填充作用；③ 化学活性增高。超细微粒矿物质掺入混凝土中对混凝土有显著的流化与增强效应，并使结构致密化。采用超细微粒矿物质的品种、细度和掺量的不同，其效果也不同。一般有以下几方面效果：

① 改善混凝土的流变性。超细微粒矿物质掺入后，可填充于水泥颗粒的间隙和絮凝结构中，占据了充水空间，原来絮凝结构中的水被释放出来，使混凝土流动性增大。如果掺入超细沸石粉，除有上述填充、稀化效果外，由于其本身的多孔性（且为开放型），能吸入一部分水分，吸水性带来的稠化作用占优势，会使混凝土流动性减小。无论何种超细微粒矿物质均有表面能高的特点，因自身对水泥颗粒会产生吸附现象，在一定程度上形成凝聚结构，所以会使超细微粒矿物质的填充、稀化效应减小。但如将玻璃体的超细微粒矿物质与高效减水剂共同掺用，这时超细微粒矿物质可迅速吸附高效减水剂分子，从而降低其本身的表面能，不

会再对水泥颗粒产生吸附，反而起分散作用，这样超细微粒矿物质的微观填充、稀化效应也得以正常发挥，混凝土的流动性显著增大。采用超细微粒矿物质可配制大流动性且不离析的混凝土，如泵送混凝土等。

② 提高混凝土强度。超细化一方面明显增加了混合材料的化学反应活性，另一方面由于微观填充作用产生的减水增密效应，对混凝土起到显著增强效果，后者正是超细粉与一般混合材的不同之处。采用超细粉可配制高强与超高强混凝土。

③ 显著改善混凝土的耐久性。超细粉能显著改善硬化混凝土微结构，使 $Ca(OH)_2$ 显著减少、CSH 增多，结构变得致密，从而显著提高混凝土的抗渗、抗冻等耐久性能，而且还能抑制碱-集料反应。

3.3 混凝土拌合物的和易性

3.3.1 和易性的概念

混凝土的和易性，也称工作性，是指拌合物易于搅拌、运输、浇捣成型，并获得质量均匀密实的混凝土的一项综合技术性能。通常用流动性、黏聚性和保水性三项内容表示。流动性是指拌合物在自重或外力作用下产生流动的难易程度；黏聚性是指拌合物各组成材料之间不产生分层离析现象；保水性是指拌合物不产生严重的泌水现象。

通常情况下，混凝土拌合物的流动性越大，则保水性和黏聚性越差，反之亦然，相互之间存在一定矛盾。和易性良好的混凝土是指既具有满足施工要求的流动性，又具有良好的黏聚性和保水性。因此，不能简单地将流动性大的混凝土称之为和易性好，或者流动性减小说成和易性变差。良好的和易性既是施工的要求，也是获得质量均匀密实混凝土的基本保证。

3.3.2 和易性的测试和评定

混凝土拌合物和易性是一项极其复杂的综合指标，到目前为止全世界尚无能够全面反映混凝土和易性的测定方法，通常通过测定流动性，再辅以其他直观观察或经验综合评定混凝土和易性。流动性的测定方法有坍落度法、维勃稠度法、探针法、斜槽法、流出时间法和凯利球法等十多种。对普通混凝土而言，最常用的是坍落度法和维勃稠度法。

1. 坍落度法与坍落度扩展法

坍落度法与坍落度扩展法的主要设备是坍落度筒，见图 3-7。混凝土拌合物按规定分层装入坍落度筒内并插捣密实，装满后将表面刮平，然后垂直平稳地向上提起坍落度筒，混凝土拌合物因自重而向下坍落，测量筒高与坍落后混凝土试体最高点之间的高度差，即混凝土拌合物的坍落度值。

当混凝土拌合物的坍落度大于 220 mm 时，由于流动性很大，坍落后会向四周扩展，用钢尺测量混凝土扩展后最终的最大直径和最小直径，在这两个直径的差小于 50 mm 的条件下，以这两个直径的算数平均值作为坍落扩展度值。坍落度和扩展度越大，说明混凝土拌和物的流动性越好。扩展度适用于描述泵送高强混凝土和自密实混凝土。

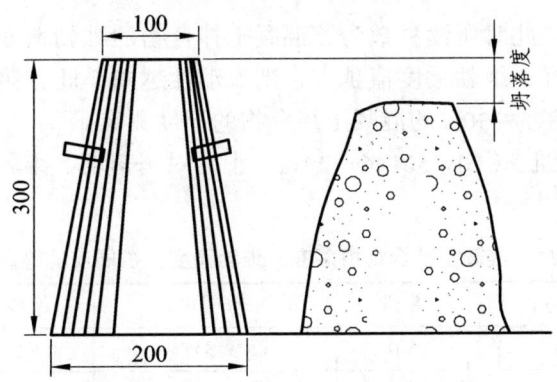

图 3-7　混凝土拌合物坍落度的测定

黏聚性的检验方法是用捣棒在已经坍落的混凝土锥体侧面轻轻敲打：若锥体逐渐下沉，则表示黏聚性良好；若锥体倒塌或部分崩裂，则表示黏聚性不好。

保水性以混凝土拌合物中稀浆析出的程度来评定。坍落度筒提起后如有较多稀浆自底部析出，混凝土拌合物因失浆而骨料外露，则表示此混凝土保水性差；若无稀浆或仅有少量稀浆从底部析出，则表示此混凝土保水性良好。

坍落度试验适用于骨料最大粒径不大于 40 mm、坍落度不小于 10 mm 的混凝土拌合物的流动性测定。

2. 维勃稠度试验

坍落度小于 10 mm 的干硬性混凝土拌合物的流动性要用维勃稠度法测定，所用设备为维勃稠度仪，见图 3-8。

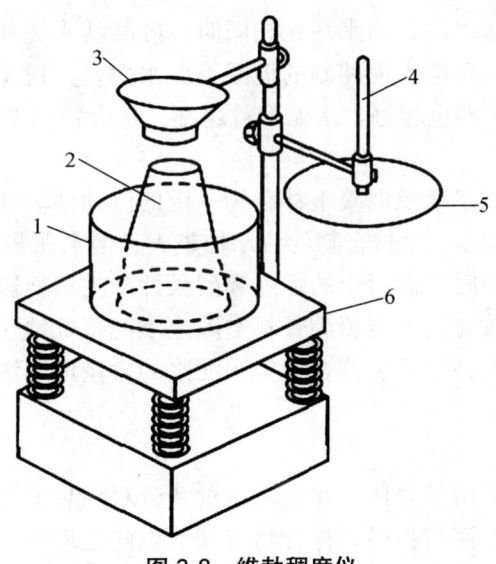

图 3-8　维勃稠度仪

1—圆柱形容器；2—坍落度筒；3—漏斗；4—测杆；5—透明圆盘；6—振动台

维勃稠度的测定方法是将混凝土拌合物按规定方法装入截头圆锥筒内，然后将混凝土拌合物由漏斗装入坍落度筒内分层捣实后，将坍落度筒垂直向上提起，把透明圆盘转到混凝土拌合物试体的顶面，启动振动台，同时用秒表计时。当振动到透明圆盘底面布满水泥浆时，停止计时，关闭振动台。此时所读秒数为该混凝土拌合物的维勃稠度值。维勃稠度值越小，表示拌合物的流动性越好；维勃稠度值越大，则流动性越差。此方法适用于骨料最大粒径不超过 40 mm、维勃稠度在 5~30 s 的混凝土拌合物的稠度测定。

《混凝土质量控制标准》（GB 50146—2011）中，对坍落度、维勃稠度、扩展度进行了等级划分，见表 3-21。

表 3-21 混凝土拌合物坍落度、维勃稠度、扩展度的等级划分

等级	坍落度/mm	等级	维勃稠度/s	等级	扩展度/mm
S	10~40	V0	≥31	F1	≤340
S	50~90	V1	30~21	F2	350~410
S	100~150	V2	20~11	F3	420~480
S	160~210	V3	10~6	F4	490~550
S	≥220	V4	5~3	F5	560~620
—	—	—	—	F6	≥630

3.3.3 影响和易性的主要因素

影响混凝土拌合物和易性的因素很多，其中主要因素是水泥、水、粗细骨料的数量和性质、环境及拌合物的温度、施工方法等。

1. 材料品种与用量的影响

（1）水泥品种与细度。

比较五种常用的硅酸盐水泥，当水灰比相同时，硅酸盐水泥和普通硅酸盐水泥拌制混凝土流动性较火山灰水泥好；矿渣水泥拌制的混凝土保水性差；粉煤灰水泥拌制的混凝土流动性最好，同时保水性和黏聚性也较好。水泥颗粒越细，拌合物黏聚性与保水性越好。

（2）水泥浆数量。

混凝土拌合物中的水泥浆赋予混凝土拌合物一定的流动性。在水灰比不变的情况下，若单位体积拌合物内水泥浆越多，则拌合物的流动性越大；但水泥浆过多，将会出现流浆现象，使拌合物的黏聚性变差，同时对混凝土的强度和耐久性产生负面影响，且水泥用量也大，增加成本；若水泥浆过少，致使其不能填满骨料空隙或不能很好地包裹骨料表面时，将产生崩坍现象，黏聚性变差。因此，混凝土拌合物中水泥浆的含量应以满足流动性要求为度，不宜过量。

（3）水灰比。

水灰比即水用量与水泥用量之比。在水泥用量和骨料用量不变的情况下，水灰比增大，相当于单位用水量增大，水泥浆很稀，拌合物流动性也随之增大，反之亦然。用水量增大带来的负面影响是严重降低混凝土的保水性，增大泌水，同时使黏聚性也下降。但水灰比也不宜太小，否则因流动性过低影响混凝土振捣密实，易产生麻面和空洞。合理的水灰比是混凝土拌合物流动性、保水性和黏聚性的良好保证。

（4）砂率。

砂率是指混凝土拌合物砂用量占砂石总量的百分率。在混凝土拌合物中，砂子填充石子

（粗集料）的空隙，胶凝材料浆体则填充砂子的空隙和包裹集料的表面，润滑集料，使拌合物具有流动性和易于密实的性能。但砂率过大，细集料含量相对增大，集料的总表面积明显增大，包裹砂子颗粒表面的胶凝材料浆体层显得不足，砂粒之间的内摩阻力增大成为降低混凝土拌合物流动性的主要矛盾。这时，随着砂率的增大，流动性将降低。所以，在用水量及水泥用量一定的条件下，存在着一个最佳砂率（或合理砂率值），可以使混凝土拌合物获得最大的流动性，且保持黏聚性及保水性良好。水灰比一定时，砂率与坍落度的关系如图 3-9 所示。

在保持坍落度一定的条件下，砂率还影响混凝土中水泥的用量。砂率与水泥用量的关系如图 3-10 所示。当砂率过小时，必须增大胶凝材料用量，以保证有足够的砂浆量来包裹和润滑粗集料；当砂率过大时，也要加大胶凝材料用量，以保证有足够的胶凝材料浆体包裹和润滑细集料。在最佳砂率时，胶凝材料用量最少。

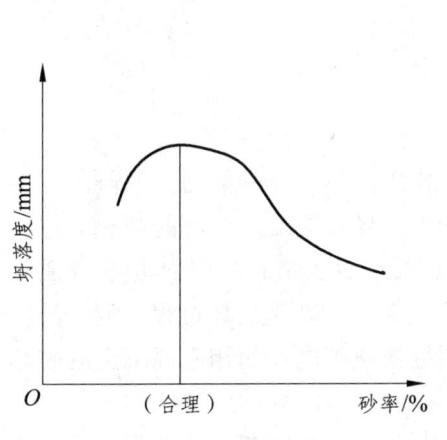

图 3-9　砂率与坍落度的关系

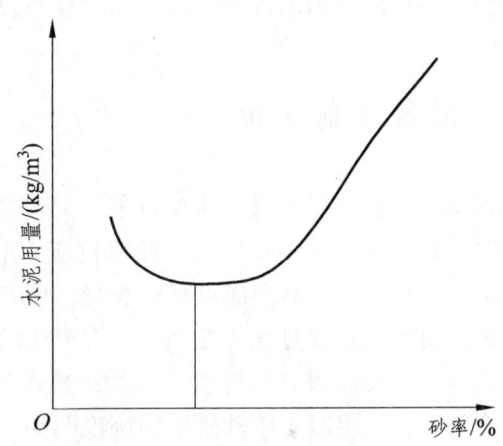

图 3-10　砂率与水泥用量的关系

（5）外加剂。

改善混凝土和易性的外加剂主要有减水剂和引气剂。它们能使混凝土在不增加用水量的条件下增加流动性，并具有良好的黏聚性和保水性。详见第 3.5 节。

2. 环境的温度、湿度和时间的影响

随着环境温度的增加，混凝土拌合物流动性下降，这可能是因为较高的温度不但增加拌合物中水分的蒸发速率，而且加快了水泥水化速度。因此，在炎热的天气条件下，必须用更多的水保持同样的和易性。拌合物和易性还随时间的延长而下降，这称为和易性损失，其原因也是水分的变化。

3. 施工工艺的影响

混凝土组成相同、施工工艺不同时，其坍落度也不相同。采用机械拌和的混凝土所获得的坍落度比用人工拌和的混凝土所获得的坍落度大。采用同一拌和方式，其坍落度随着有效拌和时间延长而增大。搅拌机型不同，获得的坍落度也不同。通常，浇注时的坍落度比测定的坍落度值小。

3.3.4 混凝土和易性的调整和改善措施

（1）当混凝土流动性小于设计要求时，为了保证混凝土的强度和耐久性，不能单独加水，必须保持水灰比不变，增加水泥浆用量。但水泥浆用量过多，则混凝土成本提高，且将增大混凝土的收缩和水化热等。混凝土的黏聚性和保水性也可能下降。

（2）当坍落度大于设计要求时，可在保持砂率不变的前提下，增加砂石用量。这实际上相当于减少水泥浆数量。

（3）改善骨料级配，既可增加混凝土流动性，也能改善黏聚性和保水性。但骨料占混凝土用量的75%左右，实际操作难度往往较大。

（4）掺减水剂或引气剂，是改善混凝土和易性的最有效措施。

（5）尽可能选用最优砂率。当黏聚性不足时可适当增大砂率。

3.4 混凝土的强度

强度是混凝土材料最基本的性能，是其抵抗外力作用而不破坏的能力。混凝土在受外力作用时，其内部产生了拉应力，随着拉应力的逐渐增大，导致混凝土内部的微裂缝进一步延伸、汇合、扩大，最后形成可见的裂缝。研究表明，混凝土这类材料的应力-应变性质及其破坏，都是由裂缝扩展过程所控制的。混凝土的应力-应变关系和断裂破坏过程中裂缝的发展一般经历这样三个阶段：裂缝引发、裂缝缓慢扩展、裂缝快速扩展。而相应混凝土的破坏则分为五个阶段，以混凝土单轴受压为例说明如下（图3-11、图3-12）：

第一阶段，当所加应力约低于极限荷载30%时，应力-应变曲线近似为直线，混凝土内部原来存在的裂缝和孔隙比较稳定，界面裂缝无明显变化[图3-11中第1阶段，图3-12（b）]。

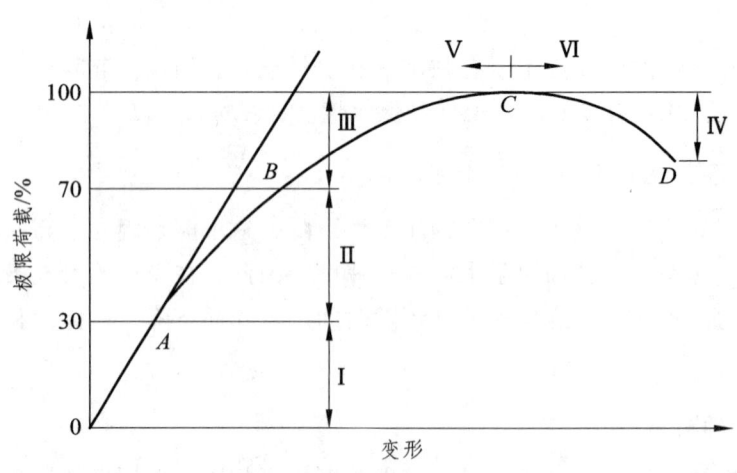

图 3-11 混凝土受压变形曲线

Ⅰ—界面裂缝无明显变化；Ⅱ—界面裂缝增长；Ⅲ—出现砂浆裂缝和连续裂缝；
Ⅳ—连续裂缝迅速发展；Ⅴ—裂缝缓慢增长；Ⅵ—裂缝迅速增长

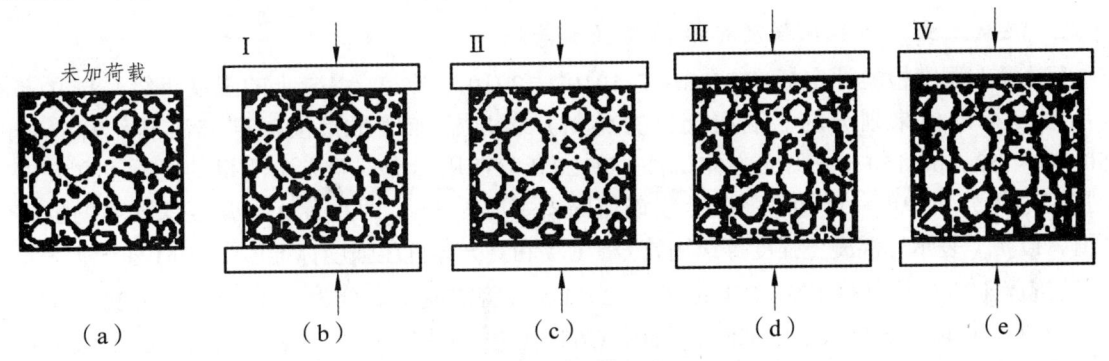

图 3-12　不同受力阶段裂缝示意图

第二阶段，当应力为极限应力的 30%～50%时，裂缝开始扩展，但很缓慢，而且多半是界面处的裂缝扩展，应力-应变曲线的曲率开始增加。在此阶段，水泥石中只有轻微的开裂，当应力一旦超过极限应力的 50%左右时，界面裂缝就开始延伸到水泥石之中，随着水泥石的开裂，原来孤立的界面裂缝也连接起来，开始发展成一个更为广泛和连续的裂缝体系[图 3-11 第Ⅱ阶段，图 3-12（c）]。

第三阶段，在超过极限应力 75%左右之后，水泥石中发生更为迅速的裂缝扩展延伸，在界面裂缝继续发展的同时，开始出现砂浆裂缝，并将邻近的界面裂缝连接起来，形成连续裂缝[图 3-11 第Ⅲ阶段，图 3-12（d）]。

而到了第四阶段，变形进一步加快，受压变形曲线明显地弯向变形轴，混凝土承载能力下降，使裂缝体系变得不稳定（图 3-11 中 BC 段）。

随后进入第五个阶段，混凝土的承载能力下降，荷载减少而变形迅速增大，以致完全破坏，受压变形曲线逐渐下降而最后结束[图 3-11 中 CD 段，图 3-12（e）]。

3.4.1　混凝土立方体抗压强度及强度等级

1. 混凝土立方体抗压强度

《普通混凝土力学性能试验方法标准》（GB/T 50081—2002）中规定，将混凝土拌合物制成 150 mm×150 mm×150 mm 的立方体标准试件，采用标准养护，养护至 28d 龄期，用标准试验方法所测得的抗压强度值称为混凝土立方体抗压强度，以 f_{cu} 表示。标准养护是指成型后在（20±5）℃ 的环境中静置一昼夜至两昼夜，拆模后立即放入温度为（20±2）℃、相对湿度为 95%以上的标准养护室养护，或在温度为（20±2）℃、不流动的 $Ca(OH)_2$ 饱和溶液中养护。

混凝土立方体抗压强度也可采用 100 mm×100 mm×100 mm 或 200 mm×200 mm×200 mm 的非标准尺寸的立方体试件来测定，但在计算抗压强度时，应将测定值乘以相应的换算系数，以得到相当于标准试件的强度值。当混凝土强度等级小于 C60 时，采用 100 mm×100 mm×100 mm 的立方体试件，换算系数为 0.95；采用 200 mm×200 mm×200 mm 的立方体试件，换算系数为 1.05。当混凝土强度等级大于或等于 C60 时，宜采用标准试件。若使用非标准试件，尺寸换算系数应通过试验确定。

在实际施工时，混凝土的养护条件往往达不到标准养护条件，为了得到混凝土的实际强度，常将混凝土试件放在与工程相同的条件下进行同条件养护，再按所需龄期测出抗压强度，作为施工工地混凝土质量控制的依据。

2. 混凝土立方体抗压强度标准值与强度等级

《混凝土强度检验评定标准》(GB/T 50107—2010) 规定,混凝土的强度等级是按立方体抗压强度标准值来划分的。混凝土立方体抗压强度标准值是指按标准方法制作和养护的 150 mm×150 mm×150 mm 的立方体试件,在 28 d 龄期用标准试验方法测得的混凝土立方体抗压强度总体分布中的一个值,强度低于该值的概率应为 5%,即具有 95%强度保证率的抗压强度值,以 $f_{cu,k}$ 表示。混凝土强度等级用符号"C"和立方体抗压强度标准值(以 MPa 计)表示。

《混凝土质量控制标准》(GB 50164—2011) 中将混凝土划分为 C10、C15、C20、C25、C30、C35、C40、C45、C50、C55、C60、C65、C70、C75、C80、C85、C90、C95、C100 共 19 个等级。

3.4.2 混凝土的其他强度

1. 轴心抗压强度

在实际工程中,钢筋混凝土的结构形式大部分是棱柱体或圆柱体。因此,为了符合实际情况,在结构设计中,混凝土受压构件的计算采用混凝土轴心抗压强度。

混凝土轴心抗压强度又称为棱柱体抗压强度。《普通混凝土力学性能试验方法标准》(GB/T 50081—2002) 中规定,采用 150 mm×150 mm×300 mm 的标准棱柱体试件,标准养护至 28 d,进行抗压强度试验所得抗压强度值即轴心抗压强度。也可以采用非标准尺寸的棱柱体试件,但测得的结果须乘以相应的尺寸换算系数。

混凝土的轴心抗压强度小于立方体抗压强度。试验表明,当混凝土的立方体抗压强度为 10~55 MPa 时,轴心抗压强度与立方体抗压强度之比为 0.70~0.80。

2. 抗拉强度

混凝土是一种脆性材料,它的抗拉强度只有抗压强度的 1/20~1/10,而且随着混凝土等级的提高,比值逐渐降低。虽然在结构设计中一般不考虑混凝土承受的拉力,但混凝土的抗拉强度与混凝土的裂缝有着密切的关系。在结构设计中,抗拉强度是确定混凝土抗裂能力的重要指标。

由于直接用轴向拉伸试验测定混凝土的抗拉强度,外力作用线不易与轴线重合,且夹具常发生局部破坏,通常采用劈裂抗拉强度试验法间接得出混凝土的抗拉强度,并称之劈裂抗拉强度。《普通混凝土力学性能试验方法标准》(GB/T 50081—2002) 规定,混凝土的抗拉强度采用立方体劈裂抗拉试验测定,它采用 150 mm×150 mm×150 mm 的立方体标准试件(采用非标准试件时测定结果乘以尺寸换算系数),用规定的劈裂抗拉装置检测混凝土劈裂抗拉强度,见图 3-13。它的原理是在试件的两个相对的表面轴线上,作用着均匀的压力,这样就能在外力作用的竖向平面内产生均匀分布的拉应力,如图 3-14 所示。劈裂抗拉强度的计算公式为

$$f_{ts} = \frac{2F}{\pi A} = 0.637 \frac{F}{A}$$

式中:f_{ts}——混凝土劈裂抗拉强度,MPa;

F——破坏荷载,N;

A——试件劈裂面面积,mm^2。

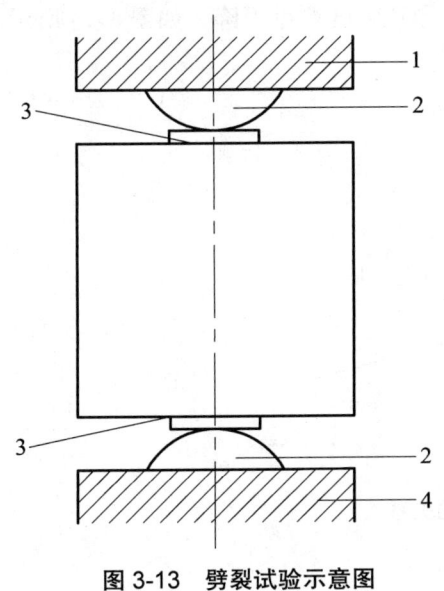
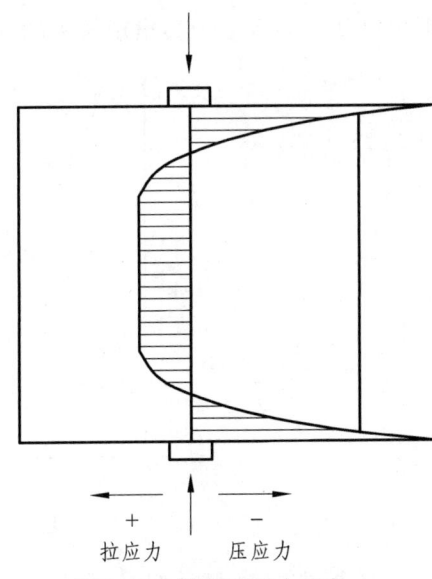

图 3-13 劈裂试验示意图 图 3-14 劈裂面应力分布

1—上压板；2—垫条；3—垫层；4—下压板

试验表明，用轴心抗拉法测得的混凝土抗拉强度比劈裂抗拉强度略小，两者比值：0.8~0.9。

3. 抗折强度

路面、桥面所用的水泥混凝土以抗折强度为主要强度设计指标，抗压强度仅作为参考指标。按照《公路工程水泥及水泥混凝土试验规程》（JTE E30—2005）的规定，水泥混凝土抗弯拉强度试验采用边长为 150 mm×150 mm×600 mm（或 550 mm）的梁形试件作为标准试件，经 28 d 标准养护后，按三分点加荷方式加载测得其抗折强度，计算公式为：

$$f_{\mathrm{ef}} = \frac{FL}{bh^2}$$

式中：f_{ef}——混凝土抗折强度，MPa；
F——破坏荷载，N；
L——支座间跨度，mm；
h——试件截面高度，mm；
b——试件截面宽度，mm。

3.4.3 影响混凝土强度的因素

1. 水灰比

混凝土的强度主要取决于水灰比。按照理论计算，胶凝材料水化所需的结合水一般只占胶凝材料质量的 23% 左右，但在拌制混凝土拌合物时，为了获得必要的流动性，常需要加入较多的水。当混凝土硬化后，多余的水分就残留在混凝土中形成水泡，并在蒸发泌水过程中形成气孔或泌水通道，从而使混凝土密实度降低、强度下降。

水灰比越小，混凝土硬化后形成的孔隙和通道越少，密实度越大，强度就越高。但要注意的是，如果水灰比过小，混凝土拌合物过于干稠，在一定的施工振捣条件下，混凝土不能被振捣密实，混凝土中会出现较多的蜂窝和孔洞，反而导致强度严重下降，如图 3-15 所示。

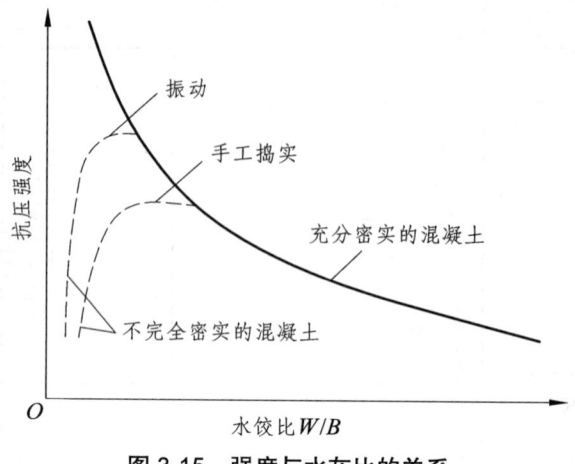

图 3-15　强度与水灰比的关系

2. 混凝土组成材料的性质

（1）水泥。

在混凝土配合比一定的条件下，混凝土的强度与水泥的强度成正比，即水泥的强度越高，混凝土的强度也就越高。

（2）骨料。

在水泥强度等级和水灰比相同的条件下，碎石混凝土的强度往往高于卵石混凝土。因为碎石表面粗糙，所以界面黏结力比较大；而卵石表面光滑，界面黏结力比较小。

有害杂质含量少、级配良好的骨料，有利于界面黏结，并能组成密集的骨架使水泥浆数量相对减小，使骨料充分发挥骨架作用，从而使混凝土强度有所提高。

（3）外加剂和掺合料。

在混凝土中加入外加剂可按要求改变混凝土的强度及强度发展规律，如掺入减水剂可减少拌和用水量，提高混凝土的强度；掺入早强剂可以提高混凝土的早期强度，且不影响后期强度发展。

具有活性的掺合料能发生二次水化，产生胶凝能力，对后期强度发展有利。在配合比一定的情况下，掺加的掺合料活性越大，胶凝能力越强，混凝土的强度就越高。如果掺加超细的掺合料，如硅灰，则能大幅提高混凝土的强度，可用于配制高性能混凝土和超高强混凝土。

3. 养护的温度与湿度

为了获得质量良好的混凝土，混凝土成型后必须在一定的时间内保持适当的温度和足够的湿度，以使胶凝材料充分水化，这就是混凝土的养护。温度和湿度是在混凝土养护期间影响胶凝材料水化程度和速度的重要因素。

较高的养护温度可以增加初期水化速度，使混凝土早期强度得以提高。但初期温度过高将导致混凝土的早期强度发展较快，水化产物分布不均匀，阻碍水与胶凝材料的接触，对混凝土的后期强度发展不利，有可能降低混凝土的后期强度。当养护温度较低时，混凝土硬化缓慢。当温度在冰点以下时，不但水化反应停止，而且有可能因冰冻导致混凝土结构疏松，强度严重降低。特别是早期混凝土强度低，更容易冻坏。图 3-16 所示为混凝土在不同温度的水中养护时强度的发展规律。

水化反应必须在有水的条件下进行。在干燥环境中，强度会随水分蒸发而停止发展，从而严重降低混凝土强度，而且使混凝土结构疏松，形成干缩裂缝，加大渗水性，从而影响混凝土的耐久性。因此，养护期必须保湿。图 3-17 所示为保湿养护对混凝土强度的影响。

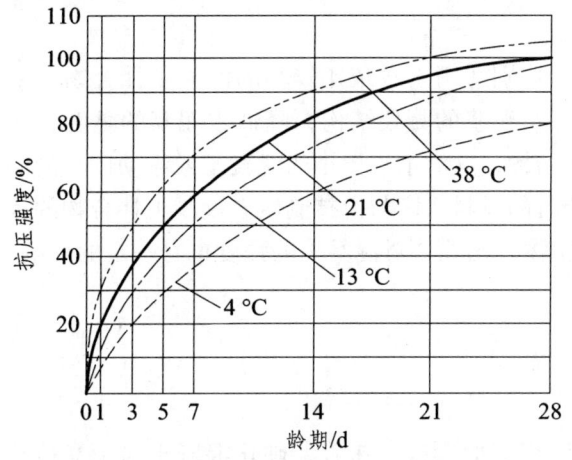

图 3-16　养护温度对混凝土强度的影响　　　图 3-17　混凝土强度与保湿养护时间的关系

混凝土养护常用的方法有以下几种。

（1）自然养护。养护温度随气温变化，而养护湿度必须充分，可通过覆盖浇水、覆盖包裹塑料薄膜、喷涂养生液等方法来保湿。

（2）蒸汽养护。蒸汽养护的温度不超过 100 ℃，最佳温度为 65～80 ℃，由饱和蒸汽提供充分的湿度。

（3）蒸压养护。蒸压养护需使用蒸压釜，温度一般为 160～210 ℃，与温度相应的蒸汽压力为 0.6～2.0 MPa。蒸压养护可使混凝土构件的生产周期大为缩短。

（4）标准养护。将混凝土试件置于温度为（20±2）℃、相对湿度>95%的条件下养护 28 d。《混凝土结构工程施工质量验收规范》(GB 50204—2002)（2010 年版）规定，在混凝土浇筑后的 12 h 内，应加以覆盖或浇水。对于采用硅酸盐水泥、普通水泥和矿渣水泥配制的混凝土，浇水养护时间不得少于 7 d。如采用粉煤灰水泥或火山灰水泥，或掺有缓凝剂、膨胀剂，或有防水抗渗要求的混凝土，浇水养护期不得少于 14 d。

4. 龄　期

龄期是混凝土在正常养护条件下所经历的时间。在正常的养护条件下，混凝土的强度将随龄期的增长而不断发展，最初 7～14 d 内强度发展较快，以后逐渐缓慢。混凝土强度通常是指 28 d 龄期的强度。28 d 以后强度仍在发展，其增长过程可延续数十年之久。从混凝土强度与龄期的关系可以看出这一趋势，如图 3-16 和图 3-17 所示。

中等强度等级的普通混凝土（非 R 型水泥配制）在标准养护条件下，其强度的发展大致与其龄期的对数成正比关系，不同龄期的混凝土强度可用下式推算

$$\frac{f_n}{f_{28}} = \frac{\lg n}{\lg 28}$$

式中：f_n——混凝土 n 天的抗压强度，MPa；

f_{28}——混凝土 28 d 的抗压强度，MPa；

n——养护龄期（$n \geqslant 3$），d。

这个公式可以用来估算混凝土的强度。由于影响混凝土强度的因素很多，按此式计算的结果只能作为参考。

5. 施工方法与质量控制

采用机械搅拌可使拌合物的质量更加均匀，特别适用于水灰比较小的混凝土拌合物。采用机械振动成型时，机械的振动作用可暂时破坏水泥浆的凝聚结构，降低水泥浆的黏度，从而提高混凝土拌合物的流动性，有利于获得致密结构，这对水灰比小的混凝土或流动性小的混凝土来说尤为显著。此外，计量的准确性、搅拌时的投料次序与搅拌制度、混凝土拌合物的运输与浇灌方式（不正确的运输与浇灌方式会造成离析、分层）对混凝土的强度也有一定的影响。

3.5 混凝土的变形性能

混凝土在凝结硬化过程中将产生一定量的体积变形。这意味着，硬化混凝土除了受荷载作用产生变形外，在没有荷载作用的情况下，各种物理的或者化学的因素也会导致混凝土的总体积或者局部体积发生变化，即出现变形。

如果混凝土处于自由的非约束状态，那么体积变化一般不会产生不利影响。但是，实际使用中的混凝土结构总会受到基础、钢筋或相邻部件的牵制，而处于不同程度的约束状态。即使单一的混凝土试块没有受到外部的制约，其内部各组成之间也还是互相制约的，因而仍处于约束状态。因此，混凝土的体积变化会由于约束的作用而在混凝土内部产生应力（通常为拉应力）。混凝土能承受较高的压应力，而其抗拉强度却很低，一般不超过抗压强度的10%。从理论上讲，在完全约束条件下，混凝土内部产生的拉应力可以达到 3 MPa 至十几兆帕（取决于混凝土的体积变化特性和弹性特性）。所以，对于受约束的混凝土，体积变化过大产生的拉应力一旦超过其自身的抗拉强度，就会引起混凝土开裂，产生裂缝。裂缝不仅是影响混凝土承受设计荷载能力的一个弱点，而且还会严重损害混凝土的耐久性和外观。

3.5.1 非荷载作用下的变形

1. 化学收缩

由于水泥水化产物的总体积小于水化前反应物的总体积而产生的混凝土收缩称为化学收缩。化学收缩是混凝土在没有干燥和其他外界因素影响下的体积收缩，是由水泥的水化反应产生的固有收缩。混凝土的体积收缩变形是不能恢复的。它的收缩量随混凝土的龄期延长而增加，一般在混凝土成型后 40 d 内增长较快，以后逐渐趋于稳定。化学收缩的收缩率很小，一般不会对结构物产生破坏作用，但在其收缩过程中，在混凝土内部还是会产生微细裂缝，这些微细裂缝可能会影响混凝土的受力性能和耐久性能。

2. 温度变形

混凝土与其他材料一样，也具有热胀冷缩的性质，这种热胀冷缩的变形称为温度变形。

通常温度每升降 1 ℃，每米混凝土胀缩 0.01～0.015 mm。当混凝土结构面积较大或纵向较长时，变形的累积会使其结构产生温度裂缝，因此对于面积较大或纵向较长的混凝土工程，应每隔一定长度设置一个伸缩缝。

除了外界温度的升降变化外，混凝土内部与外部的温差也会对其体积稳定性产生影响，这一影响在大体积混凝土中尤为突出。由于混凝土的导热能力很低，水泥水化产生的水化热聚集在混凝土内部不易散失，造成内部温度较高，而混凝土表面散热快、温度较低，从而导致混凝土内外温差较大，在内部约束应力和外部约束应力的作用下就可产生裂缝。因此，大体积混凝土在施工时，温度控制十分重要。

3．干湿变形

周围环境的湿度发生变化时，混凝土将产生干缩与湿胀。

当混凝土在水中硬化时，由于水泥凝胶体中胶体颗粒表面的吸附水膜增厚，胶体粒子间的距离增大，可使混凝土体积产生微小的膨胀。这种湿膨胀的变形量很小，一般无明显的破坏作用。

混凝土在干燥的空气中硬化时，首先发生游离水的蒸发，游离水的蒸发并不会引起混凝土的收缩。然后毛细孔中的水分也会蒸发，使毛细孔中形成负压。随着毛细孔中的水分的不断蒸发，负压逐渐增大，产生收缩力，导致混凝土收缩。同时，水泥凝胶体颗粒的吸附水也会发生部分蒸发，由于分子引力的作用，粒子间的距离变小，使凝胶体产生紧缩。干缩会导致混凝土的收缩和开裂，致使结构安全性和耐久性降低。混凝土的干缩在重新吸水后可以部分恢复，但仍有残余变形不能完全恢复。通常，残余收缩为收缩量的 30%～60%。

影响干缩的因素主要有以下几个。

（1）胶凝材料与水灰比。

混凝土干缩变形主要是由混凝土中的硬化胶凝材料的干缩所引起的，因此减少混凝土中的胶凝材料的用量，减小水灰比，是减少干缩的关键。胶凝材料的品种和细度也会对干缩产生影响，如火山灰水泥的干缩率最大，粉煤灰水泥的干缩率较小。而胶凝材料的细度越大，干缩率也越大。

（2）骨料。

骨料对干缩具有制约作用，使用弹性模量较大的骨料，混凝土干缩率较小。使用吸水性大的骨料，干缩率较大。当骨料的最大公称粒径较大、级配较好时，能减少用水量，所以混凝土干缩率较小。当骨料中含泥量较多时，会增大混凝土的干缩率。

（3）条件。

养护的湿度高、时间长，可推迟干缩的发生、延缓干缩的发展，但对混凝土的最终干缩率并无显著影响。采用湿热处理，可减小混凝土的干缩率。

在混凝土结构设计中，必须考虑干缩的影响，干缩率的取值为 $(1.5～2.0)\times10^{-4}$，即 1 m 混凝土收缩 0.15～0.2 mm。

3.5.2　荷载作用下的变形

1．弹塑性变形

混凝土是一种非均质多相复合材料，它是一种弹塑性体，在受到外力作用时，既发生弹性变形，又发生塑性变形，因此其应力-应变的关系并非成比例的直线，而是一条曲线，见图 3-18。随着应力的增加，混凝土的塑性变形增大，曲线斜率减小，当应力达到 B 点时，混凝土承载力下降，荷载减小而变形继续增加，直至完全破坏。此时，所对应的荷载为混凝土的极限荷载。

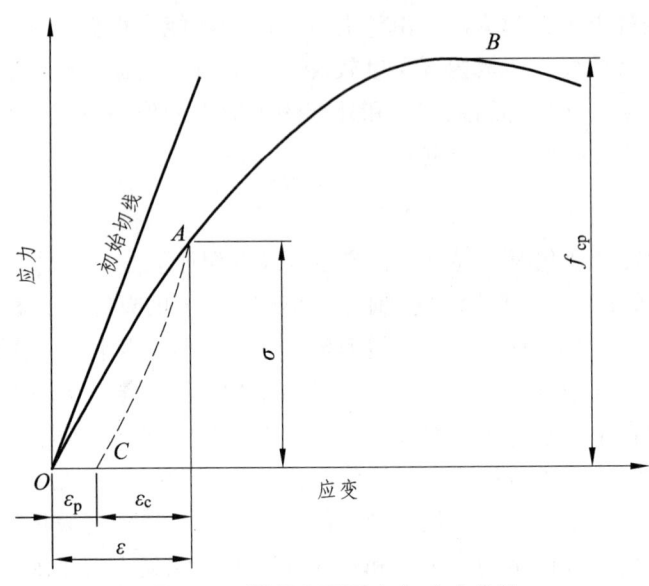

图 3-18　混凝土受压应力-应变曲线

2. 徐　变

混凝土在长期不变的荷载作用下，沿着作用力方向随时间而不断增长的变形称为徐变。当混凝土受荷载作用后，即时产生瞬时变形，瞬时变形以弹性变形为主。随着荷载持续时间的延长，变形缓慢地增长，即产生徐变。在荷载作用初期，变形增长较快，然后逐渐缓慢，2~3 年后趋于稳定。混凝土的徐变变形可达瞬时变形的 2~4 倍，最终的徐变应变可达 $(3~15)\times10^{-4}$，即 0.3~1.5 mm/m。混凝土在变形稳定后，如卸去荷载，则一部分变形可以瞬时恢复，还有一部分要过一段时间才能恢复，称为徐变恢复；剩余不可恢复的部分，称为残余变形，如图 3-19 所示。

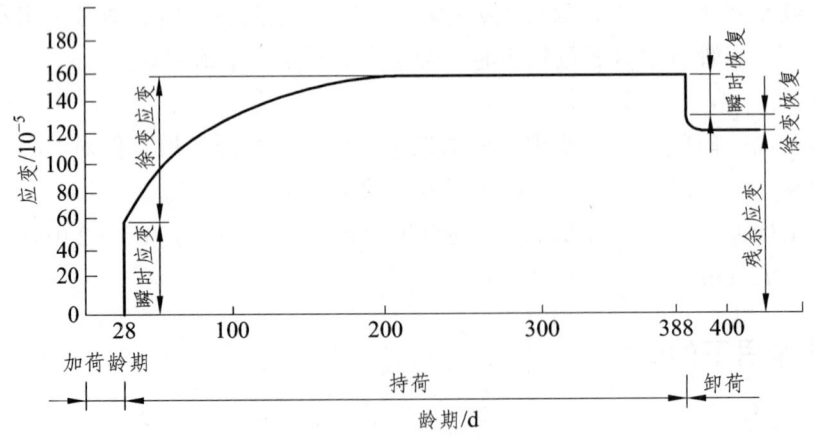

图 3-19　混凝土的徐变与恢复

混凝土的徐变，一般认为是由于凝胶体在长期荷载的作用下向毛细孔中的黏性流动，及凝胶粒子上的吸附水因荷载应力而向毛细孔迁移渗透的结果。

影响徐变的主要因素有以下几个：

（1）胶凝材料用量越多，水灰比越大，徐变越大。

（2）骨料越多，骨料的弹性模量越大，徐变越小。级配较好及最大粒径较大时，徐变较小。

（3）养护湿度越高，混凝土徐变越小。

（4）混凝土受荷载作用时间越早，徐变越大。

混凝土不论是在受压、受拉还是受弯时，均会发生徐变现象。混凝土的徐变对钢筋混凝土构件来说，能消除钢筋混凝土内部的应力集中，使应力较均匀地重新分布；对于大体积混凝土而言，则能消除一部分由于温度变形所产生的温度应力。但在预应力钢筋混凝土结构中，混凝土的徐变将使混凝土的预加应力受到损失，从而造成不利影响。因此，在混凝土结构设计时，必须充分考虑徐变带来的影响。

3.6 混凝土的耐久性

混凝土除应具有设计要求的强度，以保证其能安全地承受设计荷载外，还应具有在所处的自然环境及使用条件下经久耐用的性能。抗渗性、抗冻性、抗化学腐蚀性以及预防碱-集料反应等性能决定着混凝土经久耐用的程度，统称为耐久性。

3.6.1 抗渗性

混凝土的抗渗性是指混凝土抵抗压力水、油等液体渗透的能力。抗渗性是混凝土的一项重要性质，它直接影响混凝土的抗冻性和抗侵蚀性。当混凝土的抗渗性较差时，不但容易透水，而且由于水分渗入内部，当有冰冻作用或环境水中含侵蚀性介质时，混凝土就容易受到冰冻或侵蚀作用而破坏，对钢筋混凝土还可能引起钢筋的锈蚀，以及保护层的开裂和剥落。

混凝土的抗渗性用抗渗等级表示。抗渗等级是以 28 d 龄期的标准试件，按规定方法进行试验，以所能承受的最大水压力确定，分为 P_4、P_6、P_8、P_{10}、P_{12} 这 5 个等级，它们分别表示试件出现渗水时的最大压力为 0.4 MPa、0.6 MPa、0.8 MPa、1.0 MPa、1.2 MPa。

混凝土渗水的原因主要是内部的孔隙形成了连通的渗水孔道。这些孔道主要来源于水泥浆中多余水分蒸发而留下的气孔，水泥浆泌水所形成的毛细管孔道及骨料下部界面聚集的水隙，这些由水泥浆产生的渗水孔道的数量主要与混凝土的水灰比大小有关。水灰比小，抗渗性高，反之，则抗渗性差。例如，用最大粒径为 40 mm 的粗骨料所配制的混凝土，当水灰比大于 0.60 时，抗渗性显著下降。另外，施工振捣不密实或由其他一些因素引起的裂缝，也是使混凝土抗渗性下降的原因。

影响混凝土抗渗性的因素主要有水灰比、水泥品种、骨料的最大粒径、养护方法、外加剂及掺合料等。

（1）水灰比。水灰比越大，混凝土密实度下降，其抗渗性越差。

（2）骨料最大粒径。水灰比相同时，骨料最大粒径越大，其抗渗性越差，这主要是由于在骨料和水泥浆界面处易产生裂隙和较大骨料下方易形成孔穴。

（3）养护方法。蒸汽养护的混凝土，其抗渗性较潮湿环境养护的混凝土要差。

（4）水泥品种。水泥的品种、性质对混凝土抗渗性也有影响。水泥的细度越大，水泥硬化体孔隙率越小，强度越高，其抗渗性越好。

（5）外加剂。某些外加剂（如减水剂），可减小水灰比，改善混凝土和易性，提高混凝土密实度，提高抗渗性。

（6）掺合料。在混凝土中掺入掺合料（如优质粉煤灰），发挥其形态效应、活性效应、微骨料效应和界面效应，可提高混凝土的密实度、细化孔隙，从而改善孔结构和骨料与水泥石界面的过渡区结构，提高混凝土的抗渗性。

（7）龄期。混凝土龄期越长，水泥水化程度越充分，混凝土的密实度提高，其抗渗性越好。

3.6.2 抗冻性

根据《普通混凝土长期性能和耐久性能试验方法标准》（GB/T 50082—2009），抗冻试验有两种方法，即慢冻法和快冻法。

1. 慢冻法

慢冻法以龄期为28 d的100 mm×100 mm×100 mm的立方体试件在吸水饱和后承受反复冻融循环作用（-18 ℃冻4 h，18~20 ℃融4 h），以抗压强度下降不超过25%或质量损失不超过5%时，所能承受的最大冻融循环次数来确定抗冻标号，用符号D表示，如D50、D100等。

2. 快冻法

对于高抗冻性的混凝土，可采用快冻法试验。以100 mm×100 mm×400 mm的棱柱体试件，标准养护28 d龄期后进行试验，试件吸水饱和后承受反复冻融循环，每次循环须在2~4 h内完成，以相对动弹性模量值下降至不小于60%或质量损失率不超过5%时所能承受的最大冻融循环次数来确定抗冻等级，用符号F表示，如F50、F100等。

3.6.3 抗侵蚀性

混凝土的抗侵蚀性是指混凝土在周围各种侵蚀介质作用下抵抗侵蚀破坏的能力。环境介质对混凝土的侵蚀主要是化学侵蚀。例如：软水、硫酸盐、镁盐、酸、碱等对水泥石具有侵蚀作用；海水中的氯离子还会对钢筋起到锈蚀作用，破坏混凝土。

《普通混凝土长期性能和耐久性能试验方法标准》（GB/T 50082—2009）中规定混凝土的抗硫酸盐侵蚀性能可通过抗硫酸盐侵蚀试验测定。采用尺寸为100 mm×100 mm×100 mm的立方体试件，养护至28 d龄期，通过测定混凝土试件在干湿交替环境中，能够承受的最大干湿循环次数来表示。抗硫酸盐等级以混凝土抗压强度耐蚀系数下降到不低于75%时的最大干湿循环次数来确定，并以符号KS表示，如KS30、KS60等。

《混凝土耐久性检验评定标准》（JGJ/T 193—2009）对混凝土的抗冻性能、抗渗透性能和抗硫酸盐侵蚀性能进行了等级划分，见表3-22。

表 3-22　混凝土抗冻性能、抗渗透性能、抗硫酸盐侵蚀性能的等级划分

抗冻等级（快冻法）		抗冻标号（慢冻法）	抗渗等级	抗硫酸盐等级
F50	F250	D50	P4	KS30
F100	F300	D100	P6	KS60
F150	F350	D150	P8	KS90
F200	F400	D200	P10	KS120
>F400		>D200	P12	KS150
			>P12	>KS150

3.6.4　抗炭化性

混凝土的炭化是指空气中的 CO_2 与硬化胶凝材料中的 $Ca(OH)_2$ 在有水存在的条件下发生化学作用，生成 $CaCO_3$ 和 H_2O。炭化对混凝土最主要的影响是使混凝土的碱度降低，减弱了对钢筋的保护作用，导致钢筋锈蚀。炭化还会引起混凝土的炭化收缩，容易使混凝土的表面产生微细裂缝。

混凝土的炭化过程是 CO_2 由表及里向混凝土内部逐渐扩散的过程，炭化深度随着时间的延续而增大，但增大的速度逐渐减慢。影响炭化速度的主要因素有以下几个：

（1）二氧化碳的浓度。二氧化碳浓度越高，炭化的速度越快。

（2）环境湿度。在相对湿度为 50% 左右的环境中，炭化速度最快；当相对湿度达 100% 或相对湿度小于 25% 时，炭化即停止进行。

（3）水泥品种与掺合料用量。水泥的混合材料掺量多，混凝土的掺合料用量多，则炭化速度加快。

（4）混凝土的密实度。混凝土的密实度越大，二氧化碳气体和水越不易扩散到混凝土内部，炭化速度减慢。

根据《混凝土耐久性检验评定标准》（JGJ/T 193—2009），混凝土抗碳化性能的等级划分见表 3-23。

表 3-23　混凝土抗碳化性能等级划分

等　级	L-Ⅰ	L-Ⅱ	L-Ⅲ	L-Ⅳ	L-Ⅴ
碳化深度 d/mm	$d \geqslant 30$	$20 \leqslant d < 30$	$10 \leqslant d < 20$	$0.1 \leqslant d < 10$	$d < 0.1$

3.6.5　碱-骨料反应

混凝土中的碱性氧化物（Na_2O、K_2O）与骨料中的活性二氧化硅、活性炭酸盐发生化学反应生成碱-硅酸盐凝胶或碱-碳酸盐凝胶，沉积在骨料与水泥胶体的界面上，吸水后体积膨胀 3 倍以上，导致混凝土开裂破坏。这种碱性氧化物和活性氧化硅之间的化学作用通常称为碱-集料反应。可通过碱-集料反应试验来检验混凝土试件在温度为 38 ℃ 及潮湿条件养护下，混凝土中的碱与集料反应所引起的膨胀是否具有潜在危害。

发生碱-集料反应必须同时具备以下三个必要条件：一是水泥中的碱（$K_2O + Na_2O$）含量高；二是骨料中存在碱活性矿物，如活性二氧化硅；三是环境潮湿，水分渗入混凝土。

可采取以下措施预防碱-集料反应或降低碱-集料反应的危害：

（1）检验混凝土骨料中的碱活性物质，尽量不使用碱活性骨料。

（2）使用碱含量小于0.60%的水泥，控制外加剂带入混凝土中的碱含量，并应控制混凝土中的碱含量，最高不超过3.0 kg/m³。

（3）掺加磨细的活性矿物掺合料。利用活性矿物掺合料，特别是硅灰与火山灰质混合材料，可吸收和消耗水泥中的碱，使碱-集料反应的产物均匀分布于混凝土中，而不致集中于骨料的周围，以降低膨胀应力。

（4）掺加引气剂，利用引气剂在混凝土内产生的微小气泡，使碱-集料反应的产物能分散嵌入这些微小的气泡内，以降低膨胀应力。

3.6.6 抗氯离子渗透性能

氯离子侵入混凝土钢筋表面，并达到一定的临界浓度时会引起钢筋锈蚀，钢筋锈蚀使其与混凝土的黏结力下降，同时产生的膨胀使保护层开裂破坏，最终导致整个结构的破坏。

《普通混凝土长期性能和耐久性能试验方法标准》（GB/T 50082—2009）中采用电通量法、快速氯离子迁移系数法来反映混凝土抗氯离子渗透性能。电通量法是用混凝土试件的电通量来反映混凝土抗氯离子渗透性能的试验方法。快速氯离子迁移系数法是通过测定混凝土中的氯离子的渗透深度，并计算得到氯离子迁移系数，以此来反映混凝土抗氯离子渗透性能的试验方法，简称RCM法。

《混凝土耐久性检验评定标准》（JGJ/T 193—2009）规定，当采用氯离子迁移系数来划分混凝土抗氯离子渗透性能等级时，应符合表3-24的要求，且混凝土测试龄期应为84 d；当采用电通量来划分混凝土抗氯离子渗透性能等级时，应符合表3-25的要求，且混凝土测试龄期宜为28d；当混凝土中的水泥混合材料与矿物掺合料之和超过胶凝材料用量的50%时，测试龄期可为56 d。

表3-24 混凝土抗氯离子渗透性能等级划分（RCM法）

等级	RCM-Ⅰ	RCM-Ⅱ	RCM-Ⅲ	RCM-Ⅳ	RCM-Ⅴ
氯离子迁移系数 $D_{RCM}/\times 10^{-12}\ m^2/s$	$D_{RCM} \geq 4.5$	$3.5 \leq D_{RCM} < 4.5$	$2.5 \leq D_{RCM} < 3.5$	$1.5 \leq D_{RCM} < 2.5$	$D_{RCM} < 1.5$

表3-25 混凝土抗氯离子渗透性能等级划分（电通量法）

等级	Q-Ⅰ	Q-Ⅱ	Q-Ⅲ	Q-Ⅳ	Q-Ⅴ
电通量 Q_s/C	$Q_s \geq 4000$	$2000 \leq Q_s < 4000$	$1000 \leq Q_s < 2000$	$500 \leq Q_s < 1000$	$Q_s < 500$

3.6.7 早期抗裂性能

《普通混凝土长期性能和耐久性能试验方法标准》（GB/T 50082—2009）规定，早期抗裂试验是采用尺寸为800 mm×600 mm×100 mm的平面薄板型试件，在规定的试验条件下，来测定其开裂的长度和宽度，并计算其开裂面积的。

《混凝土耐久性检验评定标准》（JGJ/T 193—2009）对混凝土早期抗裂性能进行了等级划分，应符合表3-26的规定。

表 3-26 混凝土早期抗裂性能等级划分

等级	L-Ⅰ	L-Ⅱ	L-Ⅲ	L-Ⅳ	L-Ⅴ
单位面积上的总开裂面积 c/（mm²/m²）	$c \geq 1000$	$700 \leq c < 1000$	$400 \leq c < 700$	$100 \leq c < 400$	$c < 100$

3.7 混凝土的质量控制和强度评定

混凝土材料是典型的多相复合材料，影响其性能的因素众多，因此实际工程中的质量控制较为困难。为确保混凝土材料在工程中的质量稳定与性能可靠，应严格控制影响其质量的诸因素，如原材料、计量、搅拌、运输、成型、养护等。对于已经生产或使用的混凝土，准确评定其质量状况则更为重要，因为混凝土的实际性能是确定工程质量的最基本保障，故工程实际中应正确掌握混凝土质量评定的方法。评定混凝土质量最为常用的指标是其强度指标。

《混凝土质量控制标准》（GB 50146—2011）明确规定混凝土的质量控制包括初步控制、生产控制和合格控制，其中初步控制主要包括组成材料的质量控制和混凝土配合比的确定与控制；生产控制主要包括生产过程中各组分的准确计量，混凝土拌合物的搅拌、运输、浇筑和养护等；合格控制主要包括按照生产批次对浇筑成型的混凝土的强度或其他性能指标进行检验评定和验收。

3.7.1 混凝土强度的波动规律

对同一种混凝土进行系统的随机抽样，测定其强度，以强度为横坐标，以某一强度出现的概率为纵坐标，绘制出的强度概率分布曲线一般为正态分布曲线，说明混凝土强度的波动规律符合正态分布，如图 3-20 所示。正态分布曲线的高峰对应的强度为强度平均值，以强度平均值为对称轴，距离对称轴越远，强度出现的概率值越小，最后逐渐趋近于零。曲线与横坐标之间围成的面积为概率的总和，等于 100%。对称轴两侧的强度出现的概率各为 50%。对称轴两侧的曲线上各有一个拐点，两个拐点距对称轴的距离相等，都等于强度标准差。在数理统计方法中，常用强度平均值、标准差、变异系数等统计参数来评定混凝土的质量。

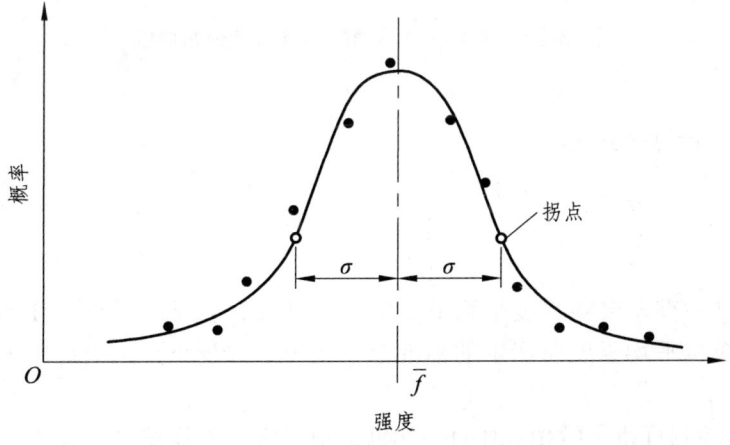

图 3-20 混凝土强度正态分布曲线

3.7.2 混凝土强度平均值、标准差、变异系数

1. 混凝土强度平均值

对同一批混凝土,在某一统计期内连续取样制作几组试件(每组 3 块),测得各组试件的立方体抗压强度代表值分别为 $f_{cu,1}, f_{cu,2}, \cdots, f_{cu,n}$,求算数平均值,可得平均强度 $m_{f_{cu}}$,即

$$m_{f_{cu}} = \frac{f_{cu,1} + f_{cu,2} + \cdots + f_{cu,n}}{n} = \frac{1}{n}\sum_{i=1}^{n} f_{cu,i} \tag{3-6}$$

2. 强度标准差

标准差 σ(又称均方差)是强度分布曲线上拐点距离强度平均值间的距离,σ 值越大,则强度频率分布曲线越宽而矮,说明强度的离散程度较大,混凝土的质量波动大,生产水平低。

$$\sigma = \sqrt{\frac{\sum_{i=1}^{n} f_{cu,i}^2 - n m_{f_{cu}}^2}{n-1}} \tag{3-7}$$

式中:n——试验组数;

$f_{cu,i}$——每一组试件的立方体抗压强度代表值。

标准差是正态分布曲线上两侧的拐点与对称轴的水平距离,它反映了强度离散程度(即波动程度)。σ 值越大,强度分布曲线越矮且宽,说明强度的波动越大,混凝土强度质量也越不稳定。图 3-21 为离散程度不同的两条强度分布曲线。标准差是评定混凝土质量均匀性的重要指标。

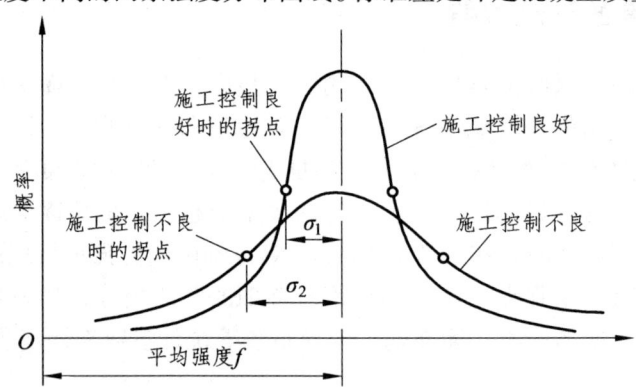

图 3-21 离散程度不同的两条强度分布曲线

3. 变异系数

变异系数 C_v 的计算公式为

$$C_v = \frac{\sigma}{m_{f_{cu}}}$$

混凝土的强度标准差会随强度平均值的增大而增大,它反映了绝对波动量的大小。而变异系数则反映了单位平均强度所产生的标准差。变异系数越小,说明混凝土的质量越稳定,质量控制越好。

《混凝土质量控制标准》(GB 50164—2011)中规定,根据统计周期内混凝土强度的值和强度保证率 P(%),生产单位的混凝土强度标准差要求见表 3-27。

第三章 混凝土

表 3-27 混凝土强度标准差

生产场所	强度标准差 σ /MPa		
	<C20	C20~C40	≥C45
预拌混凝土搅拌站 预制混凝土构件厂	≤3.0	≤3.5	≤4.0
施工现场搅拌站	≤3.5	≤4.0	≤4.5

3.7.3 混凝土强度保证率

在混凝土强度控制中，除了要考虑所生产的混凝土强度质量的稳定性外，还必须考虑符合设计要求的强度等级的合格率，及强度保证率。它是指在混凝土强度总体分布中，不小于设计要求的强度等级 $f_{cu,k}$ 的概率 P，如图 3-22 所示。

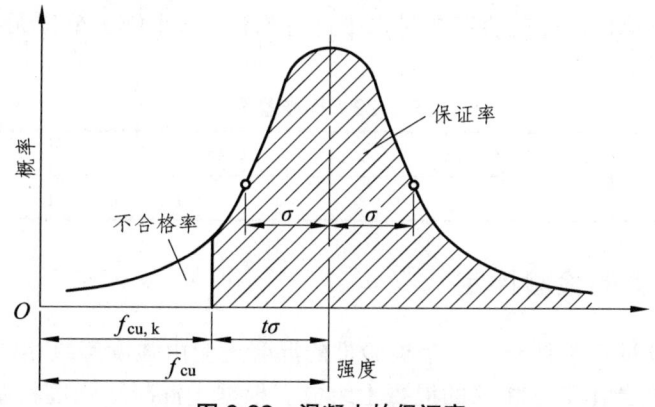

图 3-22 混凝土的保证率

强度保证率的计算方法如下：根据混凝土设计强度等级，强度平均值 m_f、标准差或变异系数计算概率度（强度保证率系数）t，再根据 t 值，由表 3-28 可查得强度保证率 P。

$$t = \frac{m_{f_{cu}} - f_{cu,k}}{\sigma} = \frac{m_{f_{cu}} - f_{cu,k}}{C_v \cdot m_{f_{cu}}}$$

表 3-28 不同 t 值的保证率 P

t	0.00	0.50	0.80	0.84	1.00	1.04	1.20	1.28	1.40	1.50	1.60
P/%	50.0	69.2	78.8	80.0	84.1	85.1	88.5	90.0	91.9	93.5	94.5
t	1.645	1.70	1.75	1.81	1.88	1.96	2.00	2.05	2.33	2.50	3.00
P/%	95.0	95.5	96.0	96.5	97.0	97.5	97.7	98.0	99.0	99.4	99.87

3.7.4 混凝土配制强度

根据强度保证率的含义，如果所配制混凝土的强度平均值与混凝土的设计强度等级相等，则其强度保证率只有 50%。因此，为了使混凝土达到所要求的强度保证率，必须使混凝土配制强度高于设计强度等级。

因 $m_{f_{cu}} = f_{cu,k} + t\sigma$ $C_v = \dfrac{\sigma}{m_{f_{cu}}}$

令 $$f_{cu,0} = m_{f_{cu}}$$

则 $$f_{cu,0} = f_{cu,k} + t\sigma \text{ 或 } f_{cu,0} = \frac{f_{cu,k}}{1-tC_v}$$

式中：$f_{cu,0}$——配制强度，MPa；

$f_{cu,k}$——混凝土设计强度等级，MPa。

根据强度保证率的要求及施工控制水平，确定出 t 和或值，用上式即可计算出混凝土的配制强度。从上式可以看出，若满足相同的强度保证率，施工控制水平越差者，混凝土配制强度越高，不利于节约水泥。

《混凝土结构工程施工规范》(GB 50666—2011)中规定，混凝土设计要求的强度保证率 P 为 95%，查表 3-28 得 t=1.654，则

$$f_{cu,0} = f_{cu,k} + 1.645\sigma$$

式中的值可根据施工单位以往的生产质量水平进行测算。如果施工单位无历史统计资料时，值也可按表 3-29 选定。

表 3-29 标准差值

混凝土轻度等级	≤C20	C25～C45	C50～C55
σ/MPa	4.0	5.0	6.0

3.7.5 混凝土强度的检验评定

混凝土强度应分批检验评定。一个检验批的混凝土应由强度等级相同、试验龄期相同以及生产工艺条件和配合比基本相同的混凝土组成。根据《混凝土强度检验评定标准》(GB/T 50107—2010)的规定，混凝土强度检验评定方法可分为统计方法和非统计方法两种。对于大批量、连续生产的混凝土的强度，应按统计方法评定；对于小批量或零星生产的混凝土的强度，可按非统计方法评定。

1. 统计方法评定

由于混凝土的生产条件不同，混凝土强度的稳定性也不同，统计方法评定又分为以下两种情况。

（1）标准差已知时的统计评定方法。

当混凝土的生产条件在较长时间内能保持一致，且同一品种混凝土的强度变异性能保持稳定时，标准差可根据前一时期生产积累的同类混凝土强度数据来确定。每批混凝土的强度标准差可按常数考虑。强度评定应由连续的三组试件组成一个检验批，其强度应同时满足下列要求：

$$m_{f_{cu}} \geq f_{cu,k} + 0.7\sigma_0$$
$$f_{cu,min} \geq f_{cu,k} - 0.76\sigma_0$$

式中：$m_{f_{cu}}$——同一检验批混凝土立方体抗压强度的平均值，MPa，精确至 0.1 MPa；

$f_{cu,k}$——混凝土立方体抗压强度标准值，MPa，精确至 0.1 MPa；

σ_0——同一检验批混凝土立方体抗压强度的标准差，MPa，精确至 0.01 MPa，当计算值小于 2.5 MPa 时，应取 2.5 MPa；

$f_{cu,min}$——同一检验批混凝土立方体抗压强度的最小值,MPa,精确至 0.1 MPa。

同一检验批混凝土立方体抗压强度的标准差的计算公式为:

$$\sigma_0 = \sqrt{\frac{\sum_{i=1}^{n} f_{cu,i}^2 - nm_{f_{cu}}^2}{n-1}}$$

式中:$f_{cu,i}$——前一个检验期内同一品种、同一强度等级的第 i 组混凝土试件的立方体抗压强度代表值,MPa,精确至 0.1 MPa,该检验期应不小于 60 d,也不得大于 90 d;

n——前一检验期内的样本容量,在该检验期内样本容量不应少于 45。

当混凝土强度等级不高于 C20 时,其强度最小值应同时满足下式要求:

$$f_{cu,min} \geq 0.85 f_{cu,k}$$

当混凝土强度等级高于 C20 时,其强度最小值应同时满足下式要求:

$$f_{cu,min} \geq 0.90 f_{cu,k}$$

(2)标准差未知时的统计评定方法。

当混凝土的生产连续性较差,在生产中无法维持基本相同的生产条件,或生产周期较短,无法累积强度数据以确定检验混凝土的标准差时,检验评定只能直接以每一个检验批抽样的样本强度数据为依据。具体评定时,应由不少于 10 组的试件组成一个检验批,其强度应同时满足下列公式要求:

$$m_{f_{cu}} \geq f_{cu,k} + \lambda_1 S_{f_{cu}}$$

$$f_{cu,min} \geq \lambda_2 f_{cu,k}$$

式中:$S_{f_{cu}}$——同一检验批混凝土立方体抗压强度标准差,MPa,精确到 0.01 MPa,当计算值小于 2.5 MPa 时,应取 2.5 MPa;

λ_1, λ_2——合格评定系数,按表 3-30 取值。

表 3-30 混凝土强度的合格评定系数

试件组数	10~14	15~19	≥20
λ_1	1.15	1.05	0.95
λ_2	0.90	0.85	

同一检验批混凝土立方体抗压强度的标准差的计算公式为:

$$S_{f_{cu}} = \sqrt{\frac{\sum_{i=1}^{n} f_{cu,i}^2 - nm_{f_{cu}}^2}{n-1}}$$

式中:n——本检验期内的样本容量。

2. 非统计方法评定

当用于评定的混凝土试件组数少于 10 组时,采用非统计方法评定混凝土强度,其强度应同时满足下列条件要求:

$$m_{f_{cu}} \geq \lambda_3 f_{cu,k}$$

$$f_{cu,min} \geq \lambda_4 f_{cu,k}$$

式中：λ_3, λ_4——合格评定系数，按表 3-31 取值。

表 3-31 混凝土强度的非统计法合格评定系数

混凝土强度等级	<C60	≥C60
λ_3	1.15	1.10
λ_4	0.95	

3. 混凝土强度的合格性评定

当检验结果能满足上述规定时，该批混凝土强度评为合格；反之，则评为不合格。对评定为不合格批的混凝土，可按国家现行的有关标准处理。

3.8 混凝土配合比设计

混凝土配合比是指混凝土中所用各种组成材料之间的数量比例关系，设计混凝土配合比就是要确定混凝土中各组成材料的相对用量，使得按此用量拌和的混凝土能够满足各种基本要求。

混凝土配合比通常用以下两种方法表示：一种是以 1 m³ 混凝土中所用各材料的质量来表示，如水泥 300 kg、水 183 kg、砂 780 kg、石子 1290 kg、矿物掺合料 120 kg 等；另一种是以混凝土中各材料间的质量比来表示，假设水泥质量为 1，可将上例换算成质量比为水泥∶砂∶石∶水∶掺合料=1∶2.6∶4.3∶0.61∶0.40。

3.8.1 混凝土配合比设计的基本要求与设计参数

1. 混凝土配合比设计的基本要求

普通混凝土配合比设计的任务就是根据原材料的技术性能及施工条件，合理选择原材料，并确定能满足工程所要求的各项组成材料的用量。进行混凝土配合比设计应满足以下几项要求：

（1）满足混凝土结构设计所确定的强度等级要求。

（2）满足混凝土施工所需要的和易性要求。

（3）满足混凝土使用时的耐久性要求。

（4）在满足上述要求的前提下，注意节约水泥，降低成本。

2. 混凝土配合比设计参数

混凝土配合比设计的目的就是确定水泥、水、砂、石、矿物掺合料和外加剂这 6 种材料的用量。在设计过程中，要确定这些材料用量之间的三个比例关系，即水灰比、砂率、单位用水量，通过这三个比例关系来控制配合比，确定材料间的相对用量。

水灰比、砂率、单位用水量是混凝土配合比的三个重要参数，它们与混凝土的各项性能之间有着密切的关系。在配合比设计中，正确地确定这三个参数，就能使混凝土满足设计要求。

3.8.2 混凝土配合比设计的步骤

混凝土配合比设计一般要经过 4 个步骤：初步配合比、基准配合比、试验室配合比、施工配合比。

初步配合比是在掌握原材料的特征、混凝土的各项技术要求、施工方法、施工管理质量水平、混凝土结构特征、混凝土所处的环境条件等基本资料的基础上,利用经验公式和图表按混凝土的技术要求进行初步计算,得出的理论配合比。

基准配合比是在初步配合比的基础上,经试拌对和易性进行调整,得到的符合和易性要求的配合比。

试验室配合比是在基准配合比的基础上,经强度复核获得的配合比。

施工配合比是在试验室配合比的基础上,根据工地砂、石的实际含水情况对试验室配合比进行修正得到的配合比。

1. 初步配合比的计算

(1)确定配制强度。

配制强度按本章 3.7.4 节介绍的方法进行计算。

(2)确定水灰比。

《普通混凝土配合比设计规程》(JGJ 55—2011)中规定,当混凝土强度等级小于 C60 时,混凝土的水灰比(W/B)的计算公式为:

$$\frac{W}{B} = \frac{\alpha_a f_b}{f_{cu,0} + \alpha_a \alpha_b f_b}$$

式中:α_a, α_b ——回归系数;

f_b ——胶凝材料 28 d 胶砂抗压强度,MPa。

回归系数可根据工程使用的原材料,通过试验建立的水灰比与混凝土强度关系式来确定。若无试验统计资料,则按表 3-32 取值。

表 3-32 回归系数取值表

回归系数	粗骨料品种	
	碎石	卵石
α_a	0.53	0.49
α_b	0.20	0.18

胶凝材料的 28 d 胶砂抗压强度可按《水泥胶砂强度检验方法(ISO)法》(GB/T 17671—1999)规定的试验方法实测获得,无实测值时,计算公式为:

$$f_b = \gamma_f \gamma_s f_{ce}$$

式中:γ_f, γ_s ——粉煤灰影响系数和粒化高炉矿渣粉影响系数,可按表 3-33 取值;

f_{ce} ——水泥 28d 胶砂抗压强度,MPa。

水泥 28 d 胶砂抗压强度可由实测获得,若无实测值可按下式计算:

$$f_{ce} = \gamma_c f_{ce,g}$$

式中:γ_c ——水泥强度等级的富余系数,可按实际统计资料确定,当缺乏统计资料时,可按表 3-34 取值;

$f_{ce,g}$ ——水泥强度等级值,MPa。

表 3-33 粉煤灰影响系数和粒化高炉矿渣粉影响系数

掺量/%	粉煤灰影响系数 γ_f	粒化高炉矿渣粉影响系数 γ_s
0	1.00	1.00
10	0.85~0.95	1.00
20	0.75~0.85	0.95~1.00
30	0.65~0.75	0.90~1.00
40	0.55~0.65	0.80~0.90
50	—	0.70~0.85

注：1. 采用Ⅰ、Ⅱ级粉煤灰时宜取上限值。
  2. 采用S75级粒化高炉矿渣粉时宜取下限值，采用S95级粒化高炉矿渣粉时宜取上限值，采用S105级粒化高炉矿渣粉时可取上限值加0.05。
  3. 当超出表中的掺量时，粉煤灰和粒化高炉矿渣粉影响系数应经实验确定。

表 3-34 水泥强度等级值的富余系数

水泥强度等级值	32.5	42.5	52.5
富余系数	1.12	1.16	1.10

按以上方法计算出的水灰比能满足强度要求，《混凝土结构设计规范》(GB 50010—2010)中根据不同环境下使用的混凝土的耐久性要求，限定了水灰比的最大限制，见表3-35，取两者中较小的水灰比为确定的水灰比。

表 3-35 混凝土的最大水灰比

环境类别	环境条件	最大水灰比
一	室内干燥环境； 无侵蚀性静水浸没环境	0.60
二 a	室内潮湿环境； 非严寒和非寒冷地区的露天环境； 非严寒和非寒冷地区与无侵蚀性的水或土壤直接接触的环境； 严寒和非寒冷地区的冰冻线以下与无侵蚀性的水或土壤直接接触的环境	0.55
二 b	干湿交替环境； 水位频繁变动的环境； 严寒和寒冷地区的露天环境； 严寒和非寒冷地区的冰冻线以上与无侵蚀性的水或土壤直接接触的环境	0.50 (0.55)
三 a	严寒和寒冷地区冬季水位变动区环境； 受除冰盐影响的环境； 海风环境	0.45 (0.50)
三 b	盐渍土环境； 受除冰盐影响的环境； 海岸环境	0.40

注：1. 素混凝土构件的水灰比的要求可适当放宽。
  2. 处于严寒和寒冷地区二b、三a类环境中的混凝土应使用引气剂，并可采用括号中的有关参数。
  3. 配制C15级及以下等级的混凝土，最小胶凝材料用量可不受本表限制。

（3）确定单位用水量。

对干硬性和塑性混凝土，当水灰比为0.40~0.80时，单位用水量可根据粗骨料的品种、粒径及施工要求的混凝土拌合物稠度按表 3-36、表 3-37 选取。水灰比小于 0.40 的混凝土用水量可通过试验确定。

表 3-36 干硬性混凝土的用水量

项目	拌合物稠度 指标	卵石最大公称粒径			碎石最大公称粒径		
		10 mm	20 mm	40 mm	16 mm	20 mm	40 mm
维勃稠度	16～20 s	175	160	145	180	170	155
	11～15 s	180	165	150	185	175	160
	16～20 s	185	170	155	190	180	165

表 3-37 塑形混凝土的用水量

项目	拌合物稠度 指标	卵石最大公称粒径				碎石最大公称粒径			
		10 mm	20 mm	31.5 mm	40 mm	16 mm	20 mm	31.5 mm	40 mm
坍落度	10～30 mm	190	170	160	150	200	185	175	165
	35～50 mm	200	180	170	160	210	195	185	175
	55～70 mm	210	190	180	170	220	205	195	185
	75～90 mm	215	195	185	175	230	215	205	195

注：1. 本表用水量系采用中砂时的平均值。采用细砂时，每 1 m³ 的混凝土用水量可增加 5～10 kg；采用粗砂时，则可减少 5～10 kg。
  2. 掺用各种外加剂和掺合料时，用水量可相应调整。

对于流动性或大流动性混凝土，以表 3-37 中坍落度为 90 mm 的用水量为基础，按坍落度每增大 20 mm 用水量增加 5 kg/m³ 的标准，计算出未掺加外加剂时的混凝土的单位用水量。当坍落度增大到 180 mm 或更大时，随坍落度相应增加的用水量可减少。掺加外加剂时的混凝土单位用水量可按下式计算

$$m_{w0} = m'_{w0}(1-\beta)$$

式中：m_{w0}——混凝土的单位用水量，kg/m³；

   m'_{w0}——未掺加外加剂时推定的满足坍落度要求的混凝土的单位用水量，kg/m³；

   β——外加剂的减水率，%，应经混凝土试验确定。

（4）计算胶凝材料用量。

1 m³ 混凝土中的胶凝材料用量按下式计算：

$$m_{b0} = \frac{m_{w0}}{W/B}$$

为了保证耐久性要求，胶凝材料用量还应满足表 3-38 的要求。如果计算出的胶凝材料用量小于规定的最小胶凝材料用量，则按最小胶凝材料用量取值。

表 3-38 混凝土的最小胶凝材料用量

最大水胶比	最小胶凝材料用量		
	素混凝土/（kg/m³）	钢筋混凝土/（kg/m³）	预应力混凝土/（kg/m³）
0.60	25	280	300
0.55	280	300	300
0.50	320		
≤0.45	320		

(5)计算矿物掺合料用量。

1 m³ 混凝土中的矿物掺合料量 m_{f0} 按下式计算

$$m_{f0} = m_{b0}\beta_f$$

式中:β_f——矿物掺合料掺量,%,通过试验并结合表 3-39、表 3-40 确定。

表 3-39 钢筋混凝土中矿物掺合料的最大掺量

矿物掺合料的种类	水胶比	最大掺量	
		采用硅酸盐水泥/%	采用普通硅酸盐水泥/%
粉煤灰	≤0.40	45	35
	>0.40	40	30
粒化高炉矿渣粉	≤0.40	65	55
	>0.40	55	45
钢渣粉	—	30	20
磷渣粉	—	30	20
硅灰	—	10	10
复合掺合料	≤0.40	65	55
	>0.40	55	45

注:1. 采用其他通用硅酸盐水泥时,宜将水泥混合材掺量 20% 以上的混合材量计入矿物掺合料。
2. 复合掺合料各组分的掺量不宜超过单掺时的最大掺量。
3. 在混合使用两种或两种以上矿物掺合料时,矿物掺合料的总掺量应符合表中复合掺合料的规定。

表 3-40 预应力混凝土中矿物掺合料的最大掺量

矿物掺合料的种类	水胶比	最大掺量	
		采用硅酸盐水泥/%	采用普通硅酸盐水泥/%
粉煤灰	≤0.40	35	30
	>0.40	25	20
粒化高炉矿渣粉	≤0.40	55	45
	>0.40	45	35
钢渣粉	—	20	10
磷渣粉	—	20	10
硅灰	—	10	10
复合掺合料	≤0.40	55	45
	>0.40	45	35

注:1. 采用其他通用硅酸盐水泥时,宜将水泥混合材掺量的 20% 以上的混合材量计入矿物掺合料。
2. 复合掺合料各组分的掺量不宜超过单掺时的最大掺量。
3. 在混合使用两种或两种以上矿物掺合料时,矿物掺合料总掺量应符合表中复合掺合料的规定。

(6)计算水泥用量。

1 m³ 混凝土中的水泥用量 m_{c0} 按下式计算

$$m_{c0} = m_{b0} - m_{f0} \qquad (3-19)$$

第三章　混凝土

（7）计算外加剂用量。

1 m³ 混凝土中的水泥用量 m_{a0} 按下式计算

$$m_{a0} = m_{b0}\beta_\alpha \tag{3-20}$$

式中：β_α——外加剂的掺量，%，经混凝土试验确定。

（8）确定砂率。

合理的砂率值主要根据骨料的技术指标、混凝土拌合物性能和施工要求，并参考既有历史资料来确定。

当无历史资料可参考时，混凝土砂率的确定应符合下列规定：

① 坍落度小于 10 mm 的混凝土，其砂率应经试验确定。

② 坍落度为 10～60 mm 的混凝土，其砂率可以根据粗骨料品种、最大公称粒径及水灰比按表 3-41 选取。

③ 坍落度大于 60 mm 的混凝土，其砂率可经试验确定，也可在表 3-41 的基础上，按坍落度每增大 20 mm、砂率增加 1% 的幅度予以调整。

表 3-41　混凝土砂率选用表

水灰比 (W/C)	卵石最大粒径/mm			碎石最大粒径/mm			
	10	20	40（31.5）	16	20	31.5	40
0.40	26～32	25～31	24～30	30～35	29～34	28～33	27～32
0.50	30～35	29～34	28～33	33～38	32～37	31～36	30～35
0.60	33～38	32～37	31～36	36～41	35～40	34～39	33～38
0.70	36～41	35～40	34～39	39～44	38～43	37～42	36～41

注：1. 本表数值是中砂的选用砂率，对于细砂或粗砂，可相应减小或增大砂率。
　　2. 只用一个单粒级粗骨料配制混凝土时，砂率应适当增大。
　　3. 采用人工砂配制混凝土时，砂率可适当增大。

（9）计算粗骨料和细骨料用量。

粗、细骨料的用量可用质量法或体积法来计算。

① 质量法。质量法又称假定表观密度法，当原材料的性能相对稳定时，所配制的混凝土拌合物的表观密度基本不变，这样可以先假设一个混凝土拌合物的表观密度，这个表观密度值可在 2350～2450 kg/m³ 间选取。该法假定混凝土拌合物的质量等于混凝土各组成材料质量之和，与砂率的计算式联立求解，即可得出粗、细骨料的用量。联立式为：

$$\begin{cases} m_{f0} + m_{c0} + m_{g0} + m_{s0} + m_{w0} = m_{cp} \\ \beta_s = \dfrac{m_{s0}}{m_{s0} + m_{g0}} \times 100\% \end{cases} \tag{3-21}$$

式中：m_{f0}——1m³ 混凝土中的掺合料用量，kg/m³；
　　　m_{c0}——1m³ 混凝土中的外加剂用量，kg/m³；
　　　m_{g0}——1m³ 混凝土中的粗骨料用量，kg/m³；
　　　m_{s0}——1m³ 混凝土中的细骨料用量，kg/m³；
　　　m_{w0}——混凝土的单位用水量，kg/m³；

m_{cp}——1m³ 混凝土拌合物的假定质量，kg/m³；

β_s——砂率，%。

② 体积法。体积法又称绝对体积法，它是假定混凝土拌合物的体积，等于各组成材料在混凝土中所占的体积和混凝土拌合物中所含的空气体积之和，与砂率的计算式联立求解，即可得出粗、细骨料的用量。联立式为：

$$\begin{cases} \dfrac{m_{f0}}{\rho_f} + \dfrac{m_{c0}}{\rho_c} + \dfrac{m_{g0}}{\rho_g} + \dfrac{m_{s0}}{\rho_s} + \dfrac{m_{w0}}{\rho_w} + 0.01\alpha = m_{cp} \\ \beta_s = \dfrac{m_{s0}}{m_{s0} + m_{g0}} \times 100\% \end{cases} \quad (3\text{-}22)$$

式中：ρ_f——矿物掺合料密度，kg/m³；

ρ_c——水泥密度，kg/m³；

ρ_g——粗骨料的表观密度，kg/m³；

ρ_s——细骨料的表观密度，kg/m³；

ρ_w——水的密度，kg/m³，可取 1 000 kg/m³；

α——混凝土的含气量百分数，在不使用引气剂或引气型外加剂时，可取 1。

通过以上步骤得到的 1 m³ 混凝土中各项材料的用量，可作为混凝土的初步配合比。因为这个初步配合比是利用经验公式或经验资料获得的，所以由此配成的混凝土有可能不符合实际要求，还须对配合比进行试配、调整，进而确定基准配合比和试验室配合比。

2. 基准配合比的确定

先按计算得出的初步配合比试拌，检查该混凝土拌合物的和易性是否符合要求。试拌时应采用强制式搅拌机搅拌，搅拌方法宜与施工时使用的方法相同。当所用骨料的最大公称粒径不大于 31.5 mm 时，试配的最小拌合量为 20 L；当最大公称粒径为 40 mm 时，试配的最小拌合量为 25 L。同时，搅拌量不应小于搅拌机公称容量的 1/4，且不应大于公称容量。

在试拌调整和易性的过程中，保持强度不变，即初步配合比的水灰比保持不变，通过调整其他参数使混凝土拌合物的坍落度及和易性等性能满足施工要求。若试拌的混凝土混合料流动性小于要求值，可保持水灰比不变，适当增加胶凝材料浆量或调整外加剂的用量；若流动性大于要求值，可保持砂率不变，适当增加砂、石用量。若黏聚性或保水性不合格，则应适当增加砂率。调整到满足和易性要求后，修正初步配合比，提出基准配合比。

3. 试验室配合比的确定

（1）制作强度试件。

基准配合比可满足和易性的要求，在基准配合比的基础上，要进行强度的试验和调整。进行强度试验时，采用三个不同的配合比，其中一个是基准配合比，另外两个配合比的胶水比可比试拌配合比分别增加和减少 0.05，其用水量与试拌配合比相同，砂率可分别增加或减小 1%。每个配合比至少按标准方法制作一组（三块）试件，标准养护 28 d 后试压。

（2）确定达到配制强度时的胶水比与胶凝材料用量。

将按上述三个配合比制作的试件的强度值与其相应的胶水比绘制成关系图，见图 3-23。混凝土强度与胶水比呈线性关系，在图中可求出相对应的 B/W，即满足强度要求的胶水比。

胶凝材料用量以用水量与选定的胶水比的乘积来确定。

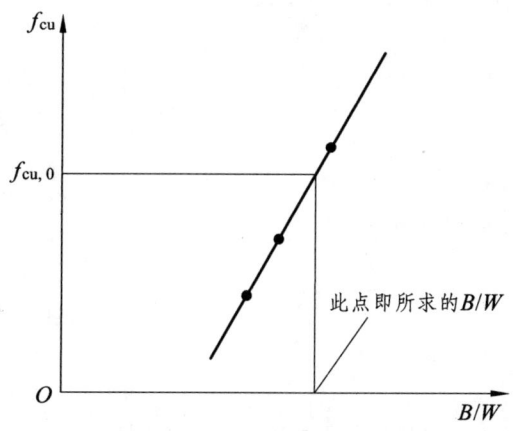

图 3-23　混凝土强度与胶水比的关系

（3）校正混凝土表观密度以确定试验室配合比。

经试配、调整后得到的配合比，还应根据实测的混凝土拌合物的表观密度进行校正，以确定 1 m³ 混凝土拌合物的各材料用量。

首先计算出混凝土拌合物的计算表观密度，计算公式为：

$$\rho_{c,c} = m_w + m_c + m_g + m_s + m_f \tag{3-23}$$

然后计算混凝土配合比校正系数，计算公式为：

$$\delta = \frac{\rho_{c,t}}{\rho_{c,c}} \tag{3-24}$$

当混凝土表观密度实测值 $\rho_{c,t}$ 与计算值 $\rho_{c,c}$ 之差的绝对值不超过计算值的 2% 时，由以上步骤确定的配合比即试验室配合比；当两者之差超过计算值的 2% 时，应将配合比中的各项材料用量均乘以校正系数 δ。

（4）测定氯离子含量与检验耐久性。

配合比调整后，应测定拌合物水溶性氯离子含量，试验结果应符合表 3-42 的规定。对耐久性有设计要求的混凝土，应进行相关的耐久性试验。

表 3-42　混凝土拌合物中水溶性氯离子最大含量

环境条件	水溶性氯离子最大含量/%，水泥用量的质量百分比		
	钢筋混凝土	预应力混凝土	素混凝土
干燥环境	0.30	0.06	1.00
潮湿但不含氯离子的环境	0.20		
潮湿且含氯离子的环境、盐渍土环境	0.10		
除冰盐等侵蚀性物质的腐蚀环境	0.06		

4. 施工配合比的确定

混凝土试验室配合比中的砂、石是在干燥状态下计量的，然而工地上使用的砂、石都含有一定的水分。因此，工地实际使用的砂、石称量用量应按砂、石的含水情况进行修正，同时用水量也应做相应修正，修正后的 1 m³ 混凝土中的各材料用量称为施工配合比。假定工地上使用的砂的含水率为 a，石子的含水率为 b，则将上述试验室配合比换算为施工配合比，各材料的称量用量应为：

$$m'_f = m_f$$
$$m'_c = m_c$$
$$m'_s = m_s(1+a)$$
$$m'_g = m'_b(1+b)$$
$$m'_w = m_w - (m_s a + m_g b)$$

3.9 其他混凝土

3.9.1 轻混凝土

干表观密度小于 1 950 kg/m³ 的混凝土称为轻混凝土。轻混凝土依据原材料与制造方法的不同，可分为轻骨料混凝土、多孔混凝土和大孔混凝土三大类。

1. 轻骨料混凝土

轻骨料是指堆积密度不大于 1 200 kg/m³ 的粗、细骨料的总称。轻骨料混凝土是指用轻粗骨料、轻细骨料（或普通砂）和水泥配制而成的干表观密度不大于 1 950 kg/m³ 的混凝土。轻骨料混凝土按细骨料种类又分为全轻混凝土（粗、细骨料均为轻骨料）和砂轻混凝土（细骨料全部或部分为普通砂）。

轻骨料按其来源可分为以下三类。

天然轻骨料：由火山爆发形成的多孔岩石经破碎、筛分而制成的轻骨料，如浮石、火山渣等。

人造轻骨料：采用无机材料经加工制粒、高温焙烧而制成的轻粗骨料（陶粒等）及轻细骨料（陶砂等）。

工业废渣轻骨料：由工业副产品或固体废弃物经破碎、筛分而制成的轻骨料，如煤矸石、煤渣等。

与普通混凝土相比，轻骨料混凝土的表观密度小、强度和弹性模量低、极限应变大、热膨胀系数小、收缩和徐变大，具有自重轻，保温性能、抗震性能和耐火性能好的特点。轻骨料混凝土在工程中有保温、结构保温和结构三个方面的用途，适用于一般承重构件预应力钢筋混凝土结构，特别适用于高层及大跨度建筑。它可降低钢筋混凝土结构质量 30%～50%，减少结构基础的处理费用，改善建筑物的保温和抗震性能，同时还可以降低工程造价。

轻骨料混凝土可用于保温、结构保温、结构三方面，见表 3-43。

表 3-43 轻骨料混凝土用途

混凝土名称	用途	强度等级合理范围	密度等级合理范围
保温轻骨料混凝土	主要用于保温的围护结构或热工构筑物	CL5.0	800
结构保温轻骨料混凝土	主要用于既承重又保温的围护结构	CL5.0～CL15	800～1400
结构轻骨料混凝土	主要用于承重构件或构筑物	CL15～CL50	1400～1900

2. 多孔混凝土

多孔混凝土是一种不含骨料且内部分布着大量细小封闭孔隙的轻混凝土，根据孔的形成方式，可分为加气混凝土和泡沫混凝土两种。

（1）加气混凝土。

加气混凝土是以硅质材料（砂、粉煤灰及含硅尾矿等）和钙质材料（石灰、水泥）为主原料，掺加发气剂（铝粉），通过配料、搅拌、浇注、预养、切割、蒸压养护（在 0.8~1.5 MPa 下养护 6~8 h）等工艺过程制成的轻质多孔硅酸盐制品。加气混凝土按用途可分为非承重块、承重砌块、保温块、墙板与屋面板5种。加气混凝土孔隙率为 70%~80%，表观密度为 300~1 200 kg/m³，抗压强度为 0.5~7.5 MPa。加气混凝土孔隙率大，吸水率高，强度较低，保温性较好，便于加工，是我国推广应用最早、使用最广泛的轻质墙体材料之一。

（2）泡沫混凝土。

泡沫混凝土是以水泥浆和泡沫剂为主要原材料制成的一种多孔混凝土，首先通过机械制泡的方法将发泡剂制成泡沫，然后将泡沫加入水泥浆中形成泡沫浆体，经混合搅拌、浇注成型、养护，最后形成含有大量气孔的轻质多孔材料。它的性能和应用都和加气混凝土相近，还可现场浇注施工，提高整体性。

3. 大孔混凝土

大孔混凝土是以粒径相近的粗骨料、水泥和水等配制而成的混凝土，包括不用砂的无砂大孔混凝土和为提高强度而加入少量砂的少砂大孔混凝土。大孔混凝土的水泥浆用量很少，作用是包裹粗骨料的表面和胶结粗骨料，而不是填充粗骨料的空隙。

无砂大孔混凝土根据所用骨料品种的不同，可将其分为普通骨料制成的普通大孔混凝土和轻骨料制成的轻骨料大孔混凝土。前者用天然碎石、卵石配制而成，其表观密度为 1500~1 900 kg/m³，抗压强度为 3.5~10.0 MPa；后者用陶粒、浮石、碎砖等轻骨料配制而成，其表观密度为 800~1 500 kg/m³，抗压强度为 3.5~7.5 MPa。

大孔混凝土的导热系数小，保温性能好，吸湿性差，收缩比普通混凝土小 20%~50%，抗冻性可达 15~20 次冻融循环，可用于制作墙体用的小型空心砌块和各种板材，也可用于现浇墙体。

3.9.2 泵送混凝土

泵送混凝土已逐渐成为混凝土施工中一个常用的品种。它具有施工速度快、质量好、节省人工、施工方便等特点，因此广泛应用于一般房建结构混凝土、道路混凝土、大体积混凝土、高层建筑等工程。

泵送混凝土是拌合物的坍落度不低于 100 mm 并用混凝土泵通过管道输送拌合物的混凝土。

泵送混凝土要求其流动性好，骨料粒径一般不大于管径的四分之一，需加入防止混凝土拌合物在泵送管道中离析和堵塞的泵送剂，以及使混凝土拌合物能在泵压下顺利通行的外加剂、减水剂、塑化剂、加气剂以及增稠剂等均可用作泵送剂。加入适量的混合材料（如粉煤灰等），可避免混凝土施工中拌和料分层离析、泌水和堵塞输送管道。

泵送混凝土的原料中，粗骨料宜优先选用（卵石）。

3.9.3 高强混凝土

一般把强度等级为 C60 及以上的混凝土称为高强混凝土，C100 强度等级以上的混凝土称为超高强混凝土。它是用水泥、砂、石原材料外加减水剂或同时外加粉煤灰、矿粉、矿渣、硅粉等混合料，经常规工艺生产而获得的混凝土。

高强混凝土作为一种新的建筑材料，以其抗压强度高、抗变形能力强、密度大、孔隙率低的优越性，在高层建筑结构、大跨度桥梁结构以及某些特种结构中得到广泛的应用。高强混凝土最大的特点是抗压强度高，一般为普通强度混凝土的 4~6 倍，故可减小构件的截面，因此最适宜用于高层建筑。试验表明，在一定的轴压比和合适的配箍率情况下，高强混凝土框架柱具有较好的抗震性能。而且柱截面尺寸减小，减轻自重，避免短柱，对结构抗震也有利，而且提高了经济效益。高强混凝土材料为预应力技术提供了有利条件，可采用高强度钢材和人为控制应力，从而大大地提高了受弯构件的抗弯刚度和抗裂度。因此，世界范围内越来越多的工程采用施加预应力的高强混凝土结构，以应用于大跨度房屋和桥梁中。此外，高强混凝土由于具有密度大的特点，可用作建造承受冲击和爆炸荷载的建（构）筑物，如原子能反应堆基础等。高强混凝土还由于具有抗渗性能强和抗腐蚀性能强的特点，可用于建造具有高抗渗和高抗腐蚀要求的工业用水池等。可通过以下途径来配制高强混凝土：

（1）改善原材料性能，如：采用高品质水泥，水泥的强度等级不低于 42.5 级；选用致密坚硬、级配良好的骨料；掺用高效减水剂；掺入超细活性掺合料；等等。

（2）优化配合比，普通混凝土配合比设计的"强度-水灰比"关系式在这里不再适用，必须通过试配优化后确定。

（3）加强生产质量管理，严格控制每个生产环节。

目前，我国应用较广的是 C60~C80 高强混凝土，主要用于桥梁、轨枕、高层建筑的基础和柱、输水管、预应力管桩等。

3.9.4 高性能混凝土

高性能混凝土目前还没有统一的定义，它是一种以耐久性作为主要设计指标，按使用环境、用途和施工方式的不同，有针对性地保证混凝土的体积稳定性（即混凝土在凝结硬化过程中的沉降与塑性开裂、温升与温度变形、自收缩、干缩、徐变等）、耐久性（抗渗性、抗冻性、抗侵蚀性、抗炭化、抗碱-集料反应、抗磨损等）、强度、抗疲劳性、和易性、适用性等，具有较长使用寿命的混凝土。除耐久性和体积稳定性外，高性能混凝土的其他性能可以随使用环境、用途和施工方式的不同而变化。一般认为，高性能混凝土不一定是高强混凝土。

高性能混凝土所用的骨料的针、片状颗粒含量不宜过多，粒径不宜超过 26.5 mm，级配要好，黏土等杂质要少，同时应掺加高效减水剂、较大量或大量地具有适当细度的活性矿物掺合料，并且宜掺加引气剂。此外，还需控制混凝土的拌和用水量不应过多，浆集比应在 35∶65 左右，以此来保证混凝土拌合物的和易性更好、体积稳定性和耐久性更强、密实度和强度更高。

3.9.5 纤维混凝土

纤维混凝土是一种以普通混凝土为基材，加各种短切纤维材料而制成的纤维增强混凝土，在普通混凝土中掺入纤维的目的是有效降低混凝土的脆性，提高其抗拉、抗弯、抗冲击、抗裂等性能。纤维混凝土主要用于路面、桥面、飞机跑道、断面较薄的轻型结构、压力管道、屋面板、墙板等。

混凝土中掺用的短切纤维品种很多，若按纤维的弹性模量划分，可分为低弹性模量纤维（如尼龙纤维、聚乙烯纤维、聚丙烯纤维等）和高弹性模量纤维（如钢纤维、碳纤维、玻璃纤维等）两类。土木工程中应用较多的有钢纤维增强混凝土、玻璃纤维增强混凝土、聚丙烯纤维增强混凝土以及碳纤维增强混凝土。

在纤维混凝土中，纤维的掺量、长径比、弹性模量、耐碱性等对其性能有很大的影响。例如：低弹性模量纤维能提高冲击韧性，但对抗拉强度影响不大；高弹性模量纤维能显著提高抗拉强度。

3.9.6 喷射混凝土

喷射混凝土是指利用压缩空气，借助喷射机械，把按一定标准配比的速凝混凝土高速高压喷向岩石或结构物表面，从而在被喷射面形成混凝土层，使岩石或结构物得到加强和保护。

按混凝土在喷嘴处的状态，喷射混凝土喷射施工可分为干法和湿法两种工艺。将水泥、砂、石按一定配合比例拌和而成的混合料装入喷射机内，送至喷嘴处加水加压喷出，称为干式喷射混凝土；将水泥、砂、石加水拌和成混凝土混合物，输送至喷嘴处加压喷出，称为湿式喷射混凝土。

喷射混凝土一般须掺加速凝剂等外加剂。使用速凝剂的主要目的是使喷射混凝土速凝快硬，减少混凝土的回弹损失，防止喷射混凝土因重力作用而引起脱落，也可以适当增加一次喷射厚度和缩短喷射层间的间隔时间。

喷射混凝土由于高速喷射于基层材料上，因而混凝土与基层材料能紧密地黏结在一起，黏结强度高，可接近于混凝土的抗拉强度。喷射混凝土具有较高的抗渗性和良好的抗冻性。喷射混凝土主要用于隧道工程、地下工程等的支护，坡边、坝堤等岩体工程的护面，薄壁与薄壳工程，修补与加固工程等。

3.9.7 聚合物混凝土

聚合物混凝土是由有机聚合物、无机胶凝材料和骨料结合而成的一种新型混凝土，能在很大程度上克服普通混凝土抗拉强度低、抗裂性和耐腐蚀性等耐久性较差的缺陷。按聚合物引入混凝土中的方法的不同，聚合物混凝土可分为聚合物浸渍混凝土（PIC）、聚合物水泥混凝土（PCC）和聚合物胶结混凝土（PC）。

1. 聚合物浸渍混凝土

聚合物浸渍混凝土是将已硬化的混凝土浸入有机单体中，之后利用加热或辐射等方法使渗入混凝土孔隙内的有机单体聚合，使聚合物与混凝土结合成一个整体。所用单体主要有甲基丙烯酸甲酯、苯乙烯、醋酸乙烯、乙烯、丙烯脂等，同时加入催化剂或交联剂等助剂。为增强浸渍效果，浸渍前可对混凝土进行抽真空处理。

聚合物填充在混凝土内部的孔隙和微裂缝中，可提高混凝土的密实度，因此聚合物浸渍混凝土的抗渗性、抗冻性、耐蚀性、耐磨性及强度均有明显提高，抗压强度可达 150 MPa，抗拉强度可达 24.0 MPa。聚合物浸渍混凝土因造价高、工艺复杂，目前只是利用其高强和耐久性好的特性应用于一些特殊场合，如高压输气管、隧道衬砌、海洋构筑物（如海上采油平台）、桥面板等。

2. 聚合物水泥混凝土

聚合物水泥混凝土是一种以水溶性聚合物和水泥为胶结材料，以砂、石为骨料的混凝土。它用聚酸乙烯、橡胶乳胶、甲基纤维素等水溶性有机胶凝材料代替普通混凝土中的部分水泥，可使混凝土密实度得以提高。因此，与普通混凝土相比，聚合物水泥混凝土具有较好的耐久性、耐磨性、耐腐蚀性和耐冲击性等，但强度提高较少。目前，聚合物水泥混凝土主要用于地面、路面、桥面及修补工程中。

3. 聚合物胶结混凝土

聚合物胶结混凝土又称树脂混凝土，是由合成树脂、粉料、粗骨料及细骨料等配制而成的。常用的合成树脂为环氧树脂、聚酯树脂、酚醛树脂等，具有强度高和耐化学腐蚀性、耐磨性、耐水性、抗冻性强等优点。但由于成本高，所以聚合物胶结混凝土应用不太广泛，仅用于要求高强、高耐腐蚀性的特殊工程或修补工程中。

本章小结

（1）混凝土按表观密度可分为：重混凝土，表观密度大于 2 600 kg/m³ 的混凝土；普通混凝土，表观密度为 1 950~2 500 kg/m³ 的水泥混凝土；轻混凝土，表观密度小于 1 950 kg/m³。

（2）普通混凝土是由水泥、砂子、石子和水组成的。为了改善混凝土的某些性能，通常加入适量的外加剂和掺合料。

（3）一般在实际工程中，当混凝土强度等级为 C30 及 C30 以下时，可采用强度等级为 32.5 的水泥，当混凝土强度等级大于 C30 时，可采用强度等级为 42.5 的水泥。

（4）砂按细度模数可分为粗砂、中砂和细砂三种规格：细度模数为 3.1~3.7 的为粗砂；为 2.3~3.0 的为中砂；为 1.6~2.2 的为细砂。配制混凝土时一般宜优先选用中砂。砂的颗粒级配按各筛累计筛余可分为三个级配区。

（5）砂的含泥量、石粉含量和泥块含量、有害物质含量、坚固性等应符合国家标准要求。

（6）在条件许可的情况下，应尽量选用最大粒径大一些的粗骨料，但一般情况下粗骨料的最大粒径不宜大于 40 mm。

（7）粗骨料的颗粒级配、含泥量和泥块含量、有害物质、坚固性、强度及针片状颗粒含量等应符合国家标准要求。

（8）混凝土拌和用水包括：饮用水、地表水、地下水、再生水、混凝土企业设备洗刷水和海水等。符合国家标准要求的饮用水，可不经检验直接使用。

（9）混凝土外加剂掺量一般情况下不超过胶凝材料总质量的 5%，常用的有减水剂、早强剂、缓凝剂、引气剂、泵送剂等。

（10）工程中常用的混凝土掺合料有粉煤灰、矿渣粉、硅灰和沸石粉等。

（11）混凝土拌合物的和易性包含三个含义：流动性、黏聚性和保水性。在我国的工程实践中，混凝土拌合物的和易性应按照《普通混凝土拌合物性能试验方法标准》（GB/T50080—2002）来测定和评价，该标准规定用坍落度与坍落度扩展法和维勃稠度法来测定流动性，而黏聚性和保水性则通过观察和经验来判定其好坏。

（12）影响和易性的主要因素有：① 单位用水量与水胶比；② 砂率；③ 混凝土组成材料的性质；④ 时间和环境的温湿度；⑤ 生产和施工工艺。

（13）将混凝土拌合物制成 150 mm×150 mm×150 mm 的立方体标准试件，采用标准养护，养护至 28 d 龄期，用标准试验方法所测得的抗压强度值称为混凝土立方体抗压强度，以 f_{cu} 表示。混凝土强度等级是按立方体抗压强度标准值来划分的。混凝土立方体抗压强度标准值是混凝土立方体抗压强度总体分布中的一个值，强度低于该值的概率应为 5%，即具有 95%强度保证率的压强度值，以 $f_{cu,k}$ 表示。

（14）影响混凝土强度的因素有：① 水胶比；② 混凝土组成材料的性质；③ 养护的温度与湿度；④ 龄期；⑤ 施工方法与质量控制。

（15）混凝土在非荷载作用下的变形有化学收缩、温度变形和干湿变形；在荷载作用下易产生弹塑性变形，并在长期不变荷载作用下产生徐变。

（16）材料不同，对耐久性的要求也不尽相同。在使用混凝土时，应考虑其抗冻性、抗渗性、抗侵蚀性等一系列性质。本章介绍了抗冻性能、抗水渗透性能、抗硫酸盐侵蚀性能、抗氯离子渗透性能、抗炭化性能和早期抗裂性能以及碱-骨料反应。

（17）混凝土配合比设计一般要经过 4 个步骤：初步配合比、基准配合比、实验室配合比、施工配合比。

（18）本章还介绍了轻混凝土、泵送混凝土、高强混凝土、高性能混凝土、纤维混凝土、喷射混凝土和聚合物混凝土。

复习思考题

3-1 普通混凝土的组成材料有哪几种？在混凝土中各起何作用？

3-2 什么是集料级配？当两种砂的细度模数相同时，其级配是否相同？反之，如果级配相同，其细度模数是否相同？

3-3 什么叫减水剂、早强剂、引气剂？简述减水剂的减水机理。

3-4 粉煤灰掺入混凝土中，对混凝土产生什么效应？

3-5 如何测定塑性混凝土拌合物和干硬性混凝土拌合物的流动性？它们的指标各是什么？单位是什么？

3-6 影响混凝土拌合物和易性的主要因素有哪些？分别有什么影响？改善混凝土拌合物和易性的主要措施有哪些？

3-7 在试拌混凝土时出现下列情况使拌合物和易性达不到要求，应采取什么措施来改善？

（1）混凝土拌合物黏聚性、保水性均好，但坍落度太小。

（2）混凝土拌合物坍落度超过原设计要求，保水性较差，且用棒敲击一侧时，混凝土发生局部崩塌。

3-8 什么是合理砂率？合格砂率有何技术及经济意义？

3-9 某混凝土搅拌站原使用砂的细度模数为 2.5，后改用细度模数为 2.1 的砂。改砂后原混凝土配合比不变，但坍落度明显变小。请分析原因。

3-10 混凝土有哪几种变形？这些变形对混凝土结构有何影响？

3-11 哪些措施可以减小混凝土的徐变？

3-12 如何确定混凝土的强度等级？混凝土强度等级如何表示？单位是什么？普通混凝土可划分为几个强度等级？

3-13 试述温度变形对混凝土结构的危害。有哪些有效的防治措施？

3-14 试结合混凝土的荷载-变形曲线说明混凝土的受力破坏过程。

3-15 试从混凝土的组成材料、配合比、施工、养护等几个方面综合考虑，提出提高混凝土强度的措施。

3-16 在标准条件下养护一定时间的混凝土试件，能否真正代表同龄期的相应结构物中的混凝土强度？

3-17 试述混凝土耐久性的含义。耐久性要求的项目有哪些？提高耐久性有哪些措施？

3-18 影响混凝土抗渗性的因素有哪些？改善措施有哪些？

3-19 某施工单位在一个月内根据施工配合比先后留置了 28 组立方体试块，测得每组试块的抗压强度代表值（MPa）为：

29.5，27.5，24.0，26.5，26.0，25.2，27.6，28.5，25.6，26.1，26.7，24.1，25.2，27.6，28.6，26.7，23.2，27.1，25.8，23.9，28.1，27.8，24.9，25.6，23.1，25.4，26.2，29.6

试计算该批混凝土强度的平均值、标准差和保证率，并判定该批混凝土的生产质量水平，简述混凝土强度检测评定方法、标准及各自的适用范围。

3-20 混凝土的配合比设计时，为什么必须进行试配和调整？

3-21 配制混凝土如何确定其坍落度？

3-22 某教学楼现浇钢筋混凝土柱，混凝土柱截面最小尺寸为 300 mm×300 mm，钢筋间距最小尺寸为 40 mm。该柱在露天受雨雪影响。混凝土设计等级为 C40，采用 42.5 级普通硅酸盐水泥，无实测强度，密度为 3.1 g/cm³；粉煤灰为 Ⅱ 级灰，密度为 2.21 g/cm³；磨细矿渣粉为 S95 级，密度为 2.6 g/cm³；粉煤灰与矿渣粉按 6∶4 的比例使用，砂子为中砂，密度为 2.60 g/cm³，堆积密度为 1500 kg/m³；石子为碎石，表观密度为 2.69 g/cm³，堆积密度为 1550kg/m³。混凝土要求坍落度为 180～200 mm，施工采用机械搅拌，机械振捣，施工单位无混凝土强度标准差的历史统计资料。试设计混凝土配合比。

3-23 某试验室拌混凝土 15 L，经调整后各材料的用量为：水泥 4.0 kg，粉煤灰水 1.7 kg，砂 11.1 kg，碎石 16.2 kg，水 2.4 kg，实测混凝土拌合物的密度为 2362 kg/m³，经强度检验满足设计要求。

（1）试确定试验室配合比。

（2）施工现场砂的含水率为 4%，石子的含水率为 1.5%，确定施工配合比。

（3）混凝土实测强度为 38.7 MPa，施工时直接将试验室配合比误用为施工配合比，试分析对混凝土强度有何影响？

第四章　无机结合料稳定材料

 本章描述

本章主要介绍了无机结合料稳定材料的组成、性质，简述了无机结合料稳定材料的设计过程。通过学习，学生应掌握无机结合料稳定材料的组成、性质及应用。

 教学目标

1. 能力目标

会对无机结合料进行分类。

能正确选择无机结合料稳定材料的原材料。

能根据无机结合料稳定材料的技术特点，在工程施工中正确选用无机结合料稳定材料。

2. 知识目标

能说出无机结合料稳定材料的概念与组成。

掌握无机结合料稳定材料的技术特点。

知道无机结合料稳定材料的设计过程。

3. 素质目标

养成严谨求实的工作作风。

具备协作精神。

具备一定的组织协调能力。

4.1　概　述

无机结合料稳定材料是在粉碎的或原状土（包括破碎的砂砾）中，掺入一定量的石灰、水泥、工业废渣、沥青及其他材料，与水拌和、压实及养生后，得到的具有较高后期强度、整体性和水稳定性均较好的一种材料。

无机结合料稳定材料应用广泛，但这类材料的耐磨性差，在路面工程中一般不适宜作为路面的面层，常用作路面的基层和底基层。由于无机结合料稳定材料具有较大的抗变形能力，其刚度介于柔性路面材料（如沥青混合料）和刚性路面材料（如水泥混凝土）之间，故被称为半刚性材料，以此修筑的基层或底基层则被称为半刚性基层或半刚性底基层。

4.1.1　无机结合料稳定材料的分类

无机结合料稳定材料的种类很多，工程中常用的分类方法有以下几种：

1. 按结合料中集料类型分类

（1）稳定土类，即在粉碎或原状松散的土中掺入一定量的无机结合料材料所形成，如水泥稳定土类。

（2）稳定碎石类，即在松散的碎石或砂砾中掺入一定量的无机结合料所形成，如水泥稳定碎石类。

2. 按结合料中无机胶结材料（即稳定材料）类型分类

（1）用石灰作为无机胶结材料的混合料，称为石灰稳定类，如石灰稳定土等。

（2）用水泥作为无机胶结材料的混合料，称为水泥稳定类，如水泥稳定土、水泥稳定碎石等。

（3）同时用石灰和水泥作为无机胶结材料的混合料，称为综合稳定类，如综合稳定土、综合稳定砂砾等。

（4）用一定量的石灰和工业废渣作为无机胶结材料的混合料，称为石灰工业废渣稳定类，如石灰粉煤灰稳定碎石等。

4.1.2 无机结合料稳定材料的材料组成

1. 稳定土的基本材料

土的矿物成分对稳定土性质具有重要影响。试验表明，除有机质或硫酸盐含量高的土以外，各类砂砾土、砂土、粉土和黏土均可用无机结合料稳定。一般规定土的液限不大于40%，塑性指数不大于20。级配良好的土用无机结合料稳定时，既可节约无机结合料用量，又可取得满意的效果。重黏土中黏土颗粒含量多，不易粉碎和拌和，用石灰稳定时，容易造成路面缩裂。粉质黏土的稳定效果最佳。用水泥稳定重黏土时，不易粉碎和拌和，会造成水泥用量过高而不经济。级配良好的砾石-砂-黏土稳定效果最佳。

2. 稳定土的外掺材料

（1）石灰。

各种化学组成的石灰均可用于稳定土。在剂量不大的情况下，钙质石灰比镁质石灰稳定土的初期强度高。镁质石灰稳定土在剂量较大时后期强度优于钙质石灰稳定土。石灰的最佳剂量，对黏性土和粉性土为干土重的8%~16%，对砂性土为干土重的10%~18%。石灰可使土粒胶结成整体，密实性提高，水稳定性提高，强度提高。

（2）水泥。

各种类型的水泥都可用于稳定土，硅酸盐水泥比铝酸盐水泥稳定效果好。通常在保证土的性质能起根本变化，且能保证稳定土达到所规定强度和稳定性的前提下，取尽可能低的水泥用量。水泥的作用是在水泥加入塑性土中后能大大降低土的塑性，增加土的强度和稳定性。

（3）粉煤灰。

粉煤灰是火力发电排出的废渣，属硅质或硅铝质材料，其本身不具有或有很小的黏结性，但颗粒细小的粉煤灰与水和消石灰或水泥混合，可以发生反应，形成具有黏结性的化合物。所以，石灰粉煤灰可用来稳定各种粒料和土，又称二灰土。

粉煤灰加入土中既能起填充作用，与石灰反应的产物又能起胶结作用。由此可达到改善稳定土的水稳定性、提高强度与密实度的目的。

（4）沥青。

土粉碎后，与沥青（液体石油沥青、煤沥青、乳化沥青、沥青膏浆等）拌和压实形成的稳定材料称为沥青稳定类材料。

沥青加入集料或土中，根据其与集料或土表面距离远近，可分为结构沥青（接近表面）和自由沥青（远离表面）。结构沥青有利于提高沥青稳定土的水稳定性和强度，自由沥青在压实时起润滑和填充作用。液体沥青习惯用于稳定各种土，但在潮湿地区不宜采用，较黏稠的沥青宜用于稳定低黏性的土。

4.2 水泥稳定类混合料

4.2.1 水泥稳定类混合料的技术性质

1. 水泥稳定类混合料的强度特征及影响因素

（1）强度形成机理。

水泥稳定类混合料的强度形成主要取决于水泥水化硬化、离子交换和火山灰反应过程。

（2）组成材料对强度的影响。

影响水泥稳定类混合料强度的主要因素有水泥剂量、土质、集料颗粒组成等（图4-1、表4-1）。

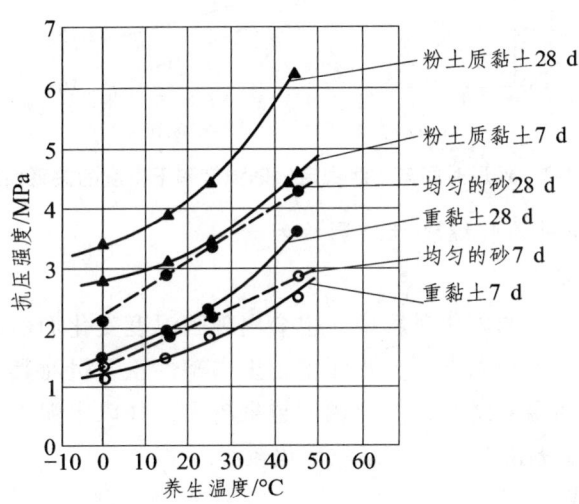

图4-1 土质、养生温度与水泥稳定土强度的关系曲线

表4-1 三种级配水泥稳定集料的7 d抗压强度和干密度测试值

序号	>4.75 mm 颗粒含量/%	7 d 抗压强度/MPa	最大干密度/（g/cm³）
1	70	4.8	2.30
2	65	5.5	2.31
3	60	5.8	2.35

不同结构类型的水泥稳定碎石在水泥用量相同的条件下，强度也会有所不同（图4-2）。

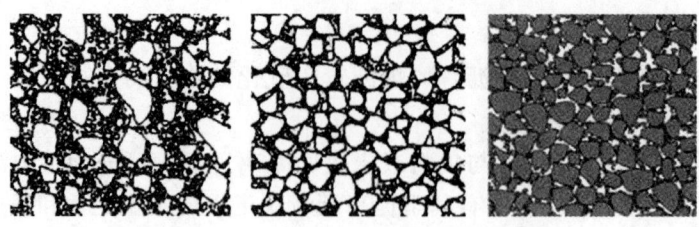

图 4-2　不同结构类型水泥稳定碎石

（3）环境因素对强度的影响。

① 养生温度。

养生温度直接影响水泥的水化进程，因而对水泥稳定土的强度有很明显的影响，在相同龄期时，养生温度越高，水泥稳定土的强度也越高。

② 延迟时间。

延迟时间是指水泥稳定土施工过程中，从加水拌和开始至碾压结束所经历的时间。延迟时间对水泥稳定土的强度有显著影响（图 4-3）。

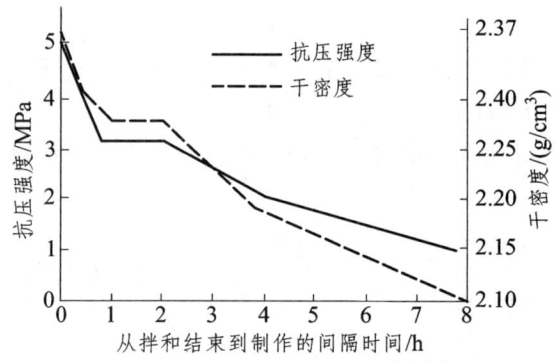

图 4-3　延迟时间与水泥稳定砂砾强度和干密度的关系曲线

2. 水泥稳定类混合料的收缩特性及影响因素

（1）产生收缩的原因。

水泥稳定土在形成强度的硬化过程中，也会出现因温度变化而引起的温度收缩和因水分变化而引起的干燥收缩。不同温度下，水泥稳定土中塑性土含量对其温缩系数的影响较大。水泥稳定土的温缩系数随温度降低的变化幅度越来越大，并以水泥土变化幅度最大，而水泥稳定无塑性集料在不同负温度时的温缩系数变化较小。

（2）影响收缩的因素。

水泥稳定土的干缩系数受粒料含量及矿物成分的影响。从水泥稳定土干缩系数与水泥剂量的关系曲线（图 4-4）中可以看出，当水泥剂量降低，粒料含量增多时，水泥稳定砂砾的干缩系数减小。

水泥稳定砂砾的制件含水量对其干缩应变也有较大的影响。

3. 水泥稳定类混合料的适用性

水泥稳定类材料具有较其他稳定类材料高的强度、刚度和稳定性，可适用于各种交通类别道路的基层和底基层。但是水泥土在干缩性和水稳定性上有着与石灰土相同的缺陷，不应用作高等级沥青路面的基层，只能作为底基层；在高速公路和一级公路的水泥混凝土面层下，水泥土也不应用作基层。

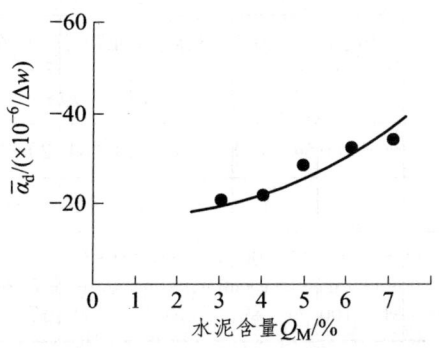

图 4-4 水泥稳定土干缩系数与水泥剂量的关系曲线

4.2.2 水泥稳定类混合料的组成设计

1. 材料组成设计要求

水泥稳定类材料主要用于路面基层、底基层。在路面结构中，基层直接位于面层下，承受面层传来的车轮荷载垂直压力作用，并将其向下面层次扩散分布，同时起到调节和改善路基路面水温状况的作用，并为施工提供稳定而坚实的工作面。所以，对无机结合稳定类混合料技术性质的要求主要包括强度、抗变形能力和水稳性等。根据《公路路面基层施工技术规范》（JTJ 034—2000），水泥稳定类材料 7 d 浸水抗压强度应符合表 4-2 的规定。

表 4-2 水泥稳定类材料的抗压强度（JTJ 034—2000）

混合料类型	高速公路、一级公路		二级和二级以下公路	
	基层/MPa	底基层/MPa	基层/MPa	底基层/MPa
水泥稳定类	3～5	1.5～2.5	2.5～3.0	1.5～2.0

2. 原材料要求

（1）水泥。

普通硅酸盐水泥、矿渣硅酸盐水泥和火山灰质硅酸盐水泥，都可用于水泥稳定土。

（2）水泥稳定类混合料用集料与土。

适宜用水泥稳定的材料有：级配碎石、未筛分碎石、砂砾、碎石土、砂砾土、煤矸石和各种粒状矿渣等。集料中不宜含有塑性指数较大的细土，或应控制其含量。用于各种类别道路等级不同层位的集料的最大粒径和压碎值要求，见表 4-3、表 4-4。

表 4-3 水泥稳定土用集料的技术要求

道路等级	高速公路及一级公路		二级和二级以下公路	
结构层位	基层	底基层	基层	底基层
最大粒径（方孔筛）/mm ≤	31.5	37.5	37.5	53
压碎值/% ≤	30	30	35	40

表 4-4 适宜于水泥稳定的集料的颗粒组成范围（JTJ 034—2000）

道路等级	结构层位	通过下列筛孔（mm）的质量百分比/%											
		53	37.5	31.5	26.5	19.0	9.5	4.75	2.36	1.18	0.6	0.075	0.002
二级和二级以下公路	底基层	100	—	—	—	—	—	50~100	—	—	17~100	0~50	0~30
	基层	—	90~100	—	66~100	54~100	39~100	28~84	20~70	14~57	8~47	0~30	—
高速公路、一级公路	底基层	—	100	—	—	—	—	50~100	—	—	17~100	0~30	—
		—	100	90~100	—	67~90	45~68	29~50	18~38	—	8~22	0~7②	—
	基层	—	—	100	90~100	72~89	47~67	29~49	17~35	—	8~22	0~7②	—

注：① 用于基层的混合料中不宜使用含有塑性指数的土；
② 集料中 0.5 mm 以下细粒土中有塑性指数时，小于 0.075 mm 颗粒含量不应超过 5%。

3．水泥剂量

水泥稳定类混合料中，所掺加的水泥剂量可以按照表 4-5 所列范围进行选择。

表 4-5 水泥剂量推荐范围（JTJ 034—2000）

土的类型	水泥剂量/%	
	基层	底基层
中粒土和粗粒土	3，4，5，6，7	3，4，5，6，7
塑性指数小于 12 的土	5，7，8，9，11	4，5，6，7，9
其他细粒土	8，10，12，14，16	6，8，9，10，12

4．设计内容与步骤

（1）设计内容。

水泥稳定类材料的组成设计，主要是根据相关规范中的强度标准，通过试验选取最适宜稳定的土类，确定必需的水泥用量和混合料的最佳含水量，在需要改善土的颗粒组成时，还包括确定掺加比例。水泥稳定类材料的各项试验应该按照《无机结合料稳定材料试验规程》进行。

（2）步骤。

① 制备稳定材料，并在其中加入不同剂量的水泥。

② 确定混合料最大干密度和最佳含水量。至少应做三个不同水泥剂量的混合料击实试验，即最小剂量、中间剂量、最大剂量，其他剂量的混合料最大干密度和最佳含水量可用内插法确定。

③ 按照工地预定达到的压实度和确定的最大干密度、最佳含水量在室内成型试件，并养生。养生条件：在规定温度下保湿养生 6 d，浸水 1 d 后，进行 7 d 无侧限抗压强度测试。

④ 根据测试结果，选择合适的材料组成比例。

4.3 石灰稳定类混合料

4.3.1 石灰稳定类混合料的技术性质

1. 石灰稳定类混合料的强度特征及影响因素

（1）强度形成机理。

石灰稳定土强度的形成与发展是通过机械压实、离子交换反应、氢氧化钙结晶和碳酸化反应，以及火山灰反应等一系列复杂、交织的物理-化学作用过程完成的。

（2）组成材料对强度的影响。

① 石灰的细度。

石灰细度越大，在相同剂量下与土粒的作用越充分，反应进行得越快，稳定效果越好。

② 土与集料。

土质对石灰稳定土抗压强度的影响见图4-5。

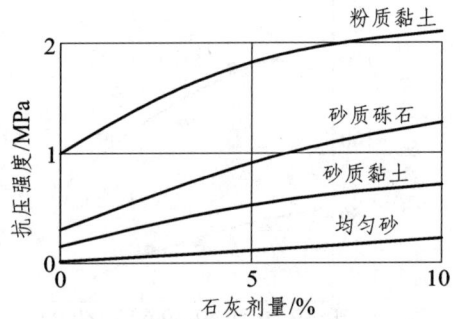

图4-5　土质对石灰稳定土抗压强度的影响

工程实践表明：塑性指数为15~20的黏土，易于粉碎和拌和，便于碾压成型，施工和使用效果都较好。塑性指数更大的重黏土虽然含黏土矿物较多，但由于不易破碎拌和，稳定效果反而不佳。塑性指数小于12的土则不宜用石灰稳定，最好用水泥来稳定。对于无黏性或无塑性指数的集料，单纯用石灰稳定的效果远不如用石灰稳定的效果。

（3）石灰稳定类混合料的最佳含水率。

石灰稳定类混合料的击实曲线见图4-6。

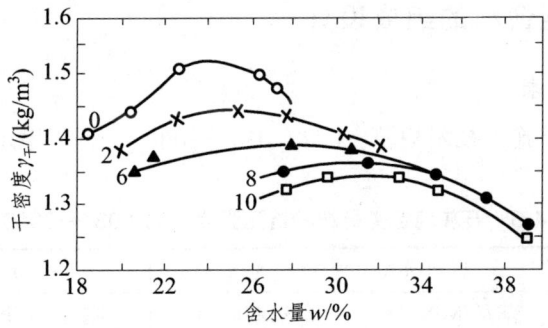

图4-6　石灰稳定类混合料的击实曲线

(4) 养生条件和龄期。

石灰稳定土中的火山灰反应的进程缓慢，其强度随着龄期的增大而增长，甚至到 180 d 时，石灰稳定土的强度还会继续增长。所以，7 d 或 28 d 龄期的强度试验结果，并不能代表石灰稳定土的最终强度，石灰土的强度随龄期的增长大体的符合指数规律。

2. 石灰稳定土的体积收缩特征

(1) 温度胀缩原因及影响因素分析。

在石灰稳定土中液相的热胀缩系数比固相部分的热胀缩系数大 4~7 倍，温度升高时，水的扩张压力使固体颗粒间距离增大而产生膨胀，反之，则产生收缩。毛细管张力的作用只有当含水量在一定的范围内时才存在，当材料过干或过湿时，这种作用消失。所以在干燥和饱水状态下，稳定土的温缩系数值远比含水而非饱水状态下的值小。

(2) 干燥收缩及影响因素分析。

石灰稳定土的干燥收缩主要是由于水分蒸发（图 4-7），稳定土的干缩系数随着龄期的增长而减小，初期下降较快，随后逐渐缓慢。

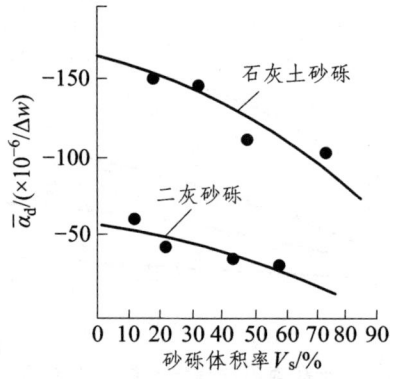

图 4-7 干缩系数与砂砾含量关系

3. 石灰稳定类混合料的适用性

石灰土禁止用作高等级路面的基层，只能作为高等级路面的底基层，或一般交通量道路路面的基层。砂砾或碎石含量小于 50% 的悬浮式石灰稳定集料土虽然比石灰土的收缩性小，但同样具有遇水后表层软化的抗水冲刷能力差的缺点，这种悬浮式石灰粒料也不宜用作高等级路面的基层。

4.3.2 石灰稳定类混合料的组成设计

1. 材料组成设计要求

根据《公路路面基层施工技术规范》（JTJ 034—2000），石灰稳定类混合料 7 d 浸水抗压强度应符合表 4-6。

表 4-6 石灰稳定类材料的抗压强度（JTJ 034—2000）

混合料类型	高速公路、一级公路		二级和二级以下公路	
	基层/MPa	底基层/MPa	基层/MPa	底基层/MPa
石灰稳定类	—	≥0.8	≥0.8	0.5~0.7

2. 原材料要求

（1）石灰。

石灰质量应符合 3 级以上消石灰或生石灰的技术要求。

（2）石灰稳定类材料所用集料与土。

土中的黏土矿物越多，土颗粒越细，塑性指数 I_p 越大，用石灰稳定的效果就越好（表 4-7）。

表 4-7　石灰稳定土用集料的最大粒径和压碎值要求

公路等级	高速公路、一级公路		二级和二级以下公路	
结构层位	底基层	基层	底基层	基层
最大粒径（方孔筛）/mm ≤	37.5	37.5	53	37.5
压碎值/% ≤	35	—	40	30/35

3. 石灰剂量

石灰土配合比以石灰剂量表示，石灰剂量=石灰质量/干土质量。石灰剂量与土的种类、石灰品种关系甚大。石灰剂量范围可参考表 4-8 中的推荐值选取。

表 4-8　石灰剂量推荐范围（JTJ 034—2000）

稳定土品种	石灰剂量/%	
	基层	底基层
砂砾土和碎石土	3，4，5，6，7	—
黏性土（塑性指数<12）	10，12，13，14，16	8，10，11，12，14
黏性土（塑性指数>12）	5，7，9，11，13	5，7，8，9，11

4. 设计内容与步骤

（1）设计内容。

石灰稳定类材料的组成设计，主要是根据相关规范中的强度标准，通过试验选取最适宜稳定的土类，确定必需的石灰用量和混合料的最佳含水量，在需要改善土的颗粒组成时，还包括确定掺加比例，各项试验应该按照《无机结合料稳定材料试验规程》进行。

（2）步骤。

①制备稳定材料，并在其中加入不同剂量的石灰。

②确定混合料最大干密度和最佳含水量。至少应做三个不同石灰剂量的混合料击实试验，即最小剂量、中间剂量、最大剂量，其他剂量的混合料最大干密度和最佳含水量可用内插法确定。

③按照工地预定达到的压实度和确定的最大干密度、最佳含水量在室内成型试件，并养生。养生条件：在规定温度下保湿养生 6 d，浸水 1 d 后，进行 7 d 无侧限抗压强度测试。

④根据测试结果，选择合适的材料组成比例。

4.4 石灰粉煤灰稳定类混合料

4.4.1 石灰粉煤灰稳定类混合料的技术性质

1. 二灰稳定土的强度特征及其影响因素

二灰稳定的强度形成机理与石灰稳定土基本相同。与石灰稳定土相比,二灰稳定土强度的形成更多依赖于火山灰反应生成的水化物。养生温度对二灰稳定土的抗压强度有明显影响。密实式二灰粒料的强度较悬浮式二灰粒料的强度高 15% 以上。二灰碎石的 7 d 抗压强度与养生温度见表 4-9。

表 4-9 二灰碎石的 7 d 抗压强度与养生温度

养生温度/°C		20	30	40
抗压强度 /MPa	悬浮式二灰粒料	1.35	—	5.85
	密实式二灰粒料	1.60	3.03	6.78

2. 二灰稳定土的收缩特征及其影响因素

二灰稳定土的干缩和温缩机理及其影响因素与石灰稳定土相同。

收缩程度主要取决于试件含水量、材料组成(如粒料含量、石灰剂量、粉煤灰含量、黏土矿物的含量与其塑性指数)等。石灰土与二灰稳定土的最大干缩应变见表 4-10。

表 4-10 石灰土与二灰稳定土的最大干缩应变

二灰稳定粒料	最大干缩应变 $/\times 10^{-3}$	石灰:粉煤灰:碎石:土	最大干缩应变 $/\times 10^{-3}$	稳定土类型	最大干缩应变 $/\times 10^{-3}$
密实式	0.23~0.27	4:18:94:0	0.67	石灰土	3.12~6.03
悬浮式	0.83	4:12:60:23	1.78	二灰土	0.34~2.63

由于粉煤灰的作用,二灰土与石灰相比,二灰稳定砂粒与石灰稳定砂砾相比,干缩性和温缩性均有不同程度的降低。按照稳定土干缩系数和温缩系数的大小排序为:石灰土>石灰稳定砂砾>二灰土>二灰稳定砂砾。

3. 二灰稳定土的适用性

二灰土禁止用作高等级道路路面的基层,在高速公路和一级公路上的水泥混凝土面层下,也不应采用二灰土铺筑道路基层结构。

悬浮式二灰粒料的干缩性大,容易产生干缩裂缝,它的抗冲刷性也明显差于密实式粒料。在其他条件相同的情况下,悬浮式二灰粒料基层上沥青面层的裂缝较密式二灰粒料基层上沥青面层的裂缝严重得多,因此在粒料不很缺乏的地区,最好采用密实式二灰集料。

4.4.2 石灰粉煤灰稳定类混合料的组成设计

1. 材料设计组成要求

根据《公路路面基层施工技术规范》(JTJ 034—2000),石灰粉煤灰稳定类混合料 7 d 浸水抗压强度应符合表 4-11。

表 4-11 石灰、粉煤灰稳定类材料的抗压强度（JTJ 034—2000）

混合料类型	高速公路、一级公路		二级和二级以下公路	
	基层/MPa	底基层/MPa	基层/MPa	底基层/MPa
石灰、粉煤灰稳定类	≥0.8	≥0.5	≥0.6	≥0.5

2. 原材料要求

（1）石灰。

石灰、粉煤灰稳定类材料对石灰的要求与石灰稳定类相同。

（2）粉煤灰。

粉煤灰中 SiO_2、Al_2O_3 和 Fe_2O_3 的总含量应大于 70%，烧失量不应超过 20%，比面积宜大于 2500 cm^2/g。

（3）二灰稳定类材料所用集料与土。

在二灰稳定土中宜采用塑性指数在 12～20 范围内的黏性土或亚黏土。土中所含土块的最大尺寸不应超过 15 mm，也不可选用有机质含量超过 10% 的土。

二灰稳定集料中所用集料的最大粒径和压碎值应符合表 4-12 的要求。为了充分发挥集料密实和嵌锁作用，集料应具有良好的级配。

表 4-12 石灰粉煤灰稳定土中集料的技术要求

道路等级	高速公路及一级公路		二级和二级以下公路	
结构层位	基层	底基层	基层	底基层
最大粒径（方孔筛）/mm ≤	31.5	37.5	37.5	53
压碎值/% ≤	30	35	35	40
应符合级配编号	表 4-13 中 2 或 4	—	表 4-13 中 1 或 3	—

表 4-13 二灰级配集料混合料中集料的颗粒组成范围（JTJ 034—2000）

集料类别		通过下列筛孔（mm）的质量百分之比/%								
		37.5	31.5	19.0	9.5	4.75	2.36	1.18	0.6	0.075
砂砾	1	100	85～100	65～85	50～70	35～55	25～45	17～35	10～27	0～15
	2	—	100	85～100	55～75	39～59	27～47	17～35	10～25	0～10
碎石	3	100	90～100	72～90	48～68	30～50	18～38	10～27	6～20	0～7
	4	—	100	81～98	52～70	30～50	18～38	10～27	6～20	0～7

3. 二灰稳定土组成材料的配合比范围

石灰工业废渣稳定混合料的组成材料配合比范围见表 4-14，在进行配合比设计时可参照选用。为了提高石灰工业废渣稳定混合料的早期强度，可以掺加 1%～2% 的水泥。

表 4-14 石灰工业废渣稳定土的配合比范围参考值

稳定土类型	材料比例	底基层	基层
二灰	石灰：粉煤（CaO 含量 2%~6% 的硅铝粉煤灰）	1∶2~1∶9	
二灰土	石灰粉煤灰：土（石灰：粉煤灰）	30∶70~90∶10（1.2~1.4 粉土时以 1∶2 为宜）	
二灰集料	石灰粉煤灰：集料（石灰：粉煤灰）	—	20∶80~15∶85（1.2~1.4）
石灰煤渣土	石灰：煤渣	20∶80~15∶85	
	石灰煤渣：细粒土（石灰：煤渣）	1∶1~1∶4（石灰含量≥10%）（1∶1~1∶4）	
石灰煤渣集料	石灰：煤渣：集料	（7~9）∶（26~33）∶（67~58）	

4. 设计内容与步骤

（1）设计内容。

石灰、粉煤灰稳定类材料的组成设计，主要是根据相关规范中的强度标准，通过试验选取最适宜稳定的土类，确定必需的石灰、粉煤灰用量和混合料的最佳含水量，在需要改善土的颗粒组成时，还包括确定掺加比例。各项试验应该按照《无机结合料稳定材料试验规程》进行。

（2）步骤。

① 制备被稳定材料，并在其中加入不同剂量的石灰和粉煤灰。

② 确定混合料最大干密度和最佳含水量。至少应做 4~5 种不同石灰、粉煤灰含量的混合料击实试验。

③ 按照工地预定达到的压实度和确定处的最大干密度、最佳含水量在室内成型试件，并养生。养生条件：在规定温度下保湿养生 6 d，浸水 1 d 后，进行 7 d 无侧限抗压强度测试。

④ 根据测试结果，选择合适的材料组成比例。

本章小结

无机结合料稳定材料是在粉碎的或原状土（包括破碎的砂砾）中，掺入一定量的石灰、水泥、工业废渣、沥青及其他材料，与水拌和、压实及养生后，得到的具有较高后期强度、整体性和水稳定性均较好的一种材料。

无机结合料稳定材料，按结合料中集料类型不同，可以分为稳定土类和稳定碎石类两大类；按结合料中无机胶结材料类型不同，可以分为石灰稳定类、水泥稳定类、综合稳定类和石灰工业废渣稳定类。

影响水泥稳定类混合料强度的主要因素有水泥剂量、土质、集料颗粒组成等。水泥稳定土在形成强度的硬化过程中，会出现因温度变化而引起的温度收缩和因水分变化而引起的干燥收缩。水泥稳定土的干缩系数受粒料含量及矿物成分的影响。水泥稳定类材料不应用作高等级沥青路面的基层，只能作为底基层；在高速公路和一级公路的水泥混凝土面层下，水泥土也不应用作基层。

石灰稳定土强度的形成与发展是通过机械压实、离子交换反应、氢氧化钙结晶和碳酸化反应，以及火山灰反应等一系列复杂、交织的物理-化学作用过程完成的。石灰稳定土的干燥收缩主要是由于水分蒸发，稳定土的干缩系数随着龄期的增长而减小，初期下降较快，随后逐渐缓慢。石灰土禁止用作高等级路面的基层，只能作为高等级路面的底基层，或一般交通量道路路面的基层。

二灰稳定的强度特征、收缩特征及影响因素与石灰稳定土基本相同。二灰土禁止用作高等级道路路面的基层，在高速公路和一级公路上的水泥混凝土面层下，也不应采用二灰土铺筑道路基层结构。

复习思考题

1. 什么是无机结合料稳定材料？
2. 无机结合料稳定材料如何分类？
3. 影响水泥稳定类混合料强度的环境因素有哪些？
4. 水泥稳定类混合料产生收缩的原因是什么？
5. 水泥稳定类混合料的适用范围是什么？
6. 石灰稳定类混合料的适用范围是什么？
7. 二灰土的适用范围是什么？

第五章　沥青材料

 本章描述

本章重点阐述石油沥青的组成结构、技术性质和技术标准，在此基础上介绍了聚合物改性沥青和乳化沥青的技术性能与技术标准，同时对其他各类沥青的组成结构和技术性质也作了概要介绍。

通过学习，学生必须掌握石油沥青的组成结构及其与技术性能的关系，掌握评价石油沥青技术性能的主要指标，掌握石油沥青常规试验的方法，并对煤沥青的特性、乳化沥青的形成和分裂机理有一定的了解。

 教学目标

1. 能力目标

能对石油沥青的技术性质进行检测。

能对石油沥青进行分类。

能根据沥青的技术性质，在工程施工过程中正确选用沥青材料。

2. 知识目标

掌握石油沥青的分类、技术性质。

掌握石油沥青的技术标准。

熟悉石油沥青的改良措施。

3. 素质目标

养成严谨求实的工作作风。

具备协作精神。

具备一定的组织协调能力。

5.1　沥青及其分类

沥青是一种有机胶结材料，是由一些极其复杂的高分子碳氢化合物及这些碳氢化合物的非金属（氧、硫、氮等）衍生物所组成的混合物。它的外观颜色呈黑色以至黑褐色，在常温下可为液态、半固态或固态。它具有把砂、石等矿物质材料胶结成为一个整体的能力，形成具有一定强度的沥青混凝土，因此被广泛地应用于铺筑路面、防渗墙等道路和水利工程中。

沥青是憎水性材料，几乎不溶于水，而且本身构造致密，具有良好的防水性、耐腐蚀性；它能与混凝土、砂浆、砖、石料、木材、金属等材料牢固地黏结在一起，且具有一定的塑性，能适应基材的变形。因此，沥青材料及其制品也被广泛地应用于地下防潮、防水和屋面防水等建筑工程中。

沥青的性能是多种多样的，这些性能会直接影响路面的使用状况，即与路用性能有着密切的联系。因此，如果使用不当，路面将会过早地产生龟裂、老化等病害。沥青按其在自然界中获取的方式不同，分为地沥青和焦油沥青两大类（图5-1）。

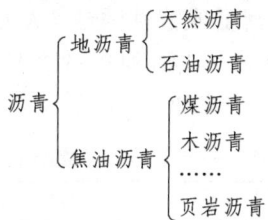

图 5-1　沥青的分类

在工程中，最常用的是石油沥青，其次是煤沥青。

1. 地沥青

地沥青可以是天然形成的，也可以是石油工业的副产品，按其产源不同可分为天然沥青和石油沥青两类。

（1）天然沥青。天然沥青是指石油在天然条件下，在长时间的地球物理因素作用下，所形成的产物。在自然界中，天然沥青主要存在于沥青脉、沥青湖或岩石、土壤中。其中沥青含量大的可直接作沥青混合料使用；存在于岩石中的少量沥青可用热水煮沸提取沥青。天然沥青的性质与石油沥青相似。

（2）石油沥青。石油沥青是原油分馏各类产品后的残渣经过加工而制成的。石油沥青的成分和性质取决于原油的成分与性能。我国储藏着极其丰富的石油资源，如大庆油田、华北油田、克拉玛依油田、胜利油田和茂名油田等都有很大储量。各地油田的类别不同，沥青的性能也有明显的差异。此外，石油沥青的性能还与其生产工艺有关，如直馏沥青、氧化沥青、裂化沥青等，其技术性能也不一样。

2. 焦油沥青

各种有机物（如煤、木材、页岩等）干馏而得的焦油，经再加工所得的产物，统称焦油沥青。焦油沥青按其加工的有机物名称而命名，如为煤焦油蒸馏后的残余物就命名为煤沥青，油页岩中提炼石油后的沥青则称为页岩沥青。在上述的各类沥青中，道路建筑上最常用的是石油沥青。通常所说的沥青都是指石油沥青，而其他沥青都要在沥青两字之前加上名称以示区别，如煤沥青、木沥青等。

5.2　石油沥青

5.2.1　石油沥青的生产工艺

1. 石油的基属分类

石油沥青来源于原油，原油的成分不同，炼油后所得到的沥青，其成分也不相同，性能也不一样。因此，不同的原油可以得到不同类型的沥青。我国目前的原油分类是按照"关键馏分特性"和"含硫量"进行分类的。

（1）关键馏分特性分类。

关键馏分的分类方法是用一种简易蒸馏装置，将原油蒸馏，于常压下蒸得 250～275 ℃ 的馏分称为"第一关键馏分"；于 5.33 kPa 的压力下减压蒸馏，取得 275～300 ℃ 的馏分称为"第二关键馏分"。测定两个馏分的相对密度或特性因数（K），用相对密度或特性因数（K）的大小作为原油基属的分类指标，并对照表 5-1 所列相对密度或特性因数（K）范围，决定两个关键馏分的基属，如石蜡基、中间基或环烷基。

表 5-1 关键馏分的基属分类指标

关键馏分	基 属		
	石蜡基	中间基	环烷基
第一关键馏分	$d_{20}^4<0.8210$ API°>40 （K>11.9）	$d_{20}^4=0.8210$～0.8562 API°=33～40 （K=11.5～11.9）	$d_{20}^4>0.8562$ API°<33 （K<11.5）
第二关键馏分	$d_{20}^4<0.8723$ API°>30 （K>12.2）	$d_{20}^4=0.8723$～0.9035 API°=20～30 （K=11.5～12.2）	$d_{20}^4>0.9305$ API°<20 （K<11.5）

K 为特性因数，根据关键馏分的沸点和密度指数查有关诺模图而求得。

根据原油两个关键馏分的相对密度（或特性因数）由表 5-1 决定其所隶属的基属，原油可以分为表 5-2 所列 7 类。

表 5-2 原油按关键馏分基属的分类

编号	第一关键馏分	第二关键馏分	原油类别
1	石蜡基	石蜡基	石蜡基
2	石蜡基	中间基	石蜡-中间基
3	中间基	石蜡基	中间-石蜡基
4	中间基	中间基	中间基
5	中间基	环烷基	中间-环烷基
6	环烷基	中间基	环烷-中间基
7	环烷基	环烷基	环烷基

在确定原油基属后再对照表 5-3 来命名原油属类。

表 5-3 原油命名表

原油名称	含硫量	第一关键馏分	第二关键馏分	原油的关键馏分特性分类	建议原油分类命名
大庆混合	0.11	0.814（K=12.0）	0.850（K=12.5）	石蜡基	低硫石蜡基
克拉玛依	0.04	0.828（K=11.9）	0.895（K=11.5）	中间基	低硫中间基
胜利混合	0.88	0.832（K=11.8）	0.881（K=12.0）	中间基	含硫中间基
大港混合	0.14	0.860（K=11.4）	0.887（K=12.0）	环烷中间基	低硫环烷中间基
孤岛	2.06	0.891（K=10.7）	0.936（K=11.4）	环烷基	含硫环烷基

（2）含硫量的分类。

"含硫量"是在两个关键馏分的基础上，称含硫量低于 0.5% 的为低硫，高于 2% 的为高硫，0.5%～2% 的为含硫，由此来确定原油的名称，如大庆原油为"低硫-石蜡基"原油。

含硫量高的沥青,其脆性较大,施工时空气污染严重,同时对机器的腐蚀性也强。

由表 5-3 可知,原油按其关键馏分,共有 7 个类别,不同类别的原油可以得到各自相应的沥青,但其路用性能是不一样的,其中,最典型的是石蜡基沥青、环烷基沥青和中间基沥青。三种沥青中,路用性能最好的沥青是环烷基沥青,这类沥青含有较多的脂环烃,黏滞度高,延伸性好。但目前我国这类原油的数量较少,70%以上是石蜡基和中间基原油。因此,尽管我国的原油储量较多,但目前能直接用于路上的沥青却很少。

2. 石油沥青的生产工艺流程

从石油中炼制各种石油沥青的生产工艺可按图 5-1 流程简要说明。

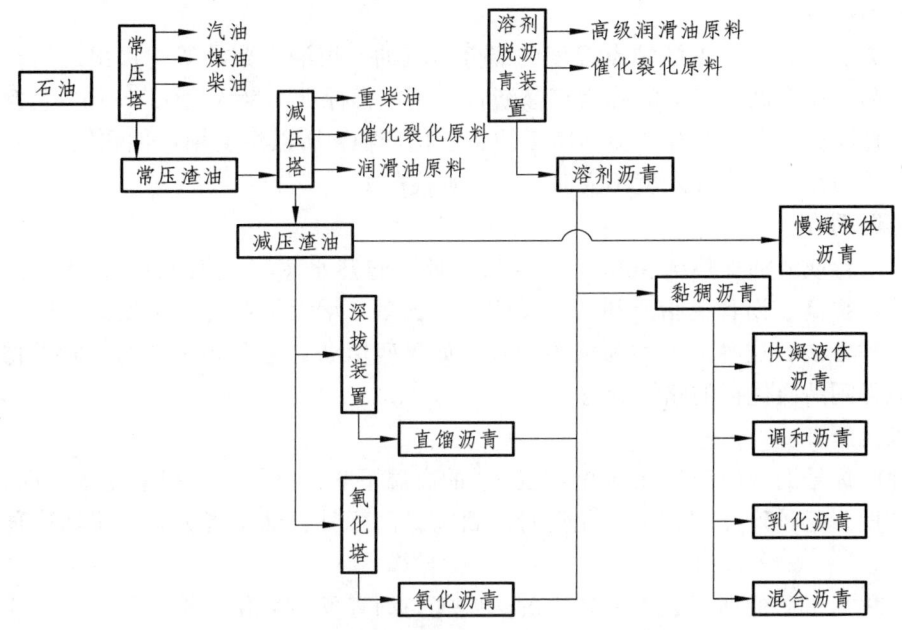

图 5-2　石油沥青生产工艺流程示意图

常用石油沥青主要是由氧化装置、溶剂脱沥青装置或深拔装置所生产的黏稠沥青。

5.2.2　石油沥青的分类

1. 按沥青在常温下的稠度分类

(1) 液体沥青。

在常温下呈液体状态的沥青,称为液体沥青,其针入度一般大于 300。液体沥青的来源主要有两方面:一是蒸馏石油时直接得到的产品,如渣油;二是用稀释剂将黏稠沥青稀释而得到的产品,这是制取液体沥青最常用的方法。

根据凝结速度的不同,液体沥青可分为速凝液体沥青、中凝液体沥青和慢凝液体沥青三种类型。

速凝液体沥青是指稀释剂挥发速度快的沥青,稀释剂的沸点在 170 ℃以下,如汽油;中凝液体沥青是指挥发速度适中的沥青,稀释剂的沸点在 170~300 ℃,如煤油;慢凝液体沥青所用稀释剂的沸点在 300 ℃以上,如重油。

在公路建筑中主要使用慢凝液体沥青。稀释沥青加入的稀释剂价格较贵,目前中凝与慢凝液体沥青已逐渐被乳化沥青代替。

（2）黏稠沥青。

在常温下呈固体、半固体状态的沥青，称为黏稠沥青，其针入度在 300 以下。黏稠沥青的用途很广，如沥青混凝土、沥青碎石等都是用黏稠沥青配制的。黏稠沥青的来源主要是将液体沥青减压、蒸馏处理后得到的稠度较大的沥青。

2. 按不同的加工方法分类

提炼石油的加工方法不同，由此而得到的沥青的性质也不一样，如直馏沥青、蒸馏沥青、氧化沥青等。

（1）直馏沥青。

用直馏方法将石油在不同沸点温度的馏分（汽油、煤油、柴油等）提出之后，残留的黑色液体状产品，符合沥青标准的称为直馏沥青；不符合标准、针入度大于 300 且含蜡量大的称为渣油。直馏沥青由于含有许多不稳定的碳氢化合物，所以温度稳定性和气候稳定性较差，一般不能直接使用。但当针入度不大时，其延伸度较好。

（2）蒸馏沥青。

将残留沥青或渣油加热至 300~350 ℃ 后，吹入过热水蒸气，使沥青中的部分油质被水蒸气蒸馏，从而提高了沥青树脂质和沥青质的相对含量，增大了沥青的稠度。这通常是提高沥青稠度的一种方法，这种沥青称为蒸馏沥青。如果残留沥青中含有大量的树脂类物质，经此蒸馏后就能得到品质优良的路用沥青。

（3）氧化沥青。

将各种低标号沥青或渣油在 200~220 ℃ 的高温下吹入空气，通过氧化改变沥青的成分，提高沥青稠度，这种产品即称为氧化沥青。目前，高标号石油沥青大多是采用这种方法加工成的。

经过氧化加工后的沥青，由于吹入的热空气与沥青发生氧化、聚合等化学反应，使油质变为树脂，树脂变为沥青质，从而增加了沥青质和树脂质的绝对含量。因此，氧化沥青比直馏沥青的稠度高，不易受温度变化的影响，有很高的热稳性，且具有弹性，但其延伸度没有直馏沥青好。

为了得到理想的沥青材料，可以按要求调剂沥青中的化学组分，这种由人工调配组分的沥青称为调和沥青。调和沥青可根据沥青性能的需要，调配成延性和温度稳定性均很好的沥青。

除此之外，还有裂化沥青、混合沥青等，不再赘述。

3. 按原油的成分分类

（1）石蜡基沥青。

石蜡基沥青是由石蜡基原油提炼而成的。这种沥青的特点是沥青中含有较高的蜡质，含蜡量一般大于 5%。蜡在常温下常以结晶体的形式存在，且对温度的变化非常敏感，影响着沥青的黏结性和温度稳定性。石蜡基沥青表现为软化点高、针入度小、延度低，但抗老化性能较好。如果用丙烷脱蜡，仍然能得到延伸性较好的沥青。我国大庆油田、华北油田所产的原油都属于石蜡基原油。

（2）环烷基沥青。

由环烷基原油提炼而制得的沥青称为环烷环基沥青。这类沥青的特点是沥青中含有较少的蜡质，含蜡量一般低于 2%，沥青的黏滞度高，延伸性好。我国茂名油田所产的沥青就属于此类沥青。

（3）中间基沥青。

中间基沥青是由蜡质介于石蜡基石油和环烷基石油之间的原油提炼而成的，其蜡质含量介于 2%~5%。玉门原油所产的沥青就属于中间基沥青。

5.2.3 石油沥青的元素组成和化学组分

石油沥青是由多种极其复杂的碳氢化合物和这些碳氢化合物的非金属衍生物组成的混合物，它的化学元素主要是碳（80%~87%）和氢（10%~15%），其次是非烃元素，如氧、硫、氮等（<3%）。此外，石油沥青还含有一些微量的金属元素，如镍、钒、铁、锰、钙、镁、钠等，但含量都很少，约为几个至几十个 ppm（百万分之一）。

注：ppm 表示溶质质量占全部溶液质量的百万分比来表示的浓度，也称百万分比浓度，就是百万分率或百万分之几。

由于沥青化学组成结构的复杂性，以及目前分析技术的限制，要将沥青分离为纯粹的化合物的单体，存在许多困难。虽然多年来许多化学家致力于这方面的研究，但是目前仍不能直接得到沥青元素含量与路用性能之间的关系。

因此，目前都是利用沥青在不同有机溶剂中的选择性溶解或在不同吸附剂上的选择性吸附，而将沥青分离为几个化学性质与路用性能有一定联系的组，这些组就称为沥青的"组分"。

试验证明：不同类别的沥青，其化学组分的含量是有差异的，而这些差异直接影响着沥青的各项技术性质。石油沥青的化学组分，许多研究者曾提出不同的分析方法，而且还在不断修正和发展中。我国现行《公路工程沥青及沥青混合料试验规程》（JTJ 052—2000）中规定有三组分和四组分两种分析法。

1. 三组分法

石油沥青的三组分分析法是将石油沥青分离为油分、树脂和沥青质 3 个组分（图 5-3、表 5-4）。因我国富产石蜡基中间基沥青，在油分中往往含有蜡，故在分析时还应将油蜡分离。由于这一组分分析方法，是兼容了选择性溶解和选择性吸附的方法，所以又称为溶解-吸附法。

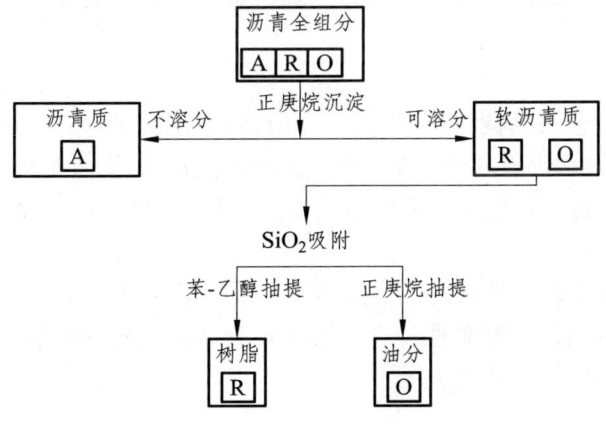

图 5-3 沥青三组分示意图

表 5-4　石油沥青三组分分析法的各组分性状

性状组分	外观特征	平均分子量	碳氢比（原子比）C/H	物化特征
油 分	淡黄透明液体	200~700	0.5~0.7	几乎可溶于大部分有机溶剂，具有光学活性，常发现有荧光，相对密度约 0.910~0.925
树 脂	红褐色黏稠半固体	800~3000	0.7~0.8	温度敏感性高，溶点低于 100 ℃，相对密度大于 1.000
沥青质	深褐色固体末状微粒	1000~5000	0.8~1.0	加热不熔化，分解为硬焦炭，使沥青呈黑色

2. 四组分法

四组分分析法是将沥青试样先用正庚烷沉淀"沥青质（At）"，再将可溶分（即软沥青质）吸附于氧化铝谱柱上，先用正庚烷冲洗，所得的组分称为"饱和分（S）"；继用甲苯冲洗，所得的组分称为"芳香分（Ar）"；最后用甲苯-乙醇、甲苯、乙醇冲洗，所得组分称为"胶质（R）"。按此方法分析的原理，如图 5-4 所示。对于含蜡沥青，可将所分离得的饱和分与芳香分，以丁酮-苯为脱蜡溶剂，在-20 ℃下冷冻分离固态烷烃，确定含蜡量。

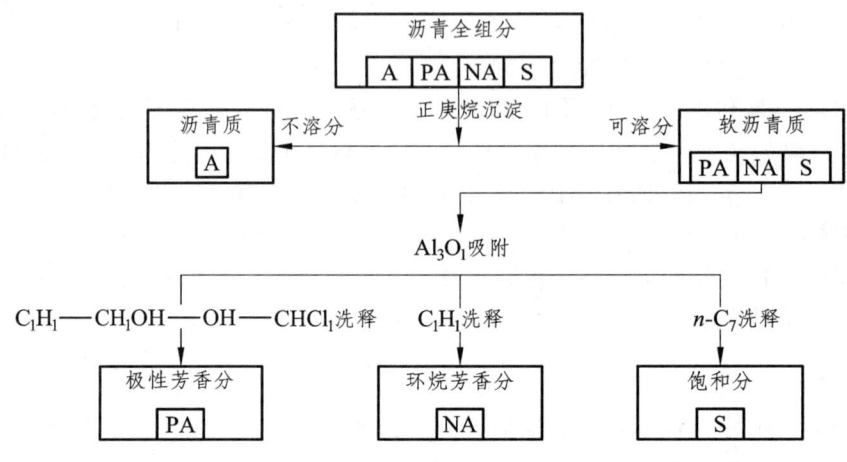

图 5-4　沥青四组分示意图

为了更好地掌握沥青的路用性质，现将沥青中各组分的含义及其含量对路用性能的影响分述如下。

（1）油分。

油分为淡黄至红褐色的黏稠状透明液体，具有润滑油的黏度，是沥青中最轻的馏分。油分能减小沥青的稠度，增大沥青的流动性，使沥青柔软、抗裂性好；同时，油分会降低沥青的黏滞度和软化点。在氧、温度、紫外线等作用下油分会转化为树脂，使沥青的性能发生变化。

（2）树脂（胶质）。

树脂是红褐色至深褐色黏稠状的半固体物质，相对密度比油分大，一般介于 0.8~1.0。树脂使沥青具有一定的可塑性和黏聚性，它直接决定着沥青的延伸度和黏聚力。树脂含量增加时，沥青的延伸度和黏聚力也增大。

（3）沥青质。

沥青质是深褐以至黑色的固体脆性粉末状微粒，相对密度比树脂大，是沥青中分子量最大的组分。

沥青质的含量决定着沥青的塑性状态界限和由液态变为固态的速度，还决定着沥青的黏滞度和温度稳定性，以及沥青的硬度等。当沥青质含量适中时，沥青的黏度和黏聚力增大，硬度和温度稳定性提高。当沥青质含量过多时，沥青的脆性增大，低温时路面易开裂。

（4）蜡。

蜡在常温下以白色结晶状态存在于沥青之中，当温度达到 45 ℃ 左右时开始熔化。由于蜡的熔点较低，破坏了沥青的胶体结构，从而降低了沥青的延度、黏聚力和路面抗滑能力。因此，蜡是一种有害组分，而在我国的国产沥青中蜡的含量却很高。

蜡对沥青路用性能的影响，现有研究认为：沥青中蜡的存在，在高温时会使沥青容易发软，导致沥青路面高温稳定性降低，出现车辙。同样，在低温时会使沥青变得脆硬，导致路面低温抗裂性降低，出现裂缝；此外，蜡会使沥青与石料的黏附性降低，在有水的条件下，会使路面石子产生剥落现象，造成路面破坏；更严重的是，含蜡沥青会使沥青路面的抗滑性降低，影响路面的行车安全。对于沥青含蜡量的限制，由于世界各国测定方法不同，所以限值也不一致，其范围为 2% ~ 4%。我国规定，含蜡量不大于 3%。

值得指出的是石油沥青中各种化学组分都不是稳定的化合物。沥青在长期使用过程中在空气、阳光、水的作用下，它的化学组分也会发生转化，其转化的趋势是油分、树脂含量逐渐减少，沥青质的含量不断增加。在某一范围内时，这种变化能使沥青的性质得到改善。但是由于这种转化的继续进行，沥青质含量的不断增加，使得沥青的塑性逐渐消失，脆性逐渐增大，最终使沥青的技术性质变坏。我们把沥青的这种转化过程称为沥青的"老化"现象。

5.2.4 石油沥青的胶体结构

沥青的组分还不能完全地反映沥青的性质。对沥青作进一步研究表明，沥青的结构与沥青的性质有着密切的联系。利用超级显微镜对沥青进行研究，发现沥青质分散于低分子量的油分中，形成一种复杂的胶体结构。其中固态微粒的沥青质是分散相，液态的油分是分散介质。沥青质对油分是憎液性的，而且不在油分中溶解。如果将这两种组分混合在一起，则会形成不稳定的体系，沥青质极易凝絮。沥青之所以能成为稳定的胶体系统，是因为树脂组分在其中起了过渡性的保护作用。即树脂对沥青质是亲液性的，树脂对油分也是亲液性的，树脂使沥青质很好地胶溶于油分介质之中。我们把这种以沥青质为核心，树脂吸附包裹在其表面，并逐渐向外扩散，均匀地分散在油分介质中的胶体结构单元称为"胶团"。

在"胶团"结构中，从核心沥青质到分散介质，油分是均匀的、逐步递变的，没有明显的分界线。但在不同的沥青胶体中，由于油分、树脂、沥青质等各组分的相对含量不同，由此而形成的"胶团"数量也不相同，从而决定了沥青具有不同的胶体结构类型。沥青的胶体结构类型可以分为溶胶结构、凝胶结构和溶-凝胶结构三种基本结构，如图 5-5 所示。

1. 溶胶结构

沥青中油分和树脂含量足够多，而沥青质的含量极少（例如在 10% 以下），由沥青质形成的胶团数量较少，且能全部分散，并在油分介质中自由移动，胶团间没有吸引力或吸引力很小，胶团可以在分散介质黏度许可范围内自由移动，这种胶体结构的沥青，称为溶胶型沥青，如图 5-5（a）所示。

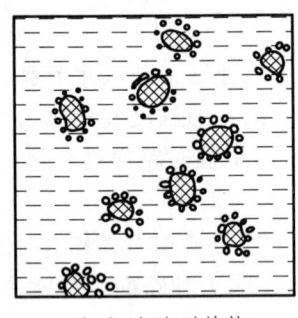 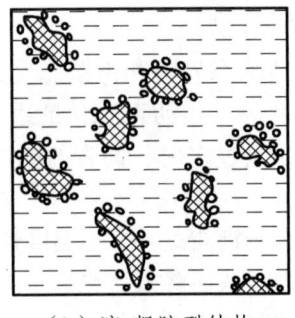 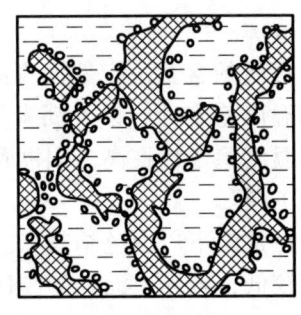

（a）溶胶型结构　　　　　（b）溶-凝胶型结构　　　　（c）凝胶型结构

图 5-5　沥青胶体结构图

这类沥青的特点是，当对其施加荷载时，几乎没有弹性效应。溶胶型沥青由于含有较多的油分和树脂，具有良好的塑性、黏结性、流动性，所以低温稳定性和开裂后的自愈能力较好，但在路用性能上表现为有较大的感温性，温度过高会流淌，即高温稳定性较差。通常大部分直馏沥青都属于溶胶型沥青。

2. 溶-凝胶结构

沥青中沥青质的含量适当（15%～25%），并有较多的树脂起保护作用，形成的沥青质胶团数量适中，胶团之间的距离相对靠近，胶团之间有一定的吸引力，使沥青中的胶团悬浮于油分介质中，同时也受到相互之间吸引力的影响，这种胶体结构的沥青，称为溶-凝胶型沥青，如图 5-5（b）所示。

这类沥青的特点是，在变形时，最初阶段，表现出一定程度的弹性效应，但当弹性变形增加到一定数值之后，则又表现出一定程度的黏性流动。这类具有黏-弹特性的沥青，也被称为黏-弹性沥青。这类沥青在路用性能上表现为有较好的黏结性、塑性和温度稳定性，在高温时具有较低的感温性（即高温稳定性好），在低温时又具有较好的变形能力（即低温稳定性或低温抗裂性好），是道路沥青中较为理想的沥青结构。在修筑高等级沥青路面时，通常都应用此种胶体结构的沥青。

3. 凝胶结构

沥青中油分和树脂的含量很少，而沥青质含量较高（>30%），树脂包裹沥青质所形成的胶团，沥青中胶团浓度得到很大程度的增加，胶团之间距离减小，胶团之间的相互吸引力增强，使胶团靠得很近，胶团相互之间形成不规则的空间网络结构，胶团间相互移动比较困难，具有明显的弹性效应，这种胶体结构的沥青，称为凝胶型沥青，如图 5-5（c）所示。

这类沥青的特点是，当施加荷载很小时，或在荷载时间很短时，具有明显的弹性变形，因此这种胶体结构的沥青被称为弹性沥青。这类沥青在路用性能上，虽然具有较好的高温稳定性，但是低温变形能力（即低温抗裂性）较差。氧化沥青多属于凝胶型沥青。

综上所述，在上述的三种胶体结构中，路用性能最好的是溶-凝胶型沥青。目前人工配制的"溶剂沥青"多属于此类沥青。

4. 蜡对沥青胶体结构的影响

蜡组分在沥青胶体结构中，可溶于分散介质（芳香分和饱和分）中，在高温时，它的黏度很低，会降低分散介质的黏度，使沥青胶体结构向溶胶方向发展；在低温时，它能结晶析出，形成网络结构，使沥青胶体结构向凝胶方向发展。

5. 胶体结构类型的判定

沥青的胶体结构与其性能有密切的关系。为工程使用方便，通常采用针入度指数法来判别沥青的胶体结构。该法根据沥青的针入度指数（PI）值，按表 5-5 来划分其胶体结构类型。

表 5-5 沥青的针入度指数和胶体结构类型

沥青的针入度指数（PI）	沥青的胶体结构类型	沥青的针入度指数（PI）	沥青的胶体结构类型	沥青的针入度指数（PI）	沥青的胶体结构类型
<-2	溶 胶	-2～+2	溶-凝胶	>+2	凝 胶

5.3 石油沥青的技术性质

修筑沥青路面所用的沥青材料，应具有下列主要技术性质。

5.3.1 物理特征常数

1. 密 度

沥青的密度是沥青在规定温度条件下，单位体积的质量，常用单位符号为 kg/m^3 或者 g/cm^3。我国现行试验规程（JTJ 052—2000）规定温度为 15 ℃。也可用相对密度表示，相对密度是指在规定温度下，沥青质量与同体积水的质量之比。

沥青的密度与其化学组成有密切的关系，通过沥青的密度测定，可以概略地了解沥青的化学组成。我国富产石蜡基沥青，其特征为含硫量低、含蜡量高、沥青质含量少，所以密度常在 1.00 g/cm^3 以下。

2. 热胀系数

沥青在温度改变 1 ℃ 时的长度或体积的变化量与沥青在 0 ℃ 时长度或体积的数值的比值，分别称为线胀系数或体胀系数，统称热胀系数。

沥青路面的开裂，与沥青混合料的热胀系数有关。沥青混合料的热胀系数，主要取决于沥青热学性质。特别是含蜡沥青，当温度降低时，蜡由液态转变为固态，比容（单位质量的物质所占有的容积）突然增大，沥青的热胀系数发生突变，因而易导致路面产生开裂。

3. 介电常数

沥青的介电常数与沥青使用的耐久性有关。现代高速交通的发展，要求沥青路面具有高的抗滑性。英国道路研究所研究认为，沥青的介电常数与沥青路面抗滑性也有很好的相关性。

5.3.2 黏结性

沥青的黏结性（简称黏性）是技术性质中与沥青路面力学行为联系最密切的一种性质。沥青作为结合料而将各种矿质材料胶结为一个具有一定强度的整体，首先它应具备有一定的黏性。沥青的黏性是指沥青材料在外力的作用下，沥青粒子产生相互位移的抵抗变形的能力，反映沥青材料内部阻碍其相对流动的一种特性。

如图 5-6 所示,在两块金属板中间夹一沥青层,当其受到剪切变形时,沥青层内会产生抵抗移动的抗力,以此来阻碍材料本身发生流动现象。这种抗力用沥青的内摩擦系数即绝对黏度 η 表示。由于绝对黏度的测定方法比较复杂,因此,在实际应用上多测定沥青的"技术黏度"(或称"条件黏度")。

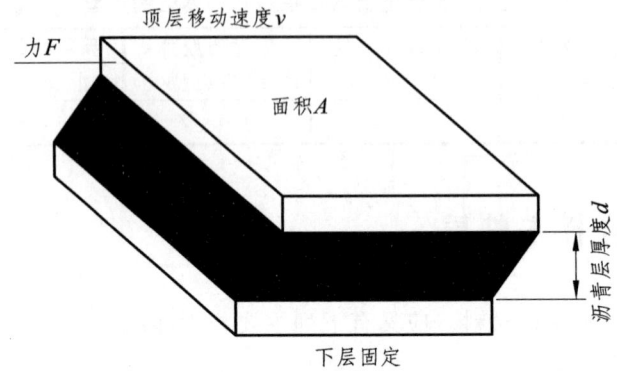

图 5-6　沥青剪切变形图

最常采用的技术黏度有:

1. 针入度

沥青的针入度是指沥青试样在规定温度的条件下,以规定荷载的标准针,在规定的时间内贯入沥青试验的深度,以 0.01 mm 为单位表示,如图 5-7 所示。

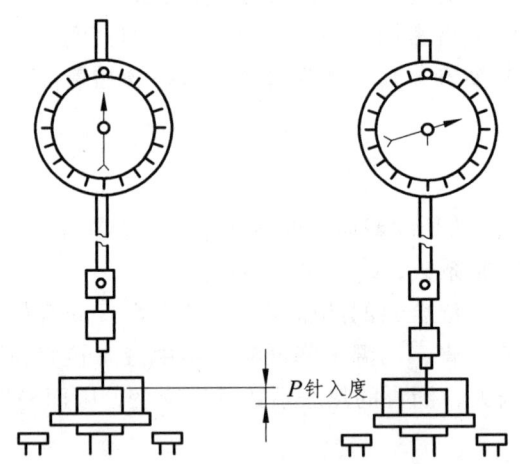

图 5-7　沥青针入度试验示意图

通常采用的测定条件为:温度 25 ℃,荷载 100 g,贯入的时间 5 s。例如某沥青试样在上述试验条件下,测得标准针贯入的深度为 120,则其针入度值可表示为 120(0.1 mm)。黏稠沥青的黏结性是用针入度表示的,针入度值越小,表示沥青的黏结性越好。针入度也是划分黏稠沥青标号的依据,例如,针入度值在 80~100 的沥青,其标号为 AH-90 号。

2. 标准黏度

这种方法适用于测定液体沥青的黏结性。沥青的黏度是以沥青试样在规定温度下,通过规定流孔，流出规定体积的沥青所需的时间（s）来表示的。液体沥青的黏结性如图 5-8 所示，以 $C_{(T,d)}$ 表示。其中 T 为试验温度，d 为流孔直径。未加说明时，温度 T 为 60 ℃，流孔 d 为 5 mm，流出的体积为 50 mL。例如，某沥青在上述条件下，流出 50 mL，沥青所需的时间为 42 s，则黏度表示为 $C_{(T,d)}$=42 s。

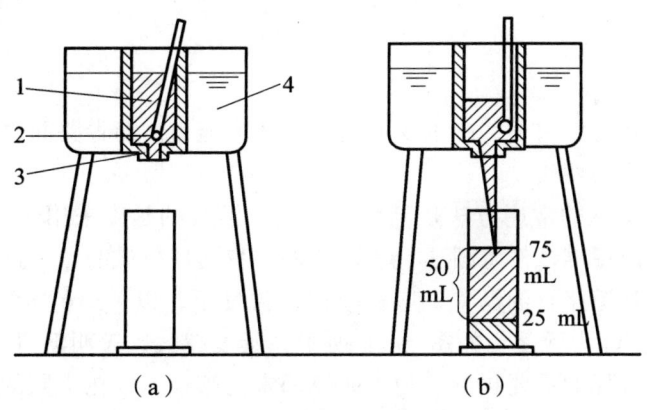

图 5-8　标准黏度试验示意图

1—沥青试样；2—活动球杆；3—流孔；4—水

根据我国现行标准，液体沥青的标号是按黏度来划分的，例如，$C_{(T,d)}$=60 s 的液体沥青为 AL（M）-4 号沥青。黏度值越大，表示沥青越黏稠，其标号亦越高。

3. 软化点

沥青材料是一种非晶质高分子材料，它由液态凝结为固态，或由固态熔化为液态时，没有敏锐的固化点或液化点，通常用硬化温度和滴落温度来近似代替固化点和液化点。沥青材料在固态和液态之间，呈现出一种黏滞流动状态。在工程实用中，为保证沥青不致由于温度升高而产生流动的状态，因此取液化点与固化点之间温度间隔的 87.21% 作为软化点。

软化点的数值随采用的仪器不同而异。我国现行试验法（JTJ 052 T0606—2000）采用的是环球法测软化点。该法是将沥青试样注于内径为 18.9 mm 的铜环中，环上置一重 3.5 g 的钢球，在规定的加热速度（5 ℃/min）下进行加热，沥青试样逐渐软化，直至在钢球荷重作用下，使沥青产生 25.4 mm 挠度时的温度，称为软化点（图 5-9）。

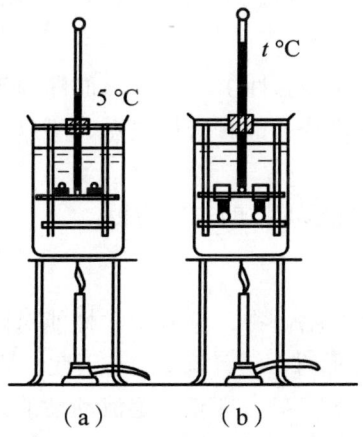

图 5-9　沥青软化点试验示意图

已有研究认为：沥青在软化点时的黏度约为 1 200 Pa·s，或相当于针入度值 800（1/10 mm）。据此，可以认为软化点是一种人为的"等黏温度"。

由此可见，针入度是在规定温度下测定沥青的条件黏度，而软化点则是沥青达到条件黏度时的温度，所以软化点既是反映沥青材料热稳定性的一个指标，也是沥青黏度的一种量度。

5.3.3 塑 性

塑性是指沥青在外力作用下，产生变形而不破坏的能力。沥青路面之所以有良好的柔性，在很大程度上取决于这种性质。

目前，测定沥青塑性的常用方法是延度试验法。沥青的延度采用延度仪来测定。延度试验是将沥青做成 8 字形标准试件（图 5-10）进行的。我国现行试验法（JTJ 052M0671—2000）规定，对中、轻交通量道路石油沥青，应在 25 ℃ 温度下，以（5±0.25）cm/min 速度拉伸至断裂时的长度（cm），即为延度。如图 5-11 所示，延度越大，表明沥青的塑性越好，因此，延度是评定沥青塑性好坏的重要指标。为了研究沥青的塑性，常在不同的温度下试验其延度，特别是低温时。因为在低温时，沥青会失去必要的塑性，使路面在冬季产生脆裂。

图 5-10 8 字形延度试件

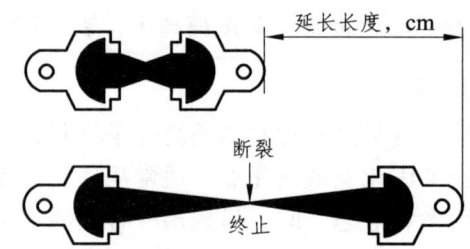

图 5-11 沥青延度试验示意图

以上所论及的针入度、软化点和延度是评价黏稠石油沥青路用性能最常用的经验指标，所以通称"三大指标"。

5.3.4 感温性

沥青材料的温度感应性（简称感温性）与沥青路面的施工（如拌和、摊铺、碾压）和使用性能（如高温稳定性和低温抗裂性）都有密切关系，所以它是评价沥青技术性质的一个重要指标。

目前软化点和脆点是表示沥青感温性的主要指标。

1. 高温敏感性

沥青是无定形的非结晶高分子化合物，它的力学性能对温度的变化非常敏感：当外界温度增高时，沥青就软化；当温度降低时，沥青就变脆。因此，沥青的感温性日益被人们所重视。

软化点是沥青材料由固体状态转变为具有一定流动性的黏塑状态时的一种条件温度。软化点越高，沥青发生流动的温度越高，因此沥青的高温稳定性就越好。在南方一般夏季气温较高,如果沥青软化点过低,会导致路面发软、泛油,并会造成车辙等路面破坏,高软化点可以避免这一现象。

2. 低温抗裂性

沥青材料在低温下,受到瞬时荷载时,它常表现为脆性破坏。脆点是沥青材料在低温条件下,产生条件脆裂时的温度。试验方法是将 0.4 g 的沥青试样均匀地涂在 41 mm×20 mm 面积的标准金属片上,再将此片放在脆点仪弯曲器的夹钳上,用漏斗把干冰加到酒精中,控制温度下降的速度为 1 ℃/min,同时均匀摇动弯曲器手柄,使涂在金属片上的沥青薄膜按一定的速度弯曲、伸直,直至出现一个或多个裂缝时的温度即为脆点,如图 5-12 所示。

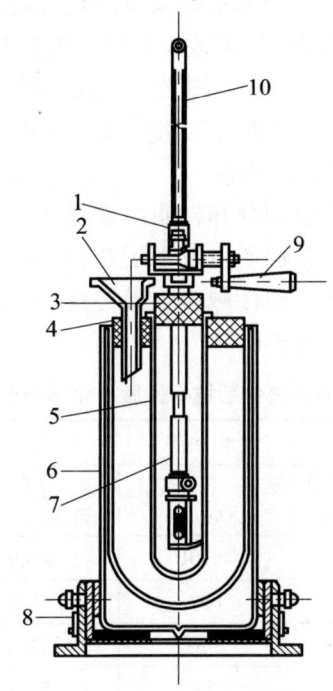

图 5-12 沥青脆点测定仪
1—调节螺丝;2—漏斗;3—内试管塞;4—外试管塞;5—内试管;6—外试管;7—弯曲器;
8—底座;9—摇柄;10—温度计

沥青软化点和脆点的大小随其组分不同而异,在实际应用时总希望沥青具有较高的软化点和较低的脆点。为降低脆点,常对沥青进行改性,通过添加增塑剂、橡胶、树脂等填料改变它的软化点和脆点。

5.3.5 耐久性

随着经济社会的不断发展,交通压力不断增大。高等级沥青路面,都要求具有很长的耐用周期,因此对沥青材料的耐久性,亦提出更高的要求。沥青路面的耐久性指的是沥青路面在气候、行车荷载作用下保持原有性能的能力。

沥青在路面施工时,需要在空气介质中进行加热。路面建成后,长期裸露在现代工业环境中,经受日照、降水、气温变化等自然因素的作用。因此,影响沥青耐久性的因素主要有:大气(氧)、日照(光)、温度(热)、雨雪(水)、环境(氧化剂)以及交通(应力)等因素。

（1）热的影响：热能加速沥青分子的运动，除了引起沥青的蒸发外，还能促进沥青化学反应的加速，最终导致沥青技术性能降低。尤其是在施工加热（160~180 ℃）时，由于有空气中的氧参与共同作用，可使沥青性质产生严重的劣化。

（2）氧的影响：空气中的氧，在加热的条件下，能促使沥青组分对其吸收，并产生脱氢作用，使沥青的组分发生移行（如芳香分转变为胶质，胶质转变为沥青质）。

（3）光的影响：水在与光、氧和热共同作用时，能起催化剂的作用。

此外，还有工业环境中的臭氧以及交通因素等对沥青耐久性也有影响，这些都是近代工业与交通发展中，新近发现的一些影响因素。

如前所述，沥青中的各种化学组分都不是稳定的化合物，沥青在外界条件综合作用下，产生"不可逆"的化学变化，随时间而逐渐改变其性能的过程，称为"老化"。如沥青在施工过程中长时间加热，在自然环境中受空气、阳光、气温、降水及矿料相互作用等因素的影响，沥青的分子会发生氧化和聚合反应，使沥青的组分发生转化。转化的大致趋势是：

油质—树脂—沥青质—沥青碳，似碳物

在上述转化过程中，沥青组分里油分和树脂的含量相对减少，沥青质、沥青碳的含量逐渐增加。沥青的化学组分转化后，其性质也发生了变化，其最主要的变化是黏滞度增加、软化点升高、黏聚力下降、脆性增大、塑性减小，最终使沥青的技术性质变坏。沥青老化后技术性质与化学组分的变化示例，见表5-6。

表5-6 沥青老化后技术性质与化学组分的变化

沥青名称	老化周期（循环次数）	技术性质			化学组成/%		
		针入度（25 ℃）/（1/10 mm）	延度（25 ℃）/cm	软化点（环球法）/℃	油分	树脂	沥青质
调和石油沥青-60甲	0	78	>100	46.0	42.54	38.62	18.84
	5	72	100	50.0	40.79	38.27	20.94
	11	52	98	51.0	38.69	37.85	23.46
	15	53	73	51.3	37.29	37.57	25.14
	21	44	61	52.1	35.19	37.15	27.66
	26	37	54	52.3	33.44	36.80	29.76

为了适应高等级公路和一般等级公路的建设需要，根据石油沥青的技术性质，交通部制定了"重交通量道路石油沥青技术要求""中、轻交通量道路石油沥青技术要求"和"液体石油沥青的技术要求"，见表5-7~表5-9。

表5-7 重交通量道路石油沥青技术要求

试验项目	标号					试验方法
	AH—130	AH—110	AH—90	AH—70	AH—50	
针入度（25 ℃，100g，5 s）/（0.1 mm）	120~140	100~120	80~100	60~80	40~60	T0604
延度（5 cm/min，15 ℃）/cm	>100	>100	>100	>100	>80	T0605
软化点（环球法）/℃	40~50	41~51	42~52	44~54	45~55	T0606
闪点（COC）/℃	>230					T0611

第五章 沥青材料

续表

试验项目		标 号					试验方法
		AH—130	AH—110	AH—90	AH—70	AH—50	
含蜡量（蒸馏法）/%		≤3					T0615
密度（15 ℃）/（g/cm³）		实测记录					T0603
溶解度（三氯乙烯）/%		>99.0					T0607
薄膜加热试验（163 ℃，5 h）	质量损失/%	<1.3	<1.2	<1.0	<0.8	<0.6	T0609
	针入度比/%	>45	>48	>50	>55	>58	T0609 T0604
	延度（25 ℃）/cm	>75	>75	>75	>50	>40	T0609 T0605
	延度（15 ℃）/cm	实测记录					T0609 T0605

注：① 在有条件时，应测定沥青在 60 ℃ 的动力黏度（Pa·s）、135 ℃ 的运动黏度（mm²/s），并在检验报告中注明；② 如有需要，表中密度及薄膜加热后的 15 ℃ 延度，用户可向供方提要求。

表 5-8　中、轻交通量道路石油沥青技术要求

试验项目		标 号							试验方法
		A—200	A—180	A—140	A—100甲	A—100乙	A—60甲	A—60乙	
针入度（25 ℃，100 g，5 s）/（1/10 mm）		200～300	160～200	120～160	90～120	80～120	50～80	40～80	T0604
延度（25 ℃，5 cm/min）/cm		—	>100	>100	>90	>60	>70	>40	T0605
软化点（环球法）/℃		30～45	35～45	38～48	42～52	42～52	50～80	40～80	T0606
溶解度（三氯乙烯）/%		99.0	99.0	99.0	99.0	99.0	99.0	99.0	T0607
蒸发损失试验（163 ℃，5 h）	质量损失/%，≤	1	1	1	1	1	1	1	T0608
	针入度比/%，≥	50	60	60	65	65	70	70	T0608 T0604
闪点（COC）/℃，≥		180	200	230	230	230	230	230	T0611

注：当 25 ℃ 延度达到 100 cm 时，如 15 ℃ 延度不少于 100 cm，也认为是合格的。

表 5-9　液体石油沥青技术要求

试验项目		单位	快凝		中凝						慢凝						试验方法
			AL(R)-1	AL(R)-2	AL(M)-1	AL(M)-2	AL(M)-3	AL(M)-4	AL(M)-5	AL(M)-6	AL(S)-1	AL(S)-2	AL(S)-3	AL(S)-4	AL(S)-5	AL(S)-6	
黏度	$C_{25,5}$	s	<20		<20						<20						T0621
	$C_{60,5}$	s			5～15	5～15	16～25	26～40	41～100	101～200		5～15	16～25	26～40	41～100	101～200	
蒸馏体积	225 ℃ 前	%	>20	>15	<10	<7	<3	<2	0	0							T0632
	315 ℃ 前	%	>35	>30	<35	<25	<17	<14	<8	<5							
	360 ℃ 前	%	>45	>35	<50	<35	<30	<25	<20	<15	<40	<35	<25	<20	<15	<5	
蒸馏后残留物	针入度(25 ℃)	0.1 mm	60～200	60～200	100～200	100～200	100～300	100～300	100～300	100～300							T0604
	延度（25 ℃）	cm	>60	>60	>60	>60	>60	>60	>60	>60							T0605
	浮漂度（5 ℃）	s									<20	<20	<30	<40	<45	<50	T0631
闪点（TOC）		℃	>30	>30	>65	>65	>65	>65	>65	>65	>70	>70	>100	>100	>120	>120	T0633
含水量，不大于		%	0.2		0.2						2.0						T0612

注：黏度使用道路沥青黏度计规定，$C_{(T \cdot d)}$ 的脚标第 1 个数字 T 代表温度（℃），第 2 个数字 d 代表孔径（mm）。

5.3.6 其他性质

我们在鉴定沥青材料的技术性能时，通常把上述三项指标，即针入度、延度、软化点称为沥青的三大指标，它们是比较重要的指标。除此之外，我们还要测定下列一些常规指标。

1. 溶解度

溶解度是指沥青试样在规定的有机溶剂中可溶物的质量占试样总质量的百分率。溶解度能反映沥青中沥青碳及矿物质等有害杂质的含量，这些有害杂质降低了沥青的黏滞性。石油沥青的溶解度很高，一般在 98% 以上；天然沥青由于含有较多的不溶性矿物质，其溶解度较低。在实际工作中，除特殊目的外，一般不进行沥青的化学组分分析，而是按规定测定其溶解度，以确定沥青中有效成分的含量。

2. 加热稳定性

沥青在过热或长时间加热过程中，会发生一系列的物理、化学变化，使沥青的化学组分和性质也发生相应的变化。我们把沥青被加热时化学组分和性质保持稳定的能力称为沥青的加热稳定性。为了解沥青在施工及使用过程中的加热稳定性，通常要进行沥青的加热质量损失和加热后残渣性质的试验。对于黏稠沥青一般采用加热损失试验。

加热损失试验是将质量为 50 g 的沥青，在 163 °C 高温下保持受热 5 h 后，求其质量损失百分率。在测定质量损失之后，还要测定其残渣的针入度、软化点及延度等指标。根据加热后的质量损失及加热后针入度等值的变化大小，可以概略地说明沥青的挥发、老化速度，从而反映沥青材料的加热稳定性和耐久性。

液体沥青可用蒸馏试验来代替加热质量损失试验，以便确定沥青中轻质的挥发性油分的数量，以及挥发后的沥青性质。

蒸馏试验是将沥青试样在蒸馏烧瓶内加热，分别测定其在 225 °C、316 °C 和 360 °C 时量筒内各自蒸馏出馏分的体积 V，当蒸馏温度达到 360 °C 时，停止加热，冷却后再测定其残留物的针入度、延度等指标，用以说明残留沥青在道路路面中的性质。

3. 闪点和燃点

沥青在使用时通常要加热，而当加热到一定温度时，沥青材料中挥发的油分蒸汽与周围空气组成混合气体，此混合气体遇火焰则易发生闪火。若继续加热，油分蒸汽的饱和度增加，遇火焰极易燃烧，以致引起火灾。为此，必须测定沥青加热闪火和燃烧的温度，即沥青的闪点和燃点，以保证施工安全。

沥青闪点测定方法：将沥青试样盛于标准杯中，按规定的加热速度加热至一定温度时，用点火器扫拂过沥青试样任何一部分表面，当试样液面上首次出现一闪即灭的蓝色火焰时，此时的温度即为沥青的闪点。

沥青燃点测定方法：在出现闪火的基础上，按规定的加热速度继续加热，并按上述要求用点火器扫拂过沥青试样，当试样表面接触火焰立即着火，并持续燃烧 5 s 以上时，此时的温度即为沥青的燃点。

闪点和燃点的温度值越高，表示沥青的使用越安全。

4. 含水量

含水量是指沥青试样内含有水分的数量，以质量百分率表示。沥青中如含有水分，当沥青加热时会形成泡沫，泡沫的体积随温度升高而增大，最终使沥青从熔锅中溢出，除损失沥青材料外，溢出的泡沫还可能引起火灾，故沥青中的含水量不宜过多。沥青的含水量是用含水量测定仪测定的，以抽提出的水分占原沥青试样质量的百分率表示。

5.3.7 相关指标

石油沥青的技术性质除上述的三大指标和常规指标外，还有如下非常规的指标：

1. 针入度指数

普费尔等人通过长期的试验研究，应用针入度和软化点的试验结果，提出了一种能表征沥青的感温性和胶体结构的所谓"针入度指数"（简称 PI），并根据试验得出如下经验公式：

$$\lg P = AT + B \tag{5-1}$$

$$PI = \frac{30}{1+50A} - 10 \tag{5-2}$$

式中：P——在 25 ℃，100 g，5 s 条件下测定的针入度；

A——针入度温度感应系数；

B——常数；

T——测定针入度时的温度，℃；

PI——针入度指数。

该经验公式能反映沥青两方面的技术性能：

（1）感温性。式（5-1）表明，针入度的对数和温度呈直线关系，A 为直线的斜率（在此称为针入度的感温率），B 为截距，如图 5-13 所示。

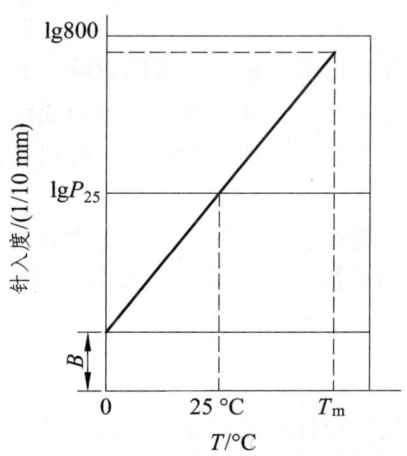

图 5-13 针入度-软化点关系图

根据试验，普费尔发现沥青在软化点（T_m）温度时，其针入度值恒等于 800。由此，以软化点的温度（T_m）、针入度值（800）与 25 ℃ 时针入度值的关系，得针入度感温系数 A 为

$$PI = \frac{\lg 800 - \lg P}{T_m - 25} \tag{5-3}$$

A 是直线的斜率，A 值越大，直线越陡，即表明当横坐标的温度 T 有一微小变化时，纵坐标的针入度值就有明显的变化，即沥青的感温性差。

【例 5-1】某沥青试样Ⅰ，测得其软化点的温度为 36 ℃，25 ℃时的针入度为 210；沥青试样Ⅱ的软化点温度为 49 ℃，25 ℃时的针入度为 98，试比较沥青试样Ⅰ与沥青试样Ⅱ的感温性。

解：

$$A_{\text{I}} = \frac{\lg 800 - \lg P}{T_m - 25} = \frac{\lg 800 - \lg 210}{36 - 25} = 0.0528$$

$$A_{\text{II}} = \frac{\lg 800 - \lg P}{T_m - 25} = \frac{\lg 800 - \lg 98}{49 - 25} = 0.038$$

因为 $A_{\text{I}} > A_{\text{II}}$，所以试样Ⅱ的感温性好。

（2）划分沥青胶体结构的类型。

如前所述，沥青按其化学组分相对含量的不同，共有三种不同的结构类型，如何从量化指标上来区别这些结构类型是一个重要的问题，针入度指数 PI 提供了鉴别沥青胶体结构类型的量化指标，即：

$PI > 2$　　凝胶型沥青

$PI < -2$　　溶胶型沥青

$PI = -2 \sim 2$　　溶凝胶型沥青

【例 5-2】某厂生产的溶剂脱沥青，经检验其针入度为 60，软化点为 45 ℃，试确定其针入度指数并判别其胶体结构。

解：$PI = \dfrac{30}{1+50A} - 10 = -2.13$

因为 $PI = -2.13 < -2$，所以该沥青属于溶胶结构。

2. 含蜡量

蜡在沥青中的存在，对沥青的技术性质有显著的影响，尤其是蜡含量过大，会显著地降低沥青的黏滞度、塑性和温度稳定性。除此之外，蜡的组成结构对沥青的性能也有影响，因此蜡是一种有害组分。目前，国产沥青中通常含有较高的蜡质，因此，如何改善含蜡沥青的性能仍是一个重要问题。

在现行规范中，含蜡量是用蒸馏法测定的。该法是先将沥青通过高温分馏，再将分馏物溶解于乙醚-乙醇混合液中，经过冷冻析出蜡晶体，即得其含蜡量占沥青质量的百分率。

5.3.8 石油沥青的选用

选用石油沥青的原则是根据工程性质（房屋、道路、防腐）及当地气候条件、所处工程部位（层面、地下）来选用。在满足上述要求的前提下，尽量选用牌号高的石油沥青，以保证有较长的使用年限。这是因为牌号高的沥青比牌号低的沥青含油分多，其挥发、变质所需时间较长，不易变硬，所以抗老化能力强，耐久性好。

通常情况下，建筑石油沥青多用于建筑屋面工程和地下防水工程、沟槽防水，以及作为建筑防腐蚀材料；道路石油沥青多用来拌制沥青砂浆和沥青混凝土，用于道路路面、车间地坪及地下防水工程。根据工程需要，还可以将建筑石油沥青与道路石油沥青掺合使用。

一般屋面用的沥青，软化点应比本地区屋面可能达到的最高温度高 20～25 ℃，以避免夏季流淌，如可选用 10 号或 30 号石油沥青。一些不易受温度影响的部位，或气温较低的地区，可选用牌号较高的沥青。

当某一牌号的石油沥青不能满足工程技术要求时，可采用两种品牌的石油沥青进行掺配。在进行掺配时，为了不使掺配后的沥青胶体结构破坏，应选用表面张力相近和化学性质相似的沥青。试验证明同产源的沥青容易保证掺配后的沥青胶体结构的均匀性。所谓同产源，是指同属石油沥青，或同属煤沥青（或煤焦油）。

5.4 煤沥青

煤在隔绝空气的条件下，经焦化、干馏得到的黏性液体称为"焦油"。焦油再经进一步加工而得到黏稠液体或半固体的产品称为"煤沥青"。

煤沥青的种类很多，按煤干馏的温度不同，可分为高温煤焦油和低温煤焦油；按工艺过程不同，可分为焦炭焦油和煤气焦油。道路建筑用的煤沥青主要是由炼焦和制造煤气得到的高温煤焦油再经加工而得到的。由高温焦油所获得的煤沥青数量最多，质量较好。因其油分含量少，故温度稳定性和气候稳定性好。

煤沥青按稠度可分为硬煤沥青和软煤沥青两类。硬煤沥青由于游离碳含量极高，脆性大，不能直接用于修筑道路路面，只能作为掺配合成沥青的原料。

5.4.1 煤沥青的化学组分与结构

煤沥青和石油沥青一样，也是一种复杂的高分子碳氢化合物及其非金属的衍生物。目前，对煤沥青化学组分的研究与前述的石油沥青方法相同，也是将煤沥青划分为几个化学性质相近且与路用性能有一定联系的组分。通常将煤沥青分离为油分、树脂、游离碳等几个组分。

现将各组分的组成和性能简述如下：

（1）游离碳。游离碳是高分子的有机化合物的固态微粒，不溶于任何有机溶剂，有足够的稳定性，只有在高温下才分解。游离碳能使煤沥青的黏滞度增加，热稳性提高；但当游离碳含量超过一定限度时，煤沥青会呈现脆性。煤沥青中的游离碳相当于石油沥青中的沥青质，但颗粒比沥青质大得多。

（2）树脂。煤沥青中的树脂分为硬树脂和软树脂两种。硬树脂是固态树脂，类似于石油沥青中的沥青质，它能增加煤沥青的黏度。软树脂是一种赤褐色黏塑性物质，类似于石油沥青中的树脂，它能使煤沥青具有塑性。

（3）油分。油分是液态碳氢化合物，类似于石油沥青的油分，它能增加煤沥青的流动性。在煤沥青的油分中还含有萘油和蒽油，它们对煤沥青的技术性质有不良影响，而且蒽油有毒，能引起呼吸道黏膜和皮肤发炎。

在煤沥青中除含有上述组分外，还有酸性和碱性等表面活性物质，且含量比石油沥青多，所以煤沥青的表面活性比石油沥青好，无论对酸性、碱性石料均有较好的黏结性。

煤沥青的结构和石油沥青类似，也是一种复杂的胶体结构。其中，游离碳和硬树脂组成的胶体微粒为分散相，油分为分散介质，软树脂为过渡性物质，它吸附在固态分散胶粒周围，并逐渐向外扩散，胶溶于油分之中，使分散系组成稳定的胶体体系。

5.4.2 煤沥青的技术性质和技术要求

煤沥青的技术性质主要有以下几项。

1. 黏　度

黏度表示煤沥青的稠度。当煤沥青组分中油分含量较少、固态树脂及游离碳含量较多时，煤沥青的黏度较大。煤沥青的温度稳定性和大气稳定性较差，当温度变化或"老化"时，其黏度也会显著地变化。煤沥青的黏度测定方法与液体沥青相同，也是用黏度计测定的。

2. 蒸馏及蒸馏后残渣的性质

煤沥青中含有各种沸点的油分，这些油分的蒸发将影响煤沥青的技术性质。为了预估煤沥青在路面使用过程中的性质变化，在测定其原始黏度的同时，还必须测定煤沥青在各馏程中所含馏分及其蒸馏后残留物的性质。

煤沥青蒸馏试验是测定试样受热时，在规定温度范围内蒸出的馏分含量，以质量百分率表示。除非特殊需要，各馏分蒸馏的标准切换温度为 170 ℃、270 ℃ 和 300 ℃。其中 170 ℃ 以前的为轻油，170 ~ 270 ℃ 的为中油，270 ~ 300 ℃ 的为重油，300 ℃ 以后的残留油为蒽油。

在蒸馏出 300 ℃ 前的油分后，再测定蒸馏后残留物的软化点、脆点等性质，以反映煤沥青的温度稳定性和"老化"速度。

3. 有害杂质的含量

煤沥青中的有害杂质对其性能有一定的影响，必须加以限制。

（1）游离碳含量。游离碳在煤沥青中能增加其黏度和热稳定性，但含量过大时，会产生低温脆裂。因此，在保证低温塑性和高温稳定性的条件下，对游离碳的含量应加以限制。

（2）酚含量。酚能溶于水，从而降低了路面的水稳性；同时酚有毒，对人类和牲畜有害。故酚在煤沥青中的含量越少越好。

（3）萘含量。萘在低温时易结晶析出，常温下易升华，使煤沥青产生假黏度而失去塑性，加快老化速度。此外，萘也有毒，故对其含量应加以限制。

（4）含水量。与石油沥青一样，煤沥青中含有水分，会使煤沥青在施工加热时造成沥青外溢，甚至引起火灾事故。因此，煤沥青中的含水量必须小于规范规定的数值。

综上所述，煤沥青与石油沥青相比，具有以下差异：

（1）煤沥青的温度稳定性差。煤沥青是由较粗的分散系组成的，树脂的可溶性高，受热容易软化。因而在加热时应严格控制温度，不宜重复加热，否则易引起性质的加剧变化。

（2）煤沥青的塑性较差。煤沥青中含有较多的游离碳，降低了沥青塑性，在使用时容易使路面开裂。

（3）煤沥青的气候稳定性差。在煤沥青的化学组成中含有未饱和的芳香烃化合物。这些物质有相当大的化学潜能，使用过程中，在周围介质（空气中的氧、湿度和紫外线等）作用下,比石油沥青更容易产生聚合、氧化等作用,使沥青的黏度增加,塑性降低,加快沥青老化。

(4)煤沥青有毒性和臭味。由于煤沥青中含有酚、蒽、萘油等有毒成分,虽然防腐性较好,但对人类、动植物均有害。蒽油的蒸气和尘粒,会引起人体各种器官的炎症,特别是在阳光作用下危害更大,因此施工时应特别注意防护措施。

(5)煤沥青与矿料的黏附性好。这是煤沥青最大的优点。由于煤沥青中含有较多的酸、碱性物质,因此,不论对酸性石料还是碱性石料,煤沥青均有较好的黏结性。煤沥青的路用技术要求见表5-10。

表5-10 道路用煤沥青技术要求

试验项目		T-1	T-2	T-3	T-4	T-5	T-6	T-7	T-8	T-9	试验方法
黏度/s	$C_{30.5}$	5~25	26~70								T0621
	$C_{30.10}$			5~25	26~50	51~120	121~200				
	$C_{50.10}$							10~75	76~200		
	$C_{60.10}$									35~65	
蒸馏试验,馏出量/%	170 ℃前不大于	3	3	3	2	1.5	1.5	1.0	1.0	1.0	T0641
	270 ℃前不大于	20	20	20	15	15	15	10	10	10	
	300 ℃	15~35	15~35	30	30	25	25	20	20	15	
300 ℃蒸馏残留物软化点(环球法)/℃		30~5	30~45	35~65	35~65	35~65	35~65	40~70	40~70	40~70	T0606
水分不大于/%		1.0	1.0	1.0	1.0	1.0	0.5	0.5	0.5	0.5	T0612
甲苯不溶物不大于/%		20	20	20	20	20	20	20	20	20	T0646
萘含量不大于/%		5	5	5	4	4	3.5	3	2	2	T0645
焦油酸含量不大于/%		4	4	3	3	2.5	2.5	1.5	1.5	1.5	T0642

5.5 乳化沥青

乳化沥青是沥青经机械作用分裂为细微的液滴,分散在含有表面活性物质的水介质中,形成的均匀稳定的分散系。这种分散系呈茶褐色,具有高流动性,可以在常温下施工,无毒无臭,并能与潮湿矿料有良好的黏附性。因此,用乳化沥青修筑的路面有节约能源、减少污染、便利施工、降低成本等优点。

5.5.1 乳化沥青的组成材料

乳化沥青主要由沥青、水和乳化剂等三个部分所组成。

1. 沥 青

沥青是乳化沥青的基本组分,它在乳化沥青中占55%~70%,针入度值大多数为100~150(0.01 mm)。沥青材料的性能直接决定着乳化沥青的质量和路用性能的好坏,通常活性组分含量低的沥青不易乳化。

2. 水

水是乳化沥青中的第二大组分。水能溶解、润湿、黏附其他物质，并起缓和化学反应的作用。生产乳化沥青所用的水应相当纯净，不宜太硬，否则对乳化沥青性能将有很大影响。

3. 乳化剂

乳化沥青的性能在很大程度上依赖于乳化剂的性能，是乳化剂使互不相溶的沥青和水结合在一起，形成均匀稳定的分散系。

在选择乳化剂时，要考虑沥青与乳化剂的憎水基之间是否有很好的亲和力。如果两者的亲和力小，乳化剂就会脱离沥青而溶于水中，使沥青微粒相互聚凝，失去乳化作用。乳化剂的化学结构与沥青越接近，其相互亲和力就越强，乳化效果越好。另外，从沥青的胶体结构来看，其最外层为油分，油分的分子结构大部分为直链烷烃。因此，在选择乳化剂时，也以直链烷烃亲油基较多者为好。

常用的乳化剂有阴离子乳化剂和阳离子乳化剂两种。阴离子乳化剂价格便宜，但对水的要求严，不宜用硬水，否则稳定性差，易凝聚，铺成的路面对水的敏感性大。

阳离子乳化剂制作乳化沥青操作比较简单，硬水也可以生产，对矿料的要求也不严格，不仅能与潮湿的硅酸盐矿料紧密结合，而且与碱性矿料也有很好的黏结性。因此，用阳离子乳化剂制成的乳化沥青稳定性好，在低温、潮湿气候条件下，施工不影响工程质量，而且路面成型较快。

4. 稳定剂

在施工中，为使乳液具有良好的储存稳定性和施工稳定性，可加入适量的稳定剂。稳定剂的类型有无机和有机稳定剂两种，在使用稳定剂时应注意它与乳化剂的匹配作用。

5.5.2 乳化沥青的形成机理

沥青与水本来是不相溶的，尽管热沥青通过机械作用分散在水中形成沥青乳状液，但由于沥青与水的表面张力相差较大，当液滴相互碰撞时，沥青就会自动聚结。因此，要使乳状液成为稳定体系，就必须设法降低沥青与水的表面张力差。乳化剂就能起到这个作用。当加入乳化剂后，它能在沥青与水的界面上形成定向排列，如图 5-14 所示，从而降低了沥青与水的界面张力。

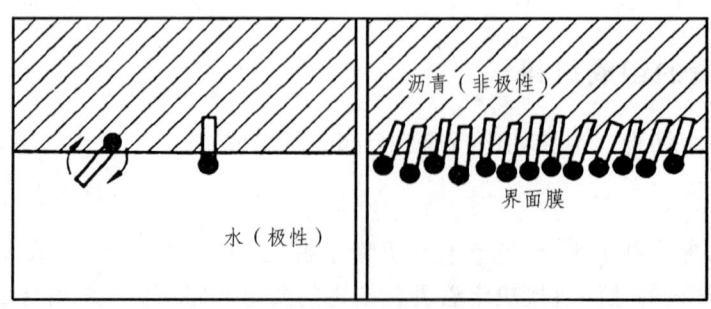

图 5-14 乳化剂在沥青与水界面定向排列

在降低界面张力的同时，由于乳化剂吸附在沥青微粒的表面，故在微粒表面形成一层界面膜，这种界面膜具有一定的强度，对沥青微粒起着保护作用，使其在相互碰撞时不易凝结。界面膜的强度和紧密程度与乳化剂的浓度有密切的关系。乳化剂用量适当时，界面膜由紧密排列的定向分子组成，膜的强度较大，能形成稳定的沥青乳液。

在稳定的沥青乳液中沥青微粒都带有电荷。这种电荷来源于电离、吸附和沥青微粒与水之间的摩擦。每一沥青微粒的界面上都带有相同电荷，使沥青颗粒间相互排斥，达到相互分散颗粒的作用。

由此可知，乳化沥青之所以能形成稳定的乳液，主要原因是：
(1) 乳化剂降低了沥青与水的界面张力，抵制颗粒凝结。
(2) 界面膜的形成对沥青微粒起了保护作用。
(3) 颗粒表面因带有同性电荷，相互排斥，达到了分散颗粒的作用。

5.5.3 乳化沥青的分裂机理

当乳化沥青洒布到路面接触集料以后，要使沥青具有黏聚力，沥青微粒必须从乳液中分裂出来，在集料表面聚结形成一层连续的沥青薄膜，这一过程称为"分裂"。乳液分裂的外观特征是它的颜色由棕褐色变成黑色，只有当乳液中水分全部蒸发尽时，沥青才能产生黏聚力。

沥青乳液的分裂过程主要与下列因素有关：

1. 蒸发作用

乳化沥青洒到路上后，随即产生蒸发作用，这种蒸发和普通水的蒸发现象一样。在温度较高及有风的条件下，水分蒸发快；开阔的路面比有树荫遮盖的路面蒸发快。

在水分蒸发的初期，乳液的分裂是可逆的。当遇到雨水时，乳液会再乳化，甚至被雨水冲走。但当乳液完全分裂，沥青微粒形成一层连续的黑色的薄膜黏结在集料表面时，则不再受雨水和行车荷载的影响，其路用性能与热拌沥青路面几乎没有差别。

2. 乳液与集料的吸附作用

沥青乳液与集料接触后，由于沥青微粒与集料都带有异性电荷，因而会产生离子吸附，使骨料表面迅速牢固地形成一层沥青薄膜，其中的水分被排除。这一反应过程不受气温、湿度和风速等因素的影响，故能形成高强度的路面。

同时，当沥青乳液与干燥集料作用时，集料的毛细作用，可使沥青乳液加速凝结。因此，采用高强多孔的石料或高炉矿渣对乳液分裂是有利的。

此外，乳液的分裂还与碾压有关。一般情况，当乳液中水分蒸发到沥青占乳液的 80%~90%时，乳液开始凝结，此时碾压产生的应力也促使沥青凝结。

5.5.4 乳化沥青技术标准

现行规范制定了道路用乳化沥青的技术标准，路用阳离子乳化沥青和阴离子乳化沥青的质量均应满足表 5-11 的要求。

表 5-11 道路用乳化石油沥青技术要求

试验项目		单位	品种及代号										试验方法
			阳离子				阴离子				非离子		
			喷洒用			拌和用	喷洒用			拌和用	喷洒用	拌和用	
			PC-1	PC-2	PC-3	BC-1	PA-1	PA-2	PA-3	BA-1	PN-2	BN-1	
破乳速度			快裂	慢裂	快裂或中裂	慢裂或中裂	快裂	慢裂	快裂或中裂	慢裂或中裂	慢裂	慢裂	T0658
粒子电荷			阳离子（+）				阴离子（-）				非离子		T0653
筛上残留物（1.18 mm 筛）不大于		%	0.1				0.1				0.1		T0652
黏度	恩格拉黏度 E_{25}		2~10	1~6	1~6	2~30	2~10	1~6	1~6	2~30	1~6	2~30	T0622
	沥青标准黏度 $C_{25,3}$	s	10~25	8~20	8~20	10~60	10~25	8~20	8~20	10~60	8~20	10~60	T0621
蒸发残留物	残留物含量不小于	%	50	50	50	55	50	50	50	55	50	55	T0651
	溶解度,不小于	%	97.5				97.5				97.5		T0607
	针入度（25 ℃）	0.1 mm	50~200	50~300	45~150		50~200	50~300	45~150		50~300	60~300	T0604
	延度（15 ℃），不小于	cm	40				40				40		T0605
与粗集料的黏附性，裹覆面积不小于			2/3			—	2/3			—	2/3	—	T0654
与粗、细粒式集料拌和试验			—			均匀	—			均匀	—		T0659
水泥拌和试验的筛上剩余不大于		%	—				—				—	3	T0657
常温储存稳定性：1 d 不大于 5 d 不大于		%	1 5				1 5				1 5		T0655
低温储存稳定性（-5 ℃）			无颗粒状，不结块										T0656

注：（1）P 为喷洒型，B 为拌和型，C、A、N 分别表示阳离子、阴离子、非离子乳化沥青；
（2）黏度可选用恩格拉黏度计或沥青标准黏度计之一测定；
（3）表中的破乳速度、与集料的黏附性、拌和试验的要求与所使用的石料品种有关，质量检验时应采用工程上实际的石料进行试验，仅进行沥青产品质量评定时可不要求此三项指标；
（4）储存稳定性根据施工实际情况选用试验时间，通常采用 5 d，乳液生产后能在当天使用时也可用 1 d 的稳定性；
（5）当乳化沥青需要在低温冰冻条件下储存或使用时，尚需按 T 0656 进行低温贮存稳定性试验，要求没有粗颗粒、不结块；
（6）如果乳化沥青是将高浓度产品运到现场经稀释后使用，则表中的蒸发残留物等各项指标指稀释前乳化沥青的要求。

5.6 其他沥青

5.6.1 再生沥青

再生沥青是已经老化的沥青，经掺加再生剂后使其恢复到原来（甚至超过原来）性能的一种沥青。

1. 沥青材料的老化

沥青材料的老化是指沥青材料在路面中受到自然因素（氧、光、热和水等）的作用，随时间而产生不可逆的化学组成结构和物理-力学性能变化的过程。

（1）化学组分移行。

沥青是多种化学结构极其复杂的化合物组成的混合物，将其分离为几个组分来研究，这种方法称为"化学沉淀法"。该法将沥青分离为沥青质、氮基、第一酸性分、第二酸性分和链烷分等五个组分。

沥青在路面中受到自然因素作用后，就会导致沥青组分"移行"，也即沥青质显著增加，氮基和第一酸性分减少，第二酸性分稍有减少，链烷分变化很少，甚至几乎没有变化。现举国产沥青的一个例子，见表 5-12。

表 5-12 老化沥青和再生沥青的化学组分示例

沥青种类	化学组分				
	链烷分 P	第二酸性分 A2	第一酸性分 A1	氮基 N	沥青质 At
原始沥青	21.9	29.1	13.1	24.9	11.0
老化沥青	20.6	21.1	12.4	15.4	30.5
再生沥青	16.5	22.4	7.0	25.1	29.0

（2）物理-力学性质变化。

沥青化学组分的移行引起沥青物理-力学性质的变化。通常的规律是针入度变小、延度降低、软化点和脆点升高，表现为沥青变硬、变脆、延伸性降低，导致路面产生裂缝、松散等破坏。同前例，沥青老化后物理-力学性质变化见表 5-13。

表 5-13 老化沥青和再生沥青技术性质示例

沥青种类	技术性质			
	针入度/0.1 mm	延度/cm	软化点/°C	脆点/°C
原始沥青	106	73	48	-6
老化沥青	39	23	55	-4
再生沥青	80	78	49	-10

2. 沥青的再生

（1）沥青再生机理。

沥青再生的机理目前有两种理论。一种理论是"相容性理论"，该理论从化学、热力学出发，认为沥青产生老化的原因是沥青胶体物质中各组分相溶性降低，导致组分间溶度参数差增大。如能掺入一定的再生剂使其溶度参数差减小，沥青即能恢复到（甚至超过）原来的性质。一种理论是"组分调节理论"。该理论是从化学组分移行出发，认为由于组分的移行，沥青老化后，某些组分偏多，而某些组分偏少，各组分间比例不协调，所以导致沥青路用性能降低。如能通过掺加再生剂调节其组分，则沥青将恢复原来的性质。

（2）沥青化学组分调节。

从表 5-12 沥青老化后化学组分移行可以看出：由于第一酸性分转变为氮基的数量不足以补偿氮基转变为沥青质的数量，所以氮基数量的显著减少是沥青老化的主要特征。所以，再生剂必须是以氮基为主的物剂。前例沥青经掺加再生剂和改性剂后，再生沥青的技术性质与原有沥青相近，见表 5-12 和表 5-13。

5.6.2 改性沥青

1. 概 述

随着国民经济的高速发展，国家对交通运输的需求不断增大。现代高等级沥青路面的交通特点是交通密度大，车辆轴载重，荷载作用间歇时间短，以及高速和渠化。这些特点造成沥青路面高温出现车辙，低温产生裂缝，抗滑性很快衰降，使用年限不长，出现坑槽、松散等水损坏以及局部龟裂等。为进一步提高沥青混合料的路用性能，必须对沥青加以改性，也即提高沥青的流变性能，改善沥青与集料的黏附性，延长沥青的耐久性。

改性沥青是指掺加橡胶、树脂、高分子聚合物、磨细的橡胶粉或其他填料等外掺剂（改性剂），或采取对沥青轻度氧化加工等措施，使沥青的性能得以改善而制成的沥青结合料。

改性剂是指在沥青中加入的天然的或人工的有机或无机材料，可熔融分散在沥青中，改善或提高沥青路面性能（与沥青发生反应或裹覆在集料表面上）。

2. 改性沥青的分类及其特性

从狭义上来说，现在所指道路改性沥青一般是指聚合物改性沥青。按照改性剂的不同，改性沥青一般分为以下几类：

（1）热塑性橡胶类改性沥青。

改性剂主要是苯乙烯嵌段共聚物，如苯乙烯-丁二烯-苯乙烯（SBS）、苯乙烯-异戊二烯-苯乙烯（SIS）、苯乙烯-聚乙烯/丁基-聚乙烯（SE/BS）。其中：SBS 常用于路面沥青混合料；SIS 主要用于热熔黏结料；SE/BS 则应用于抗氧化、抗高温变形要求高的道路。目前，世界各国道路改性沥青使用最多的是 383 改性沥青。例如，首都机场高速公路及八达岭高速公路用的就是此种改性沥青。

SBS 类改性沥青的最大特点是高温稳定性和低温抗裂性能都好，且有良好的弹性恢复性能、抗老化性能。383 使软化点提高最大，使 5 °C 延度大幅度增大，且薄膜加热后的针入度比保留在 90%以上。

（2）橡胶类改性沥青。

使用最多的橡胶类改性材料是丁苯橡胶（SBR）和氯丁橡胶（CR）。其中 SBR 是世界上应用最广泛的改性剂之一，尤其是胶乳形式的使用越来越广泛。CR 具有极性，常掺入煤沥青中使用，已成为煤沥青的改性剂。

SBR 改性沥青的最大特点是低温性能得到改善，以 5 °C 延度作为主要指标。但其在老化试验后，延度严重降低，所以主要适宜在寒冷气候条件下使用。例如青藏二级汽车专用公路上就铺筑了 157 万平方米的橡胶沥青路面。

(3) 热塑性树脂类改性沥青

聚乙烯（PE）、聚丙烯、聚氯乙烯、聚苯乙烯和乙烯-乙酸乙烯酯共聚物（EVA）等在道路沥青的改性中都被应用过，这一类热塑性树脂的共同特点是加热后软化，冷却时变硬；此类改性剂的最大特点是使沥青结合料在常温下黏度增大，从而使高温稳定性增加，遗憾的是并不能使沥青混合料的弹性增加，且加热后易离析，再次冷却时产生众多的弥散体。不过这些局限性一定程度上已被接受。例如，浙江杭州钱江二桥就使用了EVA改性沥青铺筑桥面。

(4) 掺加天然沥青的改性沥青

天然沥青是石油经过历史上长期的、长达亿万年的沉积、变化，在热、压力、氧化、触媒、细菌的综合作用下生成的沥青类物质。通常可掺加的天然沥青有湖沥青（如特立尼达湖沥青 TLA）、岩石沥青（如美国的 Gilsonite）和海底沥青（如 BMA）等。掺加的混合沥青有良好的高温稳定性及低温抗裂性能，耐久性好；掺加岩石的沥青有抗剥离、耐久性、高温抗车辙、抗老化特点。掺加天然沥青的改性沥青适用于重交通道路、飞机场跑道、抗磨耗层等，最小铺筑厚度可减薄到 2 cm，由此降低了工程造价。

(5) 其他改性沥青

① 多价金属皂化物。多价金属与一元羧酸所形成的盐类称为金属皂。将一定的金属皂溶解在沥青中，可使延度增加，脆点降低，明显提高与集料的黏附性能，增加沥青混合料的强度，提高沥青路面的柔性和疲劳强度。

② 炭黑。炭黑是由石油、天然气等碳氢化合物经高温不完全燃烧而生成的高含碳量粉状物质。在改性好的 383 改性沥青中混入炭黑综合改性，可使改性沥青的黏度增大，回弹性能提高。

③ 玻纤格栅。将一种自黏结型的玻璃纤维格栅，用一种专门的摊铺机铺设，铺在沥青混合料层中，可使其耐热、黏结性变好。这些格栅对提高高温抗车辙能力及低温抗裂性能都有良好效果，同时还可防治沥青路面的反射性裂缝。

3. 改性沥青的应用和发展

目前，改性沥青可用于做排水或吸音磨耗层及其下面的防水层；在老路面上做应力吸收膜中间层，以减少反射裂缝，在重载交通道路的老路面上加铺薄或超薄的沥青面层，以提高耐久性；在老路面上或新建一般公路上做表面处治，以恢复路面使用性能或减少养护工作量等。我国现在正处于高等级公路的大规模建设时期，使用改性沥青时，应当特别注意路基、路面的施工质量，以避免产生路基沉降和其他早期损坏。否则，使用改性沥青就达不到应有的效果。

SBS 改性沥青无论在高温、低温、弹性等方面都优于其他改性沥青，所以我国改性沥青的发展方向应该以 SBS 作为主要方向。尤其是现在，SBS 的价格比以前有了大幅度的降低，仅成本这一项，它就可以和 PE、EVA 竞争。明确这一点对于我国发展改性沥青十分重要。

本章小结

石油沥青是由多种极其复杂的碳氢化合物和这些碳氢化合物的非金属衍生物组成的混合物，它的化学元素主要是碳（80%~87%）和氢（10%~15%），其次是非烃元素，如氧、硫、氮等（<3%）。此外，还含有一些微量的金属元素，如镍、钒、铁、锰、钙、镁、钠等，但含量都很少，约为几个至几十个 ppm（百万分之一）。

沥青按其在自然界中获取的方式不同，分为地沥青和焦油沥青两大类。

工程中最常用的是石油沥青，其次是煤沥青。

石油沥青来源于原油。石油沥青按其在常温下的稠度不同，可以分为液体沥青和黏稠沥青；按石油沥青的加工方法不同，可以分为直馏沥青、蒸馏沥青和氧化沥青；按原油的成分不同，可以分为石蜡基沥青、环烷基沥青和中间基沥青。石油沥青的三组分分析法是将石油沥青分离为油分、树脂和沥青质 3 个组分。沥青的胶体结构类型可以分为溶胶结构、凝胶结构和溶-凝胶结构三种基本结构，路用性能最好的是溶-凝胶型沥青。

石油沥青的技术性质主要包括物理特征常数、黏结性、塑性、感温性和耐久性。物理特征常数包括密度、热胀系数和介电常数。沥青的黏性是指沥青材料在外力的作用下，沥青粒子产生相互位移的抵抗变形的能力，反映沥青材料内部阻碍其相对流动的一种特性。沥青的黏结性可以用绝对黏度和条件黏度来表示。通常用条件黏度中的针入度、标准黏度和软化点来描述沥青的黏结性。塑性是指沥青在外力作用下，产生变形而不破坏的能力。测定沥青塑性的常用方法是延度试验法。针入度、软化点和延度是评价黏稠石油沥青路用性能最常用的经验指标，所以通称"三大指标"。沥青材料的温度感应性（感温性）包括高温稳定性和低温抗裂性，是评价沥青技术性质的一个重要指标。软化点和脆点是表示沥青感温性的主要指标。沥青路面的耐久性指的是沥青路面在气候、行车荷载作用下保持原有性能的能力。影响沥青耐久性的因素主要有：大气（氧）、日照（光）、温度（热）、雨雪（水）、环境（氧化剂）以及交通（应力）等因素。

煤在隔绝空气的条件下，经焦化、干馏得到的黏性液体称为"焦油"。焦油再经进一步加工而得到黏稠液体或半固体的产品称为"煤沥青"。按煤沥青的稠度可分为硬煤沥青和软煤沥青两类。煤沥青的技术性质主要有黏度、蒸馏及蒸馏后残渣的性质和有害杂质的含量。

乳化沥青是沥青经机械作用分裂为细微的液滴，分散在含有表面活性物质的水介质中，形成的均匀稳定的分散系，具有高流动性，可以在常温下施工，无毒无臭，并能与潮湿矿料有良好的黏附性。用乳化沥青修筑的路面有节约能源、减少污染、便利施工、降低成本等优点。乳化沥青主要由沥青、水和乳化剂等三个部分所组成。

再生沥青是已经老化的沥青，经掺加再生剂后使其恢复到原来（甚至超过原来）性能的一种沥青。

改性沥青是指掺加橡胶、树脂、高分子聚合物、磨细的橡胶粉或其他填料等外掺剂（改性剂），或采取对沥青轻度氧化加工等措施，使沥青的性能得以改善而制成的沥青结合料。

改性剂是指在沥青中加入的天然的或人工的有机或无机材料，可熔融分散在沥青中，改善或提高沥青路面性能（与沥青发生反应或裹覆在集料表面上）。

复习思考题

1. 沥青如何分类?
2. 石油沥青的三组分分析法,将石油沥青分离为哪三种物质?
3. 为什么要控制石油沥青中蜡的含量?
4. 石油沥青中的胶团是怎么形成的?
5. 石油沥青的胶体结构有哪几种?每种胶体结构沥青的特点是什么?
6. 石油沥青的物理特征常数包含哪些?
7. 解释石油沥青的黏结性。如何评价石油沥青的黏结性?
8. 解释石油沥青的塑性。如何评价石油沥青的塑性。
9. 解释石油沥青的感温性。如何评价石油沥青的感温性。
10. 解释沥青的"老化",说明"老化"的过程。
11. 解释沥青的闪点和燃点。
12. 简述煤沥青的技术性质。
13. 乳化沥青的组成材料有哪些?

第六章 沥青混合料

 本章描述

本章重点阐述矿质混合料（粗集料、细集料和填料）的级配理论和组成设计方法，以及沥青混合料的组成结构、技术性质、组成材料和设计方法。

 教学目标

1. 能力目标

能对沥青混合料进行正确的分类。

能根据沥青混合料的技术性质，在工程施工过程中正确选用沥青混合料。

2. 知识目标

熟悉沥青混合料的结构类型和强度形成原理。

掌握沥青混合料的技术性质和技术标准。

了解沥青混合料的设计过程。

3. 素质目标

养成严谨求实的工作作风。

具备协作精神。

具备一定的组织协调能力。

沥青混合料是经人工合理选择级配组成的矿质混合料（粗集料、细集料和填料），与适量沥青材料拌和而成的混合料的总称。沥青混合料包括沥青混凝土混合料和沥青碎石混合料两大类。

沥青混凝土混合料（简称AC）是由适当比例的粗集料、细集料及填料与沥青在严格控制条件下拌和的沥青混合料。

沥青碎石混合料（简称AM）是由适当比例的粗集料、细集料及填料（或不加填料）与沥青拌和的沥青混合料。

沥青混凝土混合料（AC）和沥青碎石混合料（AM）的区别如下：

（1）矿质混合料（粗集料、细集料和填料）级配不同。

（2）沥青混凝土混合料中有矿粉，而沥青碎石混合料中没有矿粉。

（3）空隙率不同。沥青碎石混合料的空隙率较大，一般不用在路面结构的上面层。

6.1 沥青混合料的分类

6.1.1 沥青混合料的特点

1. 沥青混合料的优点

沥青混合料作为高等级公路最主要的路面材料，是因为它具有许多其他建筑材料无法比

拟的优越性,具体如下:

(1) 优良的结构力学性能和表面功能特性。

一般沥青路面均具有良好的受力特性、路面平整、无裂缝或接缝、柔韧舒适、货物损失率低、噪声小等优点。

(2) 良好的表面抗滑性能。

沥青路面既平整,又粗糙,有一定的粗、细纹理构造,能保证车辆高速安全行驶。

(3) 施工方便。

沥青路面可以集中拌和(厂拌)、机械化施工(摊铺、碾压等),完全可以实现大面积施工,质量能够得以保障,及早开放交通。

(4) 经济耐久性好。

与水泥路面相比,沥青路面一次性投资要低得多,但其使用寿命一般在高速公路和机场道面中以15年计,实际使用中只要施工质量好、养护保养及时,有的可以使用20年。

(5) 便于再生利用。

沥青再生利用已成为发达国家一项热门的可持续发展和能源再生领域的新型课题,我国目前也在进行这方面的研究和技术开发。

(6) 其他:如抗震性好、日照下不反射引起眩光、晴天无扬尘、雨后不泥泞等。

2. 沥青混合料的缺点

沥青混合料在使用过程中有诸多优点,但是也存在一些问题,具体如下:

(1) 沥青易老化。

沥青是多组分有机材料,随着使用期的延长,沥青的胶体结构和组成成分发生变化,使沥青黏性变差、塑性降低、沥青路面易表面松散、整体性降低,从而导致结构破坏。

一般可以添加抗老化剂,如添加炭黑可以起到抗氧化的作用,增强沥青的抗老化特性;还有其他材料如阻酚类、氨基甲酸酯类、钙盐、胺类等,但目前研究尚不成熟。

(2) 温度敏感性较差。

夏季高温易流淌,高温稳定性差;低温易发脆,抗裂性能差。可采用优质沥青或采取改性措施等加以改善。

6.1.2 沥青混合料的分类

沥青混合料一般由矿质混合料(粗集料、细集料和填料)和沥青组成,有时还有外加剂,其性能好坏与其组成材料有关。

通常根据沥青混合料中材料的组成特性、施工的方式等,沥青混合料有以下几种分类方法。

1. 根据矿质混合料的级配类型分类

矿料由适当比例的粗集料、细集料和填料组成,根据矿料级配组成的特点及压实后剩余空隙率的大小,可以将沥青混合料分为以下几类:

(1) 连续密级配沥青混凝土混合料

特点:沥青混合料中的矿料,从大到小各级粒径都有,且空隙率较低(一般小于10%)。

主要代表沥青混合料有:AC(即密实式沥青混凝土混合料)和ATB(即密实式沥青稳定

碎石混合料）两类。前者设计空隙率通常为 3%～6%，具体应根据不同的交通类型、气候特点而定，按关键性筛孔通过率的不同它又可分为粗型（C 型）或细型（F 型）密级配沥青混合料等，具体见表 6-1，可适用于任何面层结构；后者设计空隙率也为 3%～6%，但粒径为粗粒式及特粗式，一般称为密级配沥青稳定碎石混合料（ATB），主要适用于基层。

表 6-1　粗型和细型密级配沥青混凝土的关键筛孔通过率

混合料类型	公称最大粒径/mm	用以分类的关键性筛选/mm	粗型密级配		细型密级配	
			名称	关键性筛孔通过率/%	名称	关键性筛孔通过率/%
AC-25	26.5	4.75	AC-25C	<40	AC-25F	<40
AC-20	19	4.75	AC-20C	<45	AC-20F	<45
AC-16	16	2.36	AC-16C	<38	AC-16F	<38
AC-13	13.2	2.36	AC-13C	<40	AC-13F	<40
AC-10	9.5	2.36	AC-10C	<45	AC-10F	<45

（2）连续半开级配沥青混合料。

特点：沥青混合料中的矿料，从大到小各级粒径都有，粗细集料含量相对密级配要多，填料较少或不加填料，但空隙率较密集配混合料稍高，空隙率一般为 10%～15%。

主要代表混合料：沥青碎石混合料 AM，适用于三级及三级以下公路、乡村公路，此类沥青混合料表面应设置致密的上封层。

（3）开级配沥青混合料。

特点：矿料级配主要由粗集料组成，细集料和填料较少，因此空隙率较大（一般大于 15%）。

主要代表混合料：排水式沥青磨耗层混合料 OGFC，排水式沥青稳定碎石基层 ATPB。

（4）间断级配沥青混合料。

特点：沥青混合料中的矿料缺少一个或两个档次粒径，一般情况下粗集料和填料含量较多，中间集料含量较少。

主要代表混合料如沥青玛琋脂碎石混合料 SMA。

2. 按矿料的最大粒径分类

集料最大粒径指筛分试验中，通过百分率为 100% 的最小标准筛孔尺寸，如 AC-16，其最大粒径为 19 mm。

集料公称最大粒径指全部通过或允许少量不通过的最小一级标准筛筛孔尺寸，如 AC-16，其公称最大粒径为 16 mm，实际上沥青混合料名称中的数值即为公称最大粒径。

沥青混合料一般按公称最大粒径的大小可分为特粗式、粗粒式、中粒式、细粒式和砂粒式，与之相对应的最大粒径和公称最大粒径见表 6-2。

3. 根据结合料的类型分类

根据所用沥青结合料的不同，沥青混合料可分为石油沥青混合料和煤沥青混合料，但煤沥青对环境污染严重，一般工程中很少采用煤沥青混合料。

4. 根据沥青混合料拌和与铺筑温度分类

按照这种分类方法，可以将沥青混合料分为热拌热铺沥青混合料和常温沥青混合料。前者主要采用黏稠石油沥青作为结合料，需要将沥青与矿料在热态下拌和、热态下摊铺碾压成型；后者则采用用乳化沥青、改性乳化沥青或液体沥青在常温下与矿料拌和后铺筑而成。

表 6-2　沥青混合料按公称最大粒径的分类表

沥青混合料类型	公称最大粒径/mm	最大粒径/mm	密级配		半开级配	开级配		间断级配
			连续密级配沥青混凝土 AC	沥青稳定碎石 ATB	沥青碎石混合料 AM	排水式沥青磨耗层 OGFC	排水式沥青稳定碎石 ATPB	沥青玛琋脂碎石混合料 SMA
砂粒式	4.75	9.5	AC-5	—	AM-5	—	—	—
细粒式	9.5	13.2	AC-10	—	AM-10	OGFC-10	—	SMA-10
	13.2	16	AC-13	—	AM-13	OGFC-13	—	SMA-13
中粒式	16	19	AC-16	—	AM-16	OGFC-16	—	SMA-16
	19	26.5	AC-20	—	AM-20	—	—	SMA-20
粗粒式	26.5	31.5	AC-25	ATB-25	—	—	ATPB-25	—
	31.5	37.5	—	ATB-30	—	—	ATPB-30	—
特粗式	37.5	53.0	—	ATB-40	—	—	ATPB-40	—
设计空隙率/%			3~6	3~6	6~12	≥18	≥18	3~4

5. 根据强度形成原理分类

沥青混合料的组成材料不同，其强度形成原理也不同，一般可以分为嵌挤原则和密实原则两大类。

按嵌挤原则构成的沥青混合料的结构强度主要是以矿料颗粒之间的嵌挤力和内摩阻力为主，以沥青结合料[在沥青混合料中起胶结作用的沥青类材料（含添加的外掺剂、改性剂等）的总称]的黏聚力为辅形成的，如沥青贯入式、沥青表处和沥青碎石等路面结构均属于此类。

按嵌挤原则构成的沥青混合料的特点是以较粗的、颗粒尺寸均匀的矿物质颗粒构成骨架，沥青结合料填充其空隙，黏结成整体。这类沥青混合料的结构强度受自然因素（温度）的影响较小。

按密实原则构成的沥青混合料则主要是以沥青结合料的黏聚力为主，矿料间的嵌挤力和内摩阻力为辅，一般的沥青混凝土都属于此类。

6.2　沥青混合料的组成结构和强度理论

沥青混合料主要是由沥青、粗集料、细集料、填料和外加剂（如抗剥离剂、抗老化剂、聚合物改性剂等）组成的混合料。沥青混合料中各组成材料的性质和数量有所不同，使沥青混合料具有不同的组成结构，从而表现出不同的材料性能。

影响沥青混合料材料性能的主要因素有矿料颗粒的大小和不同粒径的分布、颗粒组成的空间位置关系、沥青的分布特征和矿料颗粒表面沥青层的性质、沥青混合料空隙率的大小、空隙的分布与空隙间的连通情况、外加剂与其他材料的相容性及外加剂对沥青与矿料性能的改善情况等。本节主要讨论沥青混合料的结构形成和强度理论及其组成结构类型。

6.2.1　沥青混合料组成结构的现代理论

1. 表面理论

传统的表面理论认为沥青混合料是由粗、细集料和填料经过人工的组配，形成的具有一定级配的矿质骨架，沥青分布在矿质骨料表面。由于沥青具有黏结性，因此将矿质骨料胶结成具有强度的整体。这种理论可以用图 6-1 表示。

图 6-1　沥青表面理论示意图

其中沥青的胶结作用是一个相当复杂的过程，它包括物理吸附、化学吸附过程及选择性吸附作用等。

物理吸附是在固-液界面产生的表面张力作用下，在矿料表面形成定向吸附和湿润现象，吸附的沥青没有发生任何化学变化。

化学吸附是沥青中的沥青酸及沥青酸酐与矿料表面的金属阳离子之间产生的化学反应，生成沥青酸盐。化学吸附比物理吸附产生的吸附作用更强烈，形成的沥青膜更稳定。

选择性吸附主要是由于矿料表面的微孔或毛细孔产生的吸附作用，使得沥青中的小分子如油分和树脂被吸收而使沥青质相对增多，增强了沥青的黏聚力，从而使沥青与矿料作用更稳固。

2. 胶浆理论

近代胶浆理论认为混合料是一种多级空间网状结构的分散系，以粗集料为分散相分散在沥青砂浆中形成粗分散系，而沥青砂浆是由细集料为分散相分散到沥青胶浆中的细分散系，沥青胶浆则是以填料为分散相分散在沥青介质中形成的微分散系。上述 3 级分散系中，因沥青胶浆最为基础，也最为重要，因此沥青胶浆的组成结构决定了沥青混合料的感温性（即高温稳定性和低温抗裂性）。

胶浆理论主要研究矿粉的矿物组成、矿粉级配（尤其是 < 0.075 mm 的成分）、沥青与矿粉间的交互作用，特别强调采用高稠度的沥青、大的沥青用量和间断级配的矿质混合料。这种理论认知可图解（图 6-2）如下：

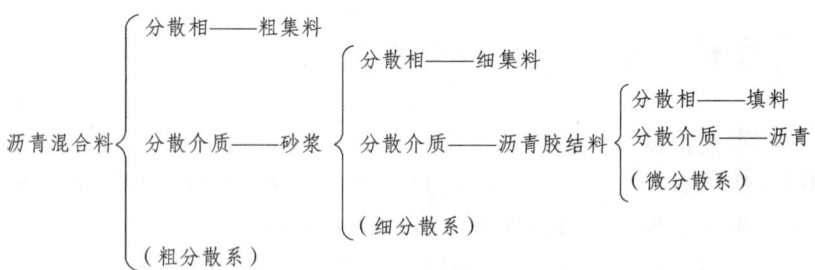

图 6-2　沥青混合料胶浆理论示意图

6.2.2　沥青混合料的结构类型

由于材料组成分布、矿料与矿料及矿料与沥青间的相互作用、剩余空隙率的大小等的不同，混合料可分为悬浮-密实结构、骨架-空隙结构、骨架-密实结构三大类。

1. 悬浮-密实结构

如图 6-3（a）所示，该结构组成的基本特点是：采用连续级配，矿料颗粒连续存在，而且细集料含量较多,将较大颗粒挤开,使大颗粒不能形成骨架,而较小颗粒与沥青胶浆含量比较充分,将空隙填充密实,使大颗粒悬浮于较小颗粒与沥青胶浆之间,形成"悬浮-密实"结构。

代表类型:按照连续密级配原理设计的 AC 型沥青混合料是典型的悬浮-密实结构。

力学特点:大颗粒未形成骨架,内摩擦角 φ 值较小;小颗粒与沥青胶浆含量充分,黏聚力 c 值较大。

路用性能特点:由于压实后密实度大,该类混合料水稳定性、低温抗裂性和耐久性较好;但其高温性能对沥青的品质依赖性较大,因此高温稳定性较差。

2. 骨架-空隙结构

如图 6-3(b)所示,该结构组成的基本特点:采用连续开级配,粗集料含量高,彼此相互接触形成骨架;但细集料过少(甚至没有),不易填充粗集料之间形成的较大的空隙,形成所谓的"骨架-空隙结构。

代表类型:沥青碎石 AM 和开级配磨耗层沥青混合料 OGFC 等。

力学特点:大颗粒形成骨架,内摩擦角 φ 值较大;小颗粒与沥青胶浆含量不充分,黏聚力 c 值较低。

路用性能特点:粗集料充分发挥其骨架作用,使沥青混合料高温稳定性好;由于细集料含量少,空隙未能充分填充,耐水害、抗疲劳和耐久性能较差,所以一般要求采用高黏稠沥青,以防止沥青老化和剥落。

3. 骨架-密实结构

如图 6-3(c)所示,其结构组成特点:采用间断级配,粗、细集料含量较高,中间集料含量很少或缺失。这样一来既有较多的粗集料相互接触能形成骨架,同时又有适量的细集料和沥青充分填充骨架间的空隙,形成既嵌挤又密实的"骨架-密实"结构。

代表类型:沥青玛琦脂碎石混合料 SMA。

 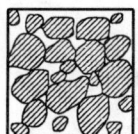 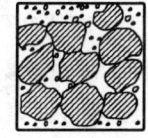

(a)悬浮-密实结构　　(b)骨架-空隙结构　　(c)骨架-密实结构

图 6-3　沥青混合料的典型组成结构

三种结构沥青混合料中的矿料级配曲线见图 6-4。

力学性能特点:粗集料的骨架作用,使内摩擦角 φ 值较大;小颗粒与沥青胶浆含量充分,黏聚力 c 值也较大,综合力学性能较优。

路用性能特点:该类混合料高低温性能均较好,具有较强的疲劳耐久特性;但间断级配在施工拌和过程中易产生离析现象,施工质量难以保证,使得混合料很难形成"骨架-密实"结构。随着施工技术的发展,这类结构得以普遍使用,但在混合料拌和生产、运输和摊铺等施工过程中,应防止混合料产生离析。

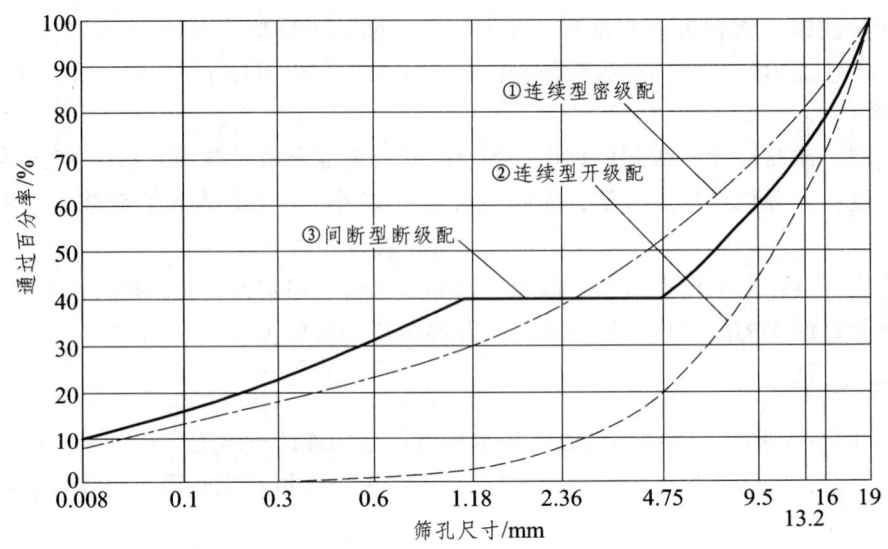

图 6-4　三种结构沥青混合料中的矿料级配曲线

6.2.3　沥青混合料强度的理论及其影响因素

1. 沥青混合料强度理论

沥青混合料在路面结构中破坏的原因，主要是高温时抗剪强度不够或者塑性变形过大（塑性变形为不可恢复变形，随着时间产生累积），使路面产生波浪、车辙、拥包与推移等高温变形现象，以及在低温时抗剪强度不够或者变形能力较差而产生开裂现象。因此，沥青混合料强度理论，要求沥青混合料必须具备足够的抗剪强度，同时在高温时，必须具备较好的高温稳定性，在低温时，必须具备较好的低温抗裂性。

沥青路面设计的抗剪强度，可以用摩尔-库仑理论进行分析，即沥青混合料的结构强度由矿料之间的嵌挤力（内摩阻力）、沥青与矿料的黏聚力以及沥青自身的内聚力构成，可由下式表征：

$$\tau = c + \sigma \tan\varphi \tag{6-1}$$

式中：τ——沥青混合料的抗剪强度，MPa；

　　　c——沥青混合料的黏聚力，MPa；

　　　φ——沥青混合料的内摩擦角，(°)；

　　　σ——实验时的正应力，MPa。

沥青混合料的黏聚力和内摩擦角可以通过三轴剪切试验确定。

2. 沥青混合料抗剪强度的影响因素

沥青混合料抗剪强度的影响因素，主要是材料的组成、材料的技术性质，以及外界因素，如车辆荷载、温度、环境条件等。

（1）沥青的黏度对沥青混合料抗剪强度的影响。

沥青混合料中的矿质集料是分散在沥青中的分散系。因此，它的抗剪强度与分散相的浓度和分散介质黏度有着密切的关系，在其他因素固定的条件下，沥青混合料的黏聚力 c 是随着沥青黏度的提高而增加的；同时内摩擦角 φ 随着沥青黏度的提高稍有提高。因为沥青黏度越大，表明沥青内部胶团相互位移时，分散介质抵抗剪切的作用力越大，从而使沥青混合料的黏滞阻力增大，因而具有较高的抗剪强度。

（2）矿质混合料性能的影响。

矿料的岩石种类、级配组成、颗粒形状和表面粗糙度等特性对沥青混合料的嵌挤力或内摩擦角影响较大。

级配影响：连续密级配多是悬浮密实结构，沥青的内聚力大，矿料间的内摩阻力相对较小；骨架空隙结构的沥青混合料以嵌挤力为主、沥青内聚力为辅形成结构强度；在以嵌挤原则设计的骨架密实结构中，粗集料作用下嵌挤力较大，细料与沥青胶浆填充空隙，黏聚力较好，故该结构整体强度高，稳定性好。

矿料表面特性影响：矿料尺寸近似立方体，粗糙，多棱角，矿料间嵌挤能力好，内摩擦角较大；采用碱性石料，混合料中矿料间黏聚力大，混合料强度高。

（3）沥青与矿料在界面上的交互作用。

列宾捷尔认为，沥青与矿料交互作用后，因化学组分重排列，形成沥青扩散膜。这一作用是化学吸附引起的，该沥青膜即为"结构沥青"，其黏度将大大提高；在"结构沥青"层外，可以"自由"运动的是"自由沥青"，这部分沥青的性能保持沥青初始状态性能，混合料的性能主要由结构沥青决定，如图 6-5 所示。

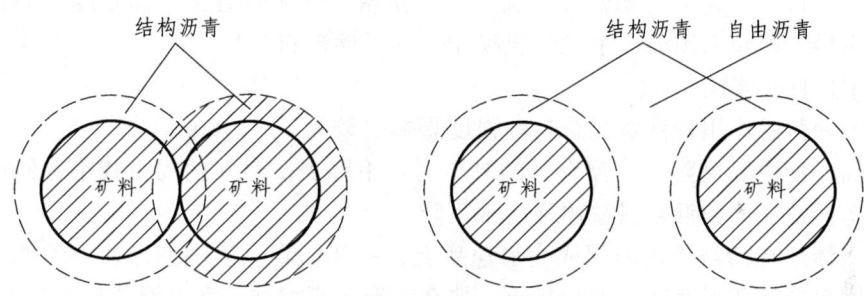

图 6-5　沥青与矿料交互作用示意图

化学吸附有选择性，不同矿料的"结构沥青"膜厚度不一样，混合料中"结构沥青"占的比例也不同。碱性石料（如石灰岩）的混合料其"结构沥青"所占比例比酸性石料的要高。所以碱性石料的沥青混合料强度和稳定性比酸性石料的好。

（4）矿料比面和沥青用量的影响。

沥青混合料的黏聚力与"结构沥青"的比例和矿料颗粒间的距离有关。如图 6-5 所示，矿料间距离越近，且以"结构沥青"黏结，沥青混合料的黏聚力越高；反之，矿料间距越大，且其间由"自由沥青"相互黏结，则沥青混合料的黏聚力低。

矿料比面的影响：矿料比面越大，"结构沥青"的比例越大；矿粉比表面所占比例最大，矿粉用量和性质，可以影响沥青膜厚度和"结构沥青"所占比例。

沥青用量的影响：含量较少时，沥青不足以敷裹集料颗粒表面，沥青混合料整体强度较低；随着沥青用量增加，沥青逐渐敷裹矿料表面，使得结构沥青用量增加，矿料间的黏聚力增强，混合料整体强度增高，直到整个矿料表面被"结构沥青"所敷裹；当沥青用量进一步增加，此时过多的沥青形成"自由沥青"，这部分沥青在矿料间主要起润滑作用，并将矿料"推开"，从而使沥青混合料的整体强度下降，如图 6-6 所示。

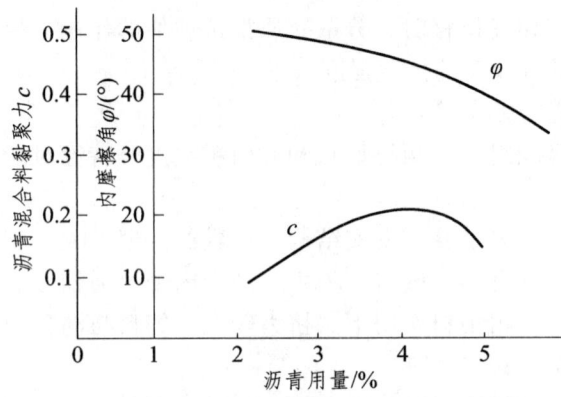

图 6-6 沥青用量对沥青混合料强度的影响

另外,"结构沥青"的存在对矿料起到约束作用,使得矿料间的内摩阻力增大,当沥青用量太多时,"自由沥青"的润滑作用反而使矿料间相互滑移容易,内摩阻力下降。

在沥青用量固定的情况下,矿粉的用量多少也直接影响着沥青混合料的密实程度及黏聚力。但矿粉用量不能过多,尤其是小于 0.075 mm 的含量不宜过多,否则使沥青混合料结团成块,不易施工。

由以上分析可知沥青混合料强度取决于:嵌挤密实的矿料骨架,高黏度的沥青结合料,适宜的沥青用量,以及采用能产生化学吸附作用的活性矿料。

(5)使用条件的影响。

环境温度和荷载作用特性对混合料的强度影响也较大。

温度升高,沥青黏度降低,混合料的黏聚力也下降,矿料间的约束减小,使得矿料间的内摩阻力也降低,从而使混合料整体强度都下降。

荷载作用体现在荷载作用时间或变形速率上,一般沥青黏度随变形速率的增加而增加,混合料的内摩阻力随变形速率的变化较小,那么变形速率增加,沥青混合料的黏聚力也增大,整体强度则增高。

6.3 沥青混合料的技术性质

6.3.1 沥青路面使用性能的气候分区

沥青混合料的技术性质与使用环境,如气温和湿度关系密切。因此,在选择沥青材料的等级、进行沥青混合料配合比设计、检验沥青混合料的使用性能时,应考虑沥青路面工程的环境因素,尤其是温度和湿度条件。所以,应按照不同气候分区的特点对沥青混合料的技术性能提出相应要求。

1. 气候分区指标

(1)按工程所在地最近 30 年内最热月份平均最高气温的平均值,划分气候分区的一级指标,按此设计高温指标,一级区划分为 3 个区(>30 ℃,20~30 ℃,<20 ℃)。

(2)按工程所在地最近 30 年内的极端最低气温,作为反映沥青路面由于温度收缩产生裂缝的气候因子,并作为气候分区的二级指标,二级区划分为 4 个区。

(3)按工程所在地最近 30 年降雨量的平均值,作为反映沥青路面受水影响的气候因子,同时作为气候分区的三级指标,三级区划分为 4 个区。

气候分区用 3 个数字表示,数字越小,表示气候因素对沥青路面的影响越严重。如某区为 1-2-3 表示该区具有夏季炎热、冬季寒冷、半干旱气候的特点。因此,该区对沥青混合料的高温稳定性和低温抗裂性都有很高的要求。

2. 气候分区的确定

沥青路面使用性能气候分区由一、二、三级区划组合而成,以综合反映该地区的气候特征,见表 6-3。每个气候分区用三个数字表示:第一个数字代表高温分区,第二个数字代表低温分区,第三个数字代表雨量分区。每级区的数值越小,表明该气候因子对沥青路面的影响越恶劣。如我国上海市属于 1-3-1 气候区,即为夏炎热冬冷潮湿区,对沥青混合料的高温稳定性和水稳定性要求较高。

表 6-3 沥青路面使用性能分区

气候分区指标		气候分区			
按照高温指标	高温气候区	1		2	3
	气候区名称	夏炎热区		夏热区	夏凉区
	七月平均最高温度/℃	>30		20~30	<20
按照低温指标	低温气候区	1	2	3	4
	气候区名称	冬严寒区	冬寒区	冬冷区	冬温区
	极端最低气温/℃	<-37.5	-37.5~-21.5	-21.5~-9	>-9.0
按照雨量指标	雨量气候区	1	2	3	4
	气候区名称	潮湿区	湿润区	半干区	干旱区
	年降雨量/mm	>1 000	1 000~500	500~250	<250

6.3.2 沥青混合料的体积特征参数

沥青混合料的体积特征参数主要有密度、空隙率、矿料间隙率和沥青饱和度等指标,它们反映了压实后沥青混合料各组成材料之间质量与体积的关系(图 6-7)。这些参数取决于沥青混合料中沥青与矿料性质、组成材料用量比例、沥青混合料成型条件等因素,并对沥青混合料的路用性能有着显著影响,也是沥青混合料配合比设计的重要参数。

1. 沥青混合料的密度

沥青混合料的密度是指压实沥青混合料试件单位体积的干质量。

(1)沥青混合料的理论最大密度。

沥青在沥青混合料中的用量通常有两种表示方法:

① 油石比,即沥青与矿料的质量比。当采用油石比时,沥青混合料的密度可按式(6-2)计算。

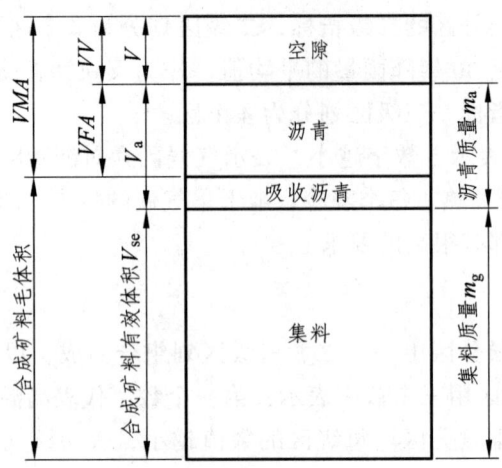

图 6-7　沥青混合料各组成材料体积与质量关系图

② 沥青含量，即沥青质量占沥青混合料总质量的百分率。当采用沥青含量时，沥青混合料的密度可按式（6-3）所示。

$$\gamma_{ti} = \frac{100 + P_{ai}}{\frac{100}{\gamma_{se}} + \frac{P_{ai}}{\gamma_b}} \tag{6-2}$$

$$\gamma_{ti} = \frac{100}{\frac{(100 - P_{bi})}{\gamma_{se}} + \frac{P_{ai}}{\gamma_b}} \tag{6-3}$$

式中：γ_{ti}——沥青混合料的最大理论相对密度；

P_{ai}——沥青混合料中的油石比，%；

P_{bi}——沥青混合料的沥青含量，$P_{bi} = P_{ai} / (1 + P_{ai})$，%；

γ_{se}——合成矿料的有效相对密度；

γ_b——沥青结合料的相对密度。

在式（6-2）、式（6-3）中，合成矿料的有效相对密度 γ_{se} 可以通过矿料的合成毛体积相对密度与合成表观相对密度按式（6-4）计算确定。

$$\gamma_{se} = C \times \gamma_{sa} + (1 - C) \times \gamma_{sb} \tag{6-4}$$

式中：γ_{sb}——合成矿料的有效相对密度，按式（6-5）求取；

γ_{sa}——材料的合成表观相对密度，按式（6-6）求取；

C——合成矿料的沥青吸收系数，可按矿料的合成吸水率由式（6-7）求取；

$$\gamma_{sb} = \frac{100}{\frac{P_1}{\gamma_1} + \frac{P_2}{\gamma_2} + \cdots + \frac{P_n}{\gamma_n}} \tag{6-5}$$

$$\gamma_{sa} = \frac{100}{\frac{P_1}{\gamma'_1} + \frac{P_2}{\gamma'_2} + \cdots + \frac{P_n}{\gamma'_n}} \tag{6-6}$$

式中：P_1、P_2、…、P_n——各种矿料成分的配比，其和为 100；

γ_1、γ_2…、γ_n——各种矿料相应的毛体积相对密度;

γ'_1、γ'_2…、γ'_n——各种矿料相应原表观相对密度。

$$C = 0.033 w_x^2 - 0.2936 w_x + 0.9339 \tag{6-7}$$

式中:w_x——合成矿料的吸水率(%),按式(6-8)求取;

$$w_x = \left(\frac{1}{\gamma_{sb}} - \frac{1}{\gamma_{sa}}\right) \times 100 \tag{6-8}$$

(2)沥青混合料的毛体积密度。

毛体积密度是指沥青混合料单位毛体积(含沥青混合料实体矿物成分体积、不吸收水分的闭口孔隙、能吸收水分的开口孔隙等颗粒表面轮廓所包围的全部毛体积)的干质量。

在工程中,常根据试件的空隙率大小,选择用表干法、蜡封法或体积法测定沥青混合料的毛体积。

表干法适用于较密实而吸水很少(吸水率≤2%)的试件。

对于吸水率>2%的沥青混凝土、沥青碎石或大空隙沥青混合料试件,可采用蜡封法与体积法测试其毛体积密度。

2. 沥青混合料的空隙率

沥青混合料的空隙率是指压实状态下沥青混合料内矿料与沥青实体之外的空隙(不包括矿料本身或表面已被沥青封闭的孔隙)的体积占试件总体积的百分率,根据压实沥青混合料的毛体积密度与理论最大密度按式(6-9)计算。

$$VV = \left(1 - \frac{\gamma_f}{\gamma_t}\right) \times 100\% \tag{6-9}$$

式中:VV——沥青混合料试件的空隙率,%;

γ_f——沥青混合料试件的毛体积相对密度,根据试件吸水率,由表干法、蜡封法或体积法测试;

γ_t——沥青混合料的理论最大相对密度,由式(6-2)或式(6-3)计算。

3. 沥青混合料的矿料间隙率

矿料间隙率是指压实沥青混合料试件中矿料实体以外的体积占试件总体积的百分率,由式(6-10)计算。

$$VMA = \left(100 - \frac{\gamma_f}{\gamma_{sb}} \times P_s\right) \times 100\% \tag{6-10}$$

式中:VMA——沥青混合料试件的矿料间隙率,%;

γ_f——沥青混合料试件的毛体积相对密度;

γ_{sb}——矿质混合料的合成毛体积相对密度,按式(6-5)计算;

P_s——各种矿料占沥青混合料总质量的百分率,即$P_s=100-P_b$,%。

4. 沥青混合料的沥青饱和度

沥青饱和度是指压实沥青混合料矿料间隙中,扣除被集料吸收的沥青以外的有效沥青实体体积占矿料间隙中所占的百分率,计算公式如(6-11)所示。

$$VFA = \frac{VMA - VV}{VMA} \times 100\% \tag{6-11}$$

式中：VFA——沥青混合料试件的沥青饱和度，%；

VMA——沥青混合料试件的矿料间隙率，%。

6.3.3 沥青混合料的路用技术性质

沥青混合料受自然环境因素和交通荷载作用，要求混合料必须具有高温稳定性、低温抗裂性、耐久性、抗滑性和施工和易性。

1. 高温稳定性

沥青混合料是一种典型的流变性材料，它的强度随着温度的升高而降低。高温稳定性是指沥青混合料在高温（通常为60 ℃）的条件下，能够抵抗车辆荷载的长期反复作用，不发生显著永久变形，保证路面平整度的特性。

高温稳定性的意义：高温条件下或长时间承受荷载作用，混合料会产生显著的变形，其中不能恢复的部分成为永久变形，这种特性是导致沥青路面产生车辙、波浪及拥包等病害的主要原因。

在夏季高温时，交通量大、重车比例高和经常变速路段的沥青路面上，由于交通的渠化，在轮迹带逐渐形成变形下凹、两侧鼓起的现象，称为"车辙"。车辙是最严重、最有危害和最常见的沥青路面破坏形式之一。

评价沥青混合料高温稳定性的试验方法有很多种，例如：圆柱体试件的单轴静载、动载、重复荷载试验，三轴静载、动载、重复荷载试验，简单剪切的静载、动载、重复荷载试验等，马歇尔稳定度、维姆稳定度和哈费氏稳定度等工程试验，以及反复碾压模拟试验，如车辙试验等。我国最常用的评价方法是：马歇尔试验和车辙试验。我国《沥青路面施工与验收规范》（GB 50092—96）规定，沥青混合料的高温稳定性采用马歇尔试验来测定；对于高级公路、一级公路、城市快速路、主干路用沥青混合料，还需要进行车辙试验。

（1）马歇尔稳定度试验。

马歇尔稳定度试验方法是由美国密西西比州公路局的布鲁斯·马歇尔提出的，最初是为了美国工程兵团快速确定沥青用量之用，后来经过多人的改进，形成目前的马歇尔设计体系。马歇尔试验的最大特点是设备简单、操作方便，现在已被世界上许多国家所采用。

马歇尔试验用于测定沥青混合料试件的破坏荷载和抗变形能力，以获得马歇尔稳定度（MS）、流值（FL）和马歇尔模数（T）三项指标。

马歇尔稳定度（MS）是指标准尺寸试件在规定温度和加荷速度下，在马歇尔仪中，试件受压至破坏时承受的最大荷载，以 kN 计。

流值（FL）是指达到最大破坏荷载时试件的垂直变形，以 0.1 mm 计。

马歇尔模数（T）为马歇尔稳定度除以流值的商，即：

$$T = \frac{MS \cdot 10}{FL} \tag{6-12}$$

式中：T——马歇尔模数，kN/mm；

MS——马歇尔稳定度，kN；

FL——流值，0.1 mm。

将沥青混合料制备成规定尺寸的圆柱状试件，将试件横向置于两个半圆形压模中，使试件受到一定的侧限。在规定温度和加荷速度下，对试件施加压力，记录试件所受压力与变形曲线，如图6-8所示。

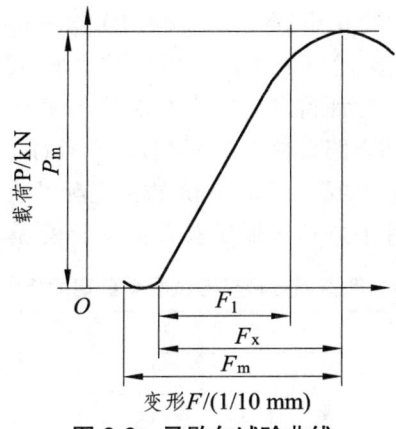

图6-8 马歇尔试验曲线

试件尺寸：

① ϕ101.6 1 mm×63.5 mm（±1.3 mm，两侧高度差不大于2 mm），适用于公称最大粒径小于 26.5 mm 的混合料，试件成型击实次数根据公路等级、混合料类型、气候条件选择，一般为 75 次或 50 次。试验中一组试件需要的平行试件通常为 4 个。

② ϕ152.4 mm×95.3 mm（±2.5 mm，两侧高度差不大于2 mm），适用于公称最大粒径 31.5 mm 和 37.5 mm 的混合料，击实次数一般为 112 次。试验中一组试件需要的平行试件通常为 4 个，必要时需增至 5~6 个（根据试验结果离散性而定）。

试验条件：恒温水浴（60 ℃）中，小型马歇尔试件保温 30~40 min，大型马歇尔试件保温 45~60 min。然后取出试件，在马歇尔稳定度测定仪上测马歇尔稳定度和流值（图6-9）。

图6-9 马歇尔稳定度测定仪

注意：在我国沥青路面工程中，马歇尔稳定度与流值既是沥青混合料配合比设计的主要指标，也是沥青路面施工质量控制的重要实验项目。然而各国的实验和实践已证明，用马歇尔试验指标预估沥青混合料性能是不够的，它是一种经验型指标，具有一定的局限性，不能确切反映沥青混合料永久变形产生的机理，与沥青路面的抗车辙能力相关性不好。多年的实践和研究表明：对于某些沥青混合料，即使马歇尔稳定度和流值都满足技术要求，也无法避免沥青路面出现车辙。因此，在评价沥青混合料的高温抗车辙能力时，还需要采用其他试验，比如进行车辙试验、残留稳定度试验、冻融劈裂试验和低温弯曲试验，对沥青用量进行检验。

（2）车辙试验。

车辙实验方法首先是英国运输与道路研究试验所（TRRL）开发的，并经过了法国、日本等道路工作者的改进与完善。车辙实验是一种模拟车辆轮胎在路面上滚动形成车辙的工程试验方法,试验结果较为直观,与沥青路面车辙深度之间有着较好的相关性。

我国规定,对于高速公路、一级公路和城市快速路、主干路沥青路面的上面层和中面层的沥青混合料,在用马歇尔试验进行配合比设计时必须采用车辙试验对沥青混合料的抗车辙能力进行检验,不满足要求时,应对矿料级配或沥青用量进行调整,重新进行配合比设计。

车辙试验方法:采用标准方法成型沥青混合料板状(300 mm×300 mm×50 mm 板式)试件,在规定的温度条件下(一般 60 ℃),试验轮以(42±1)次/min 的频率,沿着试件表面同一轨迹反复行走,测试试件表面在试验轮反复作用下所形成的车辙深度,以产生 1 mm 车辙变形所需要的行走次数,即动稳定度指标评价沥青混合料的抗车辙能力。

我国现行行业标准《公路沥青路面施工技术规范》(JTG F40—2004)规定:对于高速公路和一级公路的公称最大粒径等于或小于 19 mm 的密级配沥青混合料(AC)、SMA 和 OGFC 混合料,必须在规定的试验条件下进行车辙试验,并符合表 6-4 的要求。

表 6-4　沥青混合料车辙试验动稳定度技术要求

气候条件与技术指标	相应下列气候分区所要求的动稳定度/(次/mm)								
七月平均最高气温(℃)及气候分区	>30				20~30				<20	
^	1. 夏炎热区				2. 夏热区				3. 夏凉区	
^	1-1	1-2	1-3	1-4	2-1	2-2	2-3	2-4	3-2
普通沥青混合料,不小于	800			1 000	600			800	600
SMA 混合料　非改性,不小于	1 500								
SMA 混合料　改性,不小于	3 000								
OGFC 混合料	1 500(一般交通路段),3 000(重交通量路段)								

(3)影响高温稳定性的主要因素分析。

沥青混合料高温稳定性的形成主要来源于矿质混合料颗粒间的嵌挤作用及沥青的高温黏度。在沥青混合料的组成材料中,矿料性质对沥青混合料高温性能的影响是至关重要的。采用表面粗糙、多棱角、颗粒接近立方体的碎石集料,沥青的高温黏度越大,与集料的黏附性越好,相应的沥青混合料的抗高温变形能力就越强。可以使用合适的改性剂来提高沥青的高温黏度,降低感温性,提高沥青混合料的黏聚力,从而改善沥青混合料的高温稳定性。

沥青混合料的高温稳定性还受沥青用量的影响。随着沥青用量的增加,沥青膜增厚,自由沥青比例增加,在高温条件下,易发生明显的流动变形,从而导致沥青混合料抗高温变形能力降低。随着沥青膜厚度的增加,车辙深度随之增加。

细粒式和中粒式密级配沥青混合料,适当减少沥青用量有利于抗车辙能力的提高,当采用马歇尔试验进行沥青混合料配合比设计时,沥青用量应选择最佳沥青用量范围的下限。但对于粗粒式或开级配沥青混合料,不能简单地靠采用减少沥青用量来提高抗车辙能力。

综上所述,为了提高沥青混合料的高温稳定性,可以采用提高沥青高温黏度,多选用表面粗糙、多棱角、颗粒接近立方体的矿料来增强沥青混合料骨架的嵌挤力,合理选择沥青用量等方法。

2. 低温抗裂性

沥青混合料不仅应具备高温的稳定性,同时还要具有低温的抗裂性,以保证路面在冬季低温时不产生裂缝。低温抗裂性是指保证沥青路面在低温时不产生裂缝的能力。

沥青路面开裂原因分析：当冬季气温降低时，沥青面层将产生体积收缩，而在基层结构与周围材料的约束作用下，沥青混合料不能自由收缩，将在结构层中产生温度应力。由于沥青混合料具有一定的应力松弛能力，当降温速率较慢时，所产生的温度应力会随着时间松弛减小，不会对沥青路面产生较大的危害。但当气温骤降时，所产生的温度应力来不及松弛，当温度应力超过沥青混合料的容许应力值时，沥青混合料被拉裂，导致沥青路面出现裂缝，造成路面的损坏。

因此，要求沥青混合料具备一定的低温抗裂性能，即要求沥青混合料具有较高的低温强度或较大的低温变形能力。

（1）低温抗裂性的评价方法和评价指标。

目前，用于研究和评价沥青混合料低温抗裂性的方法可以分为三类：预估沥青混合料的开裂温度；评价沥青混合料的低温变形能力或应力松弛能力；评价沥青混合料低温抗裂能力。相关的试验主要包括：等应变加载的破坏试验，如间接拉伸试验、直接拉伸试验；低温收缩试验；低温蠕变弯曲试验（现规范推荐方法）；受限试件温度应力试验；应力松弛试验；等等。

① 预估沥青混合料的开裂温度。

通过间接拉伸试验或直接拉伸试验，建立沥青混合料低温抗拉强度与温度的关系。再根据理论方法，计算沥青面层可能出现的温度应力与温度的关系。根据温度应力与抗拉强度的关系，预估沥青面层出现低温缩裂的温度越低，沥青混合料的开裂温度越低，低温抗裂性越好。

② 低温蠕变试验。

低温蠕变试验用于评价沥青混合料低温下的变形能力与松弛能力。根据《公路工程集料试验规程》（JTG 058—2000），在规定温度下（如-10 ℃），对规定尺寸的沥青混合料小梁试件（30 mm×35 mm×250 mm 梁式试件）的跨中施加恒定的集中荷载，测定试件随时间不断增长的蠕变变形。

蠕变变形曲线可分为三个阶段，第一段为蠕变迁移阶段，第二阶段为蠕变稳定阶段，第三阶段为蠕变破坏阶段，以蠕变稳定阶段的蠕变速率评价沥青混合料的低温变形能力。蠕变速率越大，沥青混合料在低温下的变形能力越大，松弛能力越强，低温抗裂性能越好。

③ 低温弯曲试验。在试验温度下，以 50 mm/min 速率，对小梁试件（30 mm×35 mm×250 mm 梁式试件）的跨中施加集中荷载至断裂破坏，记录试件跨中荷载与挠度的关系曲线。由破坏时跨中挠度计算沥青混合料的破坏弯拉应变。沥青混合料在低温下破坏弯拉应变越大，低温柔韧性越好，抗裂性越好。

实验证明，在评价改性沥青混合料低温性能时，采用低温蠕变试验方法所得结果对于改性剂种类和改性剂剂量都不够敏感，数据较为分散，而采用低温弯曲试验的破坏应变指标则相对稳定。所以在我国行业标准中，采用低温弯曲试验的破坏应变指标作为评价改性沥青混合料的低温抗裂性能。

（2）影响沥青混合料低温性能的主要因素。

① 沥青的低温劲度的影响，取决于沥青黏度和温度敏感性。在寒冷地区，可采用稠度较低、劲度较低的沥青，或选择松弛性能较好的橡胶类改性沥青来提高沥青混合料的低温抗裂性。

② 级配的影响：密级配的低温抗拉强度高于开级配的沥青混合料，但是粒径大、空隙率大的沥青混合料内部微空隙发达，应力松弛能力略强，温度应力有所减小，两方面的影响相互抵消，故级配类型与沥青路面开裂程度之间没有显著相关关系。

3. 耐久性

沥青混合料在路面中，长期受自然因素的作用，为保证路面具有较长的使用年限，必须具备较好的耐久性。

耐久性是指沥青混合料在使用过程中抵抗环境因素及行车反复作用的能力，它包括沥青混合料的抗老化性、水稳定性和抗疲劳性等综合性能。我国现行规范规定，采用空隙率、饱和度和残留稳定度等指标来表征沥青混合料的耐久性。

（1）沥青混合料的抗老化性。

① 老化原因：在沥青混合料使用过程中，受到空气中氧、水、紫外线等介质的作用，促使沥青发生诸多复杂的物理化学变化，逐渐老化或硬化，致使沥青混合料变脆易裂，从而导致沥青路面出现各种与沥青老化有关的裂纹或裂缝。

② 影响因素：沥青的老化程度、外界环境因素和压实空隙率等。在气候温暖、日照时间较长的地区，沥青的老化速度快；而在气温较低、日照时间短的地区，沥青的老化速率相对较慢。沥青混合料的空隙率越大，环境介质对沥青的作用就越强烈，其老化程度也越高。压实空隙率的增大，回收沥青针入度减小，老化程度增加。道路中部车辆作用次数较多，对路面的压密作用较大，中部的沥青比边缘部位沥青的老化程度轻些。解决措施：选择耐老化沥青，有足量的沥青含量。施工过程中，应控制拌和加热温度，并保证沥青路面的压实密度。

（2）沥青混合料的水稳定性。

从耐久性角度出发，我们希望沥青混合料的空隙率尽可能地减小，以防止水的入渗和日光紫外线对沥青的老化作用，但是在沥青混合料中又不得不留有适量的空隙，以保证在夏季高温时有足够的空间让沥青材产生体积的膨胀。

沥青混合料的水稳定性与沥青混合料的空隙率有着密切关系。水稳定性是沥青混合料抵抗由于水侵蚀而逐渐产生沥青膜剥离、松散、坑散等破坏的能力。

① 水稳定性不足的原因：压实空隙率较大，沥青路面排水系统不完善，水渗入沥青混合料后，降低了沥青和矿料之间的黏结力，在动水压力的作用下，容易出现沥青剥离，同时颗粒相互推移产生体积膨胀，甚至使沥青混合料的力学强度显著降低。沥青混合料的水稳定性不足，将会导致沥青路面的"水损害"病害。

② 水稳定性不足的危害：沥青剥离、黏结强度降低、集料松散、易形成坑槽、强度降低等。

③ 沥青混合料水稳定性的影响因素：

a. 沥青和集料的黏结性。沥青和矿料的黏结性在很大程度上取决于矿料的化学组成，试验表明花岗岩矿料与沥青的黏结性明显低于碱性矿料石灰岩与沥青的黏附性，也明显低于中性矿料玄武岩与沥青的黏附性。

通过掺加抗剥落剂可以显著改善矿料与沥青的黏附性。

b. 沥青混合料压实空隙率大小及沥青膜厚度。当空隙率较大、沥青膜较薄时水稳定性较差。

c. 成型方法的影响：成型温度较低，要么压实度达不到要求，要么矿料被压碎，从而使沥青混合料水稳定性下降。

d. 沥青混合料级配的影响：开级配压实空隙率较大，往往对水稳定性不利。当沥青用量不足时，即使是密级配的沥青混合料也会出现水稳定性不好的问题。

（3）沥青混合料的抗疲劳性。

沥青混合料的疲劳是材料在荷载重复作用下产生不可恢复的强度衰减积累所引起的一种

现象。沥青混合料的耐疲劳性即是混合料在反复荷载作用下抵抗这种疲劳破坏的能力。

影响沥青混合料疲劳寿命的因素很多，诸如荷载历史、加载速率、施加应力或应变波谱的形式、荷载间歇时间、试验的方法和试件成型、混合料劲度、混合料的沥青用量、混合料的空隙率、集料的表面性状、温度、湿度等。

4. 沥青混合料的抗滑性

沥青路面的抗滑性对于保障道路交通安全至关重要，而沥青路面的抗滑性能必须通过合理选择沥青混合料组成材料、正确的设计与施工来保证。

沥青路面的抗滑性与所用矿料的表面构造深度、颗粒形状与尺寸、矿料级配组成、矿料抗磨性以及沥青用量和含蜡量等有着密切的关系。

为保证长期高速行车的安全，配料时要特别注意粗集料的耐磨光性，应选择硬质有棱角的集料。硬质集料往往属于酸性集料，与沥青的黏结力较差，为此，在沥青混合料施工时，必须在采用当地产的软质集料中掺加外运来的硬质集料组成符合集料和掺加抗剥剂等措施。我国现行国标对抗滑层提出了磨光值、道瑞磨耗值和冲击值等三项新指标。

沥青用量对抗滑性的影响非常敏感，沥青用量超过最佳用量的0.5%即可使抗滑系数明显降低。

含蜡量对沥青混合料抗滑性有明显的影响，我国现行标准《重交通量道路用石油沥青技术要求》(JTJ 052 M067—93) 提出，含蜡量应不大于3%，在沥青来源确有困难时，对下面层路面可放宽至4%~5%。

5. 施工和易性

要保证沥青混合料符合要求，除了要具备前述的技术要求外，还应具备适宜的施工和易性。影响沥青混合料施工和易性的因素很多，诸如气温、施工条件和组成材料的技术品质、用量比例等。目前尚无直接评价混合料施工和易性的方法和指标。

（1）工地气温状况：当地气温越高，施工和易性越好。

（2）施工条件的影响：如温度的影响，较高温度可保证沥青的流动性，拌和中能够充分均匀地黏附在矿料颗粒表面；在压实期间，矿料颗粒能相互移动就位，达到规定的压实密度。但温度过高既会引起沥青老化，也会严重影响沥青混合料的使用性能。

沥青混合料的拌和与压实温度与沥青黏度有关，应根据沥青黏度与温度的关系曲线确定。

（3）组成材料的影响：主要是矿料级配和沥青用量。在间断级配的矿质混合料中，粗细集料的颗粒尺寸相差过大，中间尺寸颗粒缺乏，混合料容易离析。如果细料太少，或矿粉用量过多时，混合料容易产生疏松且不易压实；反之，如果沥青用量过多，或矿粉质量不好，则容易使混合料结团，不易摊铺。

6.3.4 沥青混合料的技术标准

我国现行行业标准《公路沥青路面施工技术规范》(JTG F40—2004) 对沥青混合料的技术要求见表6-5和表6-6。

表 6-5 热拌沥青混合料马歇尔试验技术标准

试验项目		沥青混合料类型						密级配沥青碎石（ATB）	沥青碎石（AM）	排水式开级配（OGFC）
		密级配热拌沥青混合料（AC）				其他等级道路	行人道路			
		高速公路一级公路，城市快速中、主干路								
		中轻交通	重交通	中轻交通	重交通					
		夏炎热区		夏热区及夏凉区						
击实次数（双面）次		75	75	75	75	50	50	75（112）	50	50
空隙率/%	深 90 mm 以内	3~5	4~6	2~4	3~5	3~6	2~4	3~6	6~10	≥18
	深 90 mm 以下	3~6	3~6	2~4	3~6	3~6	—			
沥青饱和度/%		见表 6-6 的要求						55~70	40~70	
矿料间隙率/%		见表 6-6 的要求						≥11	—	
稳定度/kN≥		8	8	8	8	5	3	7.5(15)	3.5	3.5
流值/mm		2~4	1.5~4	2~4.5	2~4	2~4.5	2~5	1.5~4	—	

表 6-6 密集配热拌沥青混合料的沥青饱和度与矿料间隙率的要求

	集料公称最大粒径/mm	4.75	9.5	13.2	16.0	19.0	26.5	31.5	37.5	50
	沥青饱和度 VFA/%	70~85		65~75			55~70			
2	孔隙率 VV/% / 矿料间隙率 VMA/%≥	15	13	12	11.5	11	10	9.5	9	8.5
3		16	14	13	12.5	12	11	10.5	10	9.5
4		17	15	14	1.35	13	12	11.5	11	10.5
5		18	16	15	14.5	14	13	12.5	12	11.5
6		19	17	16	15.5	15	14	13.5	13	12.5

6.4 沥青混合料对组成材料的要求

沥青混合料的技术性质与组成材料的性质、用量比例及沥青混合料的制备工艺等因素密切相关，其中组成材料的质量是首先需要关注的问题。

6.4.1 沥青

（1）选择依据：拌制沥青混合料用沥青材料的技术性质，随气候条件、交通性质、道路类型、沥青混合料的类型和施工条件等因素而易。

我国《公路沥青路面施工技术规范》（JTJ F40—2004）规定，沥青路面采用的沥青标号，宜按照公路等级、气候条件、交通条件、路面类型及在结构层中的层位及受力特点、施工方法等，结合当地的使用经验，经技术论证后确定。

（2）选择原则：黏度较大的黏稠沥青混合料具有较高的力学强度和稳定性，但黏度过高，则混合料的低温变形能力较差，路面易开裂。反之，黏度较低的沥青的混合料在低温时变形能力较好，但在高温时往往会产生较大的高温变形。一般来说，温度高或高温持续时间长的地区，应采用黏度高的沥青；而在冬季寒冷地区，则宜采用稠度低、低温延度大的沥青。对于日温较大的地区还应考虑选择针入度指数较大、感温性较低的沥青。

对于重载交通路段、高速公路、山区及丘陵区上坡路段、服务区、停车场等路段，应选用稠度大的沥青。对于交通量小、公路等级低的路段可选用稠度略小的沥青。

我国现行标准规定：对于高速公路、一级公路、城市快速路和主干路用沥青混合料的沥青材料，应符合《重交通量道路用石油沥青技术要求》（M0671—93）的规定。对于其他道路用沥青混合料的沥青材料，应符合《中、轻交通量道路用石油沥青技术要求》的规定。煤沥青不得用于面层热拌沥青混合料。

6.4.2 粗集料

1. 粗集料的物理力学性质要求

（1）选择原则：

①沥青混合料用粗集料，可以采用碎石、破碎的砾石及矿渣等。

②用于高速公路、一级公路、城市快速公路、主干路沥青路面表层用粗集料应选用坚硬、耐磨、抗冲击型号的碎石或破碎砾石，不得使用筛选砾石、矿渣及软质集料，该类粗集料应符合表6-7对磨光值和黏附性的要求。

表6-7 粗集料磨光值及其与沥青的黏附性的技术要求

技术指标		雨量气候分区				试验方法
		1（潮湿区）	2（湿润区）	3（半干区）	4（干旱区）	
粗集料磨光值（PSV）		≥42	≥40	≥38	≥36	T0321
粗集料与沥青的黏附性	表层	≥5	≥5	≥4	≥3	T0616
	其他层次	≥4	≥4	≥3	—	T0663

③当坚硬石料来源缺乏时，允许掺加一定比例较小粒径的普通粗集料，掺加比例根据试验确定。在以骨架原则设计的沥青混合料中不得掺加其他粗集料。

（2）基本要求：

①应该洁净、干燥、表面粗糙、形状接近立方体，且无风化、不含杂质，并具有足够的强度、耐磨耗性。粗集料的质量应符合表6-8的要求。

表6-8 沥青混合料用粗集料质量技术要求

指 标	单位	高速公路及一级公路		其他等级公路	试验方法
		表面层	其他层次		
石料压碎值，不大于	%	26	28	30	T0316
洛杉矶磨耗损失，不大于	%	28	30	35	T0317
表观相对密度，不小于	—	2.60	2.45	2.45	T0304
吸水率，不大于	%	2.0	3.0	3.0	T0304
坚固性，不大于	%	12	12	—	T0314
针片状颗粒含量（混合料）不大于 其中粒径大于9.5 mm，不大于 其中粒径小于9.5 mm，不大于	%	15 12 18	18 15 20	20 — —	T0312
水洗法<0.075 mm颗粒含量，不大于	%	1	1	1	T0310
软石含量，不大于	%	3	5	3	T0320

注：①坚固性试验可根据需要进行；
②用于高速公路、一级公路和主干路时，多孔玄武岩的视密度可放宽至2.45 t/m³，吸水率可放宽至3%，但须得到主管部门的批准，且不得用于SMA路面；
③s14即3~5规格的粗集料，针片状颗粒含量可不予要求，<0.075 mm含量可放宽到3%。

②破碎砾石应采用粒径大于50 mm的颗粒轧制，破碎前必须清洗，含泥量不大于1%，

破碎面积应符合规定的要求。

③ 钢渣作为粗集料时，仅限于三级及三级以下公路和次于公路以下的城市道路，并应经过试验论证取得许可后使用。钢渣破碎后应有 6 个月以上的存放期，除吸水率允许适当放宽外，各项指标应符合表6-8的要求。

2. 与沥青的黏附性要求

在高速公路、一级公路、城市快速路和主干沥青路面中，需要使用坚硬的粗集料，当使用花岗岩、石英岩等酸性岩石轧制的粗集料时，若达不到表6-7对粗集料与沥青黏附性等级的要求，则必须采取抗剥离措施。工程中常用的抗剥离方法包括：使用高黏度沥青；在沥青中掺加抗剥离剂；用干燥的生石灰、消石灰粉或水泥作为填料的一部分，其用量为矿料总量的1%～2%；将粗集料用石灰浆处理后使用等。

3. 粗集料的粒径规格

粗集料的粒径规格应按照表6-9进行生产和使用。如某一档粗集料不符合表6-9的规格，但确认与其他集料组配后的合成级配符合设计级配的要求时，也可以使用。

选择原则：

① 可以采用天然砂、机制砂或石屑。

② 应洁净、干燥、无风化、不含杂质，并有适当的级配范围，物理力学指标要求见表6-10。

③ 与沥青有良好的黏结能力，在高速公路、一级公路、城市快速路、主干路沥青面层用与沥青黏结性能差的天然砂或用花岗岩、石英岩等酸性岩石破碎的人工砂及石屑时，应采取前述粗集料的抗剥离措施对细集料进行处理。

表6-9　沥青面层用粗集料规格

规格	公称粒径/mm	通过下列筛孔（方孔筛，mm）的质量百分率/%								
		37.5	31.5	26.5	19	13.2	9.5	4.75	2.36	0.6
s6	15～30	100	90～100	—		0～1.5		0～5		
s7	10～30	100	90～100	—	—	—	0～15	0～5		
s8	15～25		100	95～100	0～15	—		0～5		
s9	10～20			100	95～100	—	0～15	0～5		
s10	10～15				100	95～100	0～15	0～5		
s11	5～15				100	95～100	40～70	0～15	0～5	
s12	5～10					100	95～100	0～10	0～5	
s13	3～10					100	95～100	40～70	0～20	0～5
s14	3～5						100	90～100	0～25	0～5

表6-10　沥青混合料用细集料质量技术要求

项目	单位	调整公路、一级公路	其他等级公路	试验方法
表观相对密度，不小于	—	2.50	2.45	T0328
坚固性（＞0.3 mm），不小于	%	12	—	T0340
含泥量（小于0.075 mm的含量），不大于	%	3	5	T0330
砂当量，不小于	%	60	50	T0334
亚甲蓝值，不小于	g/kg	25	—	T0346
棱角性（流动时间），不小于	s	30		T0345

在高速公路、一级公路、城市快速路、主干路沥青路面面层及抗滑磨耗层中，所用石屑总量不宜超过天然砂或机制砂的用量。

4. 细集料的粒径规格

（1）天然砂。天然砂宜采用河砂或海砂，当使用山砂时应经过清洗。天然砂的规格应符合表6-11的规定，经筛洗法测定的砂中小于 0.075 mm 颗粒含量不得大于 3%（高速公路、一级公路、城市快速路、主干路）和 5%（其他等级道路）。

表 6-11　沥青混合料用天然砂规格

筛孔尺寸/mm	通过各孔筛的质量百分率/%		
	粗砂	中砂	细沙
9.5	100	100	100
4.75	90～100	90～100	90～100
2.36	65～95	75～90	85～100
1.18	35～65	50～90	75～100
0.6	15～30	30～60	60～84
0.3	5～20	8～30	15～45
0.15	0～10	0～10	0～10
0.075	0～5	0～5	0～5

（2）石屑。石屑是通过 4.75 mm 或 2.36 mm 的部分，是石料加工破碎过程中表面剥落或撞下的边角，强度一般较低，针片状颗粒含量较高。所以，在生产石屑的过程中应特别注意，避免山体覆盖层或夹层的泥土混入石屑。

石屑规格应符合表6-12的要求。不得使用泥土、细粉、细薄碎片颗粒含量高的石屑。对于高速公路、一级公路、城市快速路、主干路，应将石屑加工成 s14（3～5 mm）和 s16（0～3 mm）两档使用，在细集料中石屑含量不宜超过总量的 50%。

表 6-12　沥青混合料用机制砂或石屑规格

规格	公称粒径/mm	水洗法通过各筛孔的质量百分率/%							
		9.5	4.75	2.36	1.18	0.6	0.3	0.15	0.075
s15	0～5	100	90～100	60～90	40～75	20～55	7～40	2～20	1～10
s16	0～3	—	100	80～100	50～80	25～60	8～45	0～25	0～15

细集料的级配在沥青混合料中的适用性，应将其与粗集料及填料配制成矿质混合料后，再判断其是否符合矿料设计级配的要求再作决定。当一种细集料不能满足级配要求时，可采用两种或两种以上的细集料掺和使用。

6.4.3　填　料

填料最好采用石灰岩或岩浆岩中的强基性岩石等憎水性石料经磨细得到的矿粉，生产矿粉的原石料中泥土杂质应清除。矿粉要求干燥、洁净，能自由地从石粉仓中流出，其质量应符合表6-13的要求。

表 6-13 沥青混合料用矿粉质量要求

项目	单位	高速公路、一级公路	其他等级公路	试验方法
表观密度，不小于	t/m³	2.50	2.45	T0352
含水量，不大于	%	1	1	T0403 烘干法
粒度范围<0.6 mm	%	100	100	T0351
<0.15 mm	%	90～100	90～100	T0351
<0.075 mm	%	75～100	70～100	T0351
外观	—	无团粒结块	—	—
亲水系数	—	<1	—	T0353
塑性指数	—	<4	—	T0354
加热安定性	—	实测记录	—	T0355

在拌和厂采用干法除尘回收的粉尘可以代替一部分矿粉的使用，湿法除尘的应经过干燥粉碎处理，且不得含有杂质。用量不得超过填料总量的 25%，塑性指数不得大于 4%，其余质量要求与矿粉相同。

粉煤灰烧失量应小于 12%，与矿粉混合后的塑性指数应小于 4%，其余质量要求与矿粉相同。粉煤灰的用量不宜超过填料总量的 50%，与沥青黏聚力好，且水稳定性应满足要求。高速公路、一级公路和城市快速路、主干路不宜采用粉煤灰作填料。

为改善水稳定性，可采用干燥的磨细生石灰粉、消石灰粉或水泥作填料，用量不宜超过矿料总量的 1%～2%。

6.5 沥青混合料的组成设计

本节主要介绍热拌沥青混合料的组成设计。

热拌沥青混合料是由矿料与黏稠沥青在专门设备中加热拌和而成，用保温设备运输至现场，并在热态下进行摊铺和压实的混合料，简称"热拌沥青混合料"，以 HMA 表示。

沥青混合料配合比设计是采用马歇尔试验进行配合比设计的方法，适用于密级配沥青混凝土及沥青稳定碎石混合料。沥青混合料全过程配合比设计包括三个阶段：试验室配合比设计阶段、生产配合比设计阶段和生产配合比验证（即试验路试铺）阶段。后两个阶段是在试验室配合比的基础上进行的，需借助施工单位的拌和设备、摊铺和碾压设备完成。

设计目的和任务：确定沥青混合料中组成材料品种、矿质混合料的配合组成设计和最佳沥青用量。沥青混合料的目标配合比设计流程如图 6-10 所示。

6.5.1 矿质混合料的组成设计

道路与桥梁用砂石材料，大多数是以矿质混合料的形式与各种结合料（如水泥或沥青等）组成混合料使用。欲使水泥混凝土和沥青混合料具备优良的路用性能，除各种矿质集料的技术性质应符合技术要求外，矿质混合料还必须具有足够的密实度，并且有较高的内摩阻力。

第六章 沥青混合料

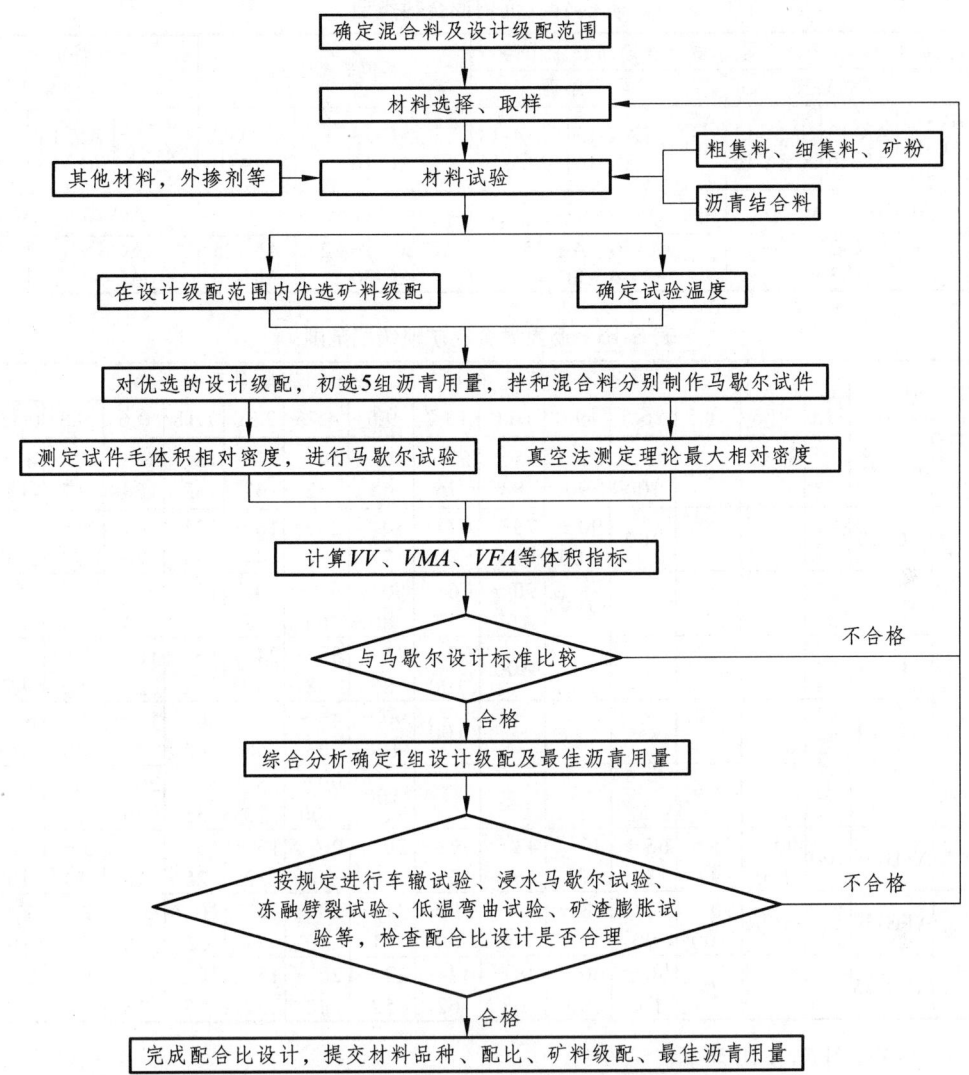

图 6-10 沥青混合料配合比设计流程图

可以根据级配理论，计算出需要的矿质混合料的级配范围，但是为了应用已有的研究成果和实践经验，通常是采用规范推荐的矿质混合料级配范围来确定。按我国现行国标《公路沥青路面施工技术规范》（JTG F40—2004）的规定，按下列步骤进行：

1. 沥青混合料类型和矿料级配的确定

根据道路等级、路面类型、路面结构层位等，按照表 6-14 选择使用的沥青混合料类型，再根据已确定的沥青混合料类型，查阅规范推荐的矿质混合料级配范围，见表 6-15，确定相应的矿质混合料级配范围，也可以根据试验研究成果选择其他的沥青混合料类型及相应的级配范围，经技术经济认证后确定。

表 6-14 沥青混合料类型

结构层次	高速公路、一级公路、城市快速路、主干路						其他等级公路		一般城市道路及其他道路工程			
	三层式路面			二层式路面								
上面层	AC-13 AC-16 AC-16	AK-13 AK-16	SMA-13 SMA-16	AC-13 AC-16	AK-13 AK-16	SMA-13 SMA-16	AC-13 AC-16	SMA-13 SMA-16	AC-13 AC-16 AC-20	AK-13 AK-16	SMA-13 SMA-16	
中面层	AC-20		AC-25	—			—		AC-20		AC-25	
下面层	AC-25 AC-30			AC-20 AC-25 AC-30			AC-20 AC-25 AC-30	AM-25 AM-30	AC-25 AC-30		AM-25 AM-30	

表 6-15 沥青混合料矿料级配范围

级配类型			通过下列筛孔（方孔筛，mm）的质量百分率/%												
			53.0	37.5	31.5	26.5	19.0	16.0	13.2	9.5	4.75	2.36	1.18	0.6	0.3	0.15	0.075
密级配沥青混凝土混合料 AC	粗粒式	AC-25			100	90~100	75~90	65~83	57~76	46~65	24~52	16~42	12~33	8~24	5~17	4~13	3~7
	中粒式	AC-20				100	90~100	78~92	62~80	50~72	26~56	16~44	12~33	8~24	5~17	4~13	3~7
		AC-16					100	90~100	76~92	60~80	34~62	20~48	13~36	9~26	7~18	5~14	4~8
	细粒式	AC-13						100	90~100	65~85	38~68	24~50	15~38	10~28	7~20	5~15	4~8
		AC-10							100	90~100	45~75	30~58	20~44	13~32	9~23	6~16	4~8
	砂粒式	AC-5								100	90~100	55~75	35~55	20~40	12~28	7~18	5~10
密级配沥青稳定碎石 ATB	特粗式	ATB-40	100	90~100	75~92	65~85	49~71	43~63	37~57	30~50	20~40	15~32	10~25	8~18	5~14	3~10	2~6
	粗粒式	ATB-30		100	90~100	70~90	53~72	44~66	39~60	31~51	20~40	15~32	10~25	8~18	5~14	3~10	2~6
		ATB-25			100	90~100	60~80	48~68	42~62	32~52	20~40	15~32	10~25	8~18	5~14	3~10	2~6

2. 矿质混合料配合比计算

所谓的矿质混合料就是能够满足级配要求的各种粒径材料的集合体，简称矿料。在水泥混凝土或沥青混合料中，所用集料颗粒的粒径尺寸范围较大，而天然或人工轧制的一种集料往往仅由几种粒径尺寸的颗粒组成，难以满足工程对某一混合料的目标设计级配范围的要求，因此需要将两种或两种以上的集料配合使用。

确定几种集料混合时各自比例的过程就是矿料的组成设计。

进行矿质混合料组成设计，必须首先明确目标级配范围，并应掌握级配组成对矿料技术性能的影响。

3. 图解法设计步骤

（1）准备工作。对所使用的各集料进行筛分，并计算出各自的通过量百分率。明确设计级配要求的级配范围，并计算出该要求级配范围的中值。

（2）绘制框图。按比例（通常纵横边各为 100 mm 和 150 mm）绘制一矩形框图，从左下向右上引对角线 OO 作为合成级配的中值，如图 6-11 所示。按常数标尺在纵坐标上标出通过量百分率刻度，横坐标则表示筛孔位置，而各筛孔的具体位置则根据合成级配要求的通过量百分率中值，在纵坐标上找出该值的位置，然后从纵坐标引平行线与对角线相交，再从交点处向下作垂线，垂线与横坐标的相交点即为各筛孔相应位置。

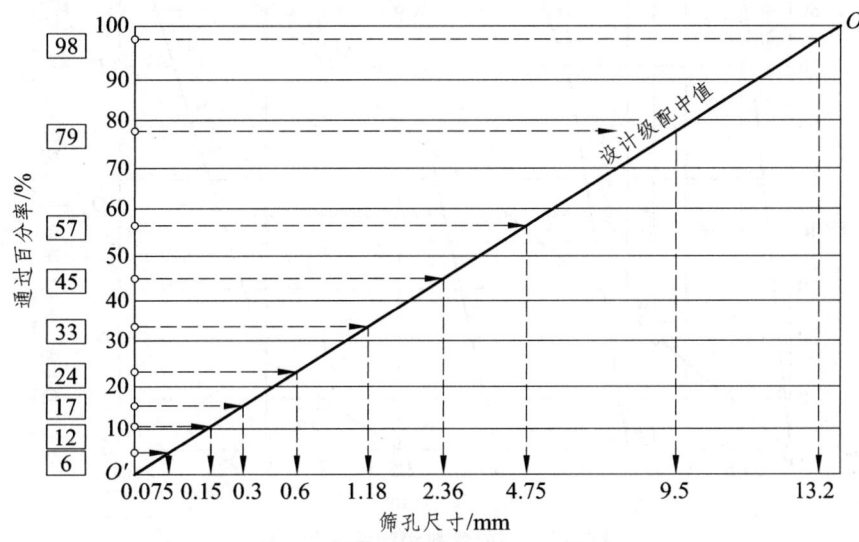

图 6-11　图解法用级配曲线坐标图

（3）确定各集料用量。将参与级配合成的各集料的通过量绘制在框图中，用折线的形式连成级配曲线。假设以四种集料进行级配合成为例，如图 6-12 所示，根据框图中相邻两条曲线的关系，确定各集料在混合料中的掺配比例。

① 重叠关系：相邻两条曲线相互重叠，图 6-12 中集料 A 的级配曲线下部与集料 B 的级配曲线上部搭接。在两条级配曲线之间引一条垂线 AA'，要求该垂线与集料 A、B 的级配曲线截距相等，即 $a=a'$。此时垂线 AA' 与对角线 OO' 相交于点 M，再通过点 M 作一水平线与纵坐标交于 P 点，OP 线段的几何长度（以毫米计）就是集料 A 的用量比例（%）。

② 相接关系：相邻两条曲线首尾相接，图 6-12 中集料 B 的末端与集料 C 的首端正好相接。此时只需从 C 集料的首端向 B 集料的末端引垂线 BB'，该垂线 BB' 与对角线 OO' 相交于点 N，过点 N 作水平线与纵坐标交于点 Q，则 PQ 线段的几何长度就是 B 集料的用量（%）。

③ 分离关系：相邻两条曲线分离，图 6-12 中集料 C 的级配曲线与集料 D 的级配曲线在水平方向彼此分离。此时作一条垂线 CC' 平分这段水平距离，要求 $b=b'$。垂线 CC' 与对角线 OO' 交于点 R，通过该点作一水平线与纵坐标交于点 S，则 QS 线段的几何长度就代表集料 C 的用量（%）。

剩余的 ST 线段的几何长度即为集料 D 的用量。

可以说，框图中相邻集料级配曲线的关系只可能是这三种情况，但实际操作过程中以第一种关系即重叠关系最为常见。

（4）合成级配的计算与校核。与试算法相同，根据图解过程求得的各集料用量比例，计算出合成级配的结果。当合成级配超出级配范围时，说明图解法得到的比例不太合适，所以要调整各集料的用量，直到满足设计级配的要求为止。如经数次调整仍不能达到要求，可掺加单粒级集料或调换其他集料。

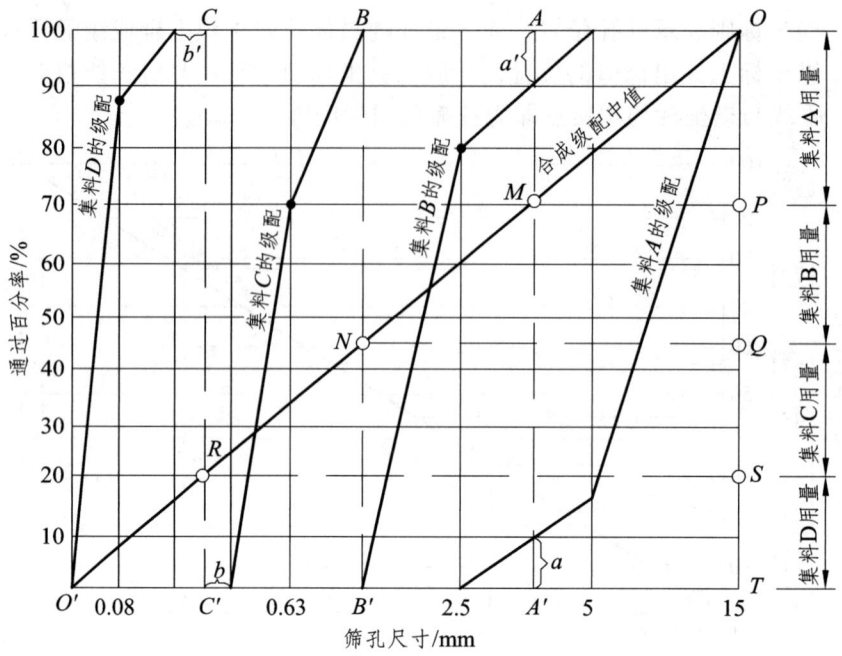

图 6-12 组成集料级配曲线和要求

6.5.2 确定沥青混合料的最佳沥青用量

沥青混合料的最佳沥青用量（简称 OAC）可以通过各种理论计算方法求得。但是由于实际材料性质的差异，按理论公式计算得到的最佳沥青用量，仍然要通过试验方法修正。我国现行国标《公路沥青路面施工技术规范》（JTG F40—2004）规定的方法是采用马歇尔试验法确定最佳沥青用量。具体步骤如下：

1. 制备试样

（1）按确定的矿质混合料配合比，计算各种矿质材料的用量。

（2）以预估的油石比为中值，按一定间隔（对密级配沥青混合料通常为 0.5%，对沥青碎石混合料可适当缩小间隔为 0.3%～0.4%），取 5 个或 5 个以上不同的油石比分别成型马歇尔试件。

2. 测定物理指标

按规定的试验方法测定试件的毛体积相对密度等，并计算空隙率、沥青饱和度及矿料间隙率等。

3. 测定力学指标

为确定沥青混合料的最佳沥青用量，应用马歇尔稳定度仪测定沥青混合料的力学指标，如马歇尔稳定度、流值和马歇尔模数。

4. 确定最佳沥青用量

（1）绘制沥青用量与物理-力学指标关系图。以油石比或沥青用量为横坐标，以马歇尔试验的各项指标为纵坐标,将试验结果点入图中,连成圆滑的曲线。确定均符合规范规定的沥青混合料技术标准的沥青用量范围 OAC_{min} ~ OAC_{max}(选择的沥青用量范围必须涵盖设计空隙率的全部范围,并尽可能涵盖沥青饱和度的要求范围,并使密度及稳定度曲线出现峰值)。

注:绘制曲线时含 VMA 指标,且应为下凹型曲线,但确定 OAC_{min} ~ OAC_{max} 时不包括 VMA。

(2)根据试验曲线的走势,按下列方法确定沥青混合料的最佳沥青用量 OAC_1。

① 在图 6-12 上求取相应于密度最大值、稳定度最大值、目标空隙率(或中值)、沥青饱和度范围中值的沥青用量 a_1、a_2、a_3 和 a_4,取平均值作为 OAC_1。

$$OAC_1 = (a_1 + a_2 + a_3 + a_4)/4 \tag{6-13}$$

② 果所选择的沥青用量范围未能涵盖沥青饱和度的要求范围,按式(6-14)求取三者的平均值作为 OAC_1。

$$OAC_1 = (a_1 + a_2 + a_3)/3 \tag{6-14}$$

③ 所选择试验的沥青用量范围,密度或稳定度没有出现峰值(最大值经常在曲线的两端)时,可直接以目标空隙率所对应的沥青用量 a_3 作为 OAC_1,但 OAC_1 必须介于 OAC_{min} ~ OAC_{max} 的范围内,否则应重新进行配合比设计。

(3)以各项指标均符合技术标准(不含 VMA)的沥青用量范围 OAC_{min} ~ OAC_{max} 的中值作为 OAC_2。

$$OAC_2 = (OAC_{min} + OAC_{max})/2 \tag{6-15}$$

(4)通常情况下取 OAC_1 及 OAC_2 的中值作为计算的最佳沥青用量 OAC。

$$OAC = (OAC_1 + OAC_2)/2 \tag{6-16}$$

(5)按式(6-16)计算的最佳油石比 OAC,从图 6-12 中得出所对应的空隙率和 VMA 值,检验是否能满足关于最小 VMA 值的要求(OAC 宜位于 VMA 凹形曲线最小值的贫油一侧。当空隙率不是整数时,最小 VMA 按内插法确定,并将其画入图 6-12 中)。

(6)检查图 6-13 中相应于此 OAC 的各项指标是否均符合马歇尔试验技术标准。

(7)根据实践经验和公路等级、气候条件、交通情况,调整确定最佳沥青用量 OAC。

① 调查当地各项条件相接近的工程的沥青用量及使用效果,论证适宜的最佳沥青用量。

② 对炎热地区公路以及高速公路、一级公路的重载交通路段,山区公路的长大坡度路段,预计有可能产生较大车辙时,宜在空隙率符合要求的范围内将计算的最佳沥青用量减小 0.1% ~ 0.5% 作为设计沥青用量。

③ 寒区公路、旅游公路、交通量很少的公路,最佳沥青用量可以在 OAC 的基础上增加 0.1% ~ 0.3%,以适当减小设计空隙率,但不得降低压实度要求。

(8)按相应公式计算沥青被集料吸收的比例及有效沥青含量。

(9)检验最佳沥青用量时的粉胶比和有效沥青膜厚度(计算沥青混合料的粉胶比,宜符合 0.6 ~ 1.6 的要求;对常用的公称最大粒径为 13.2 ~ 19 mm 的密级配沥青混合料,粉胶比宜控制在 0.8 ~ 1.2 范围内)。

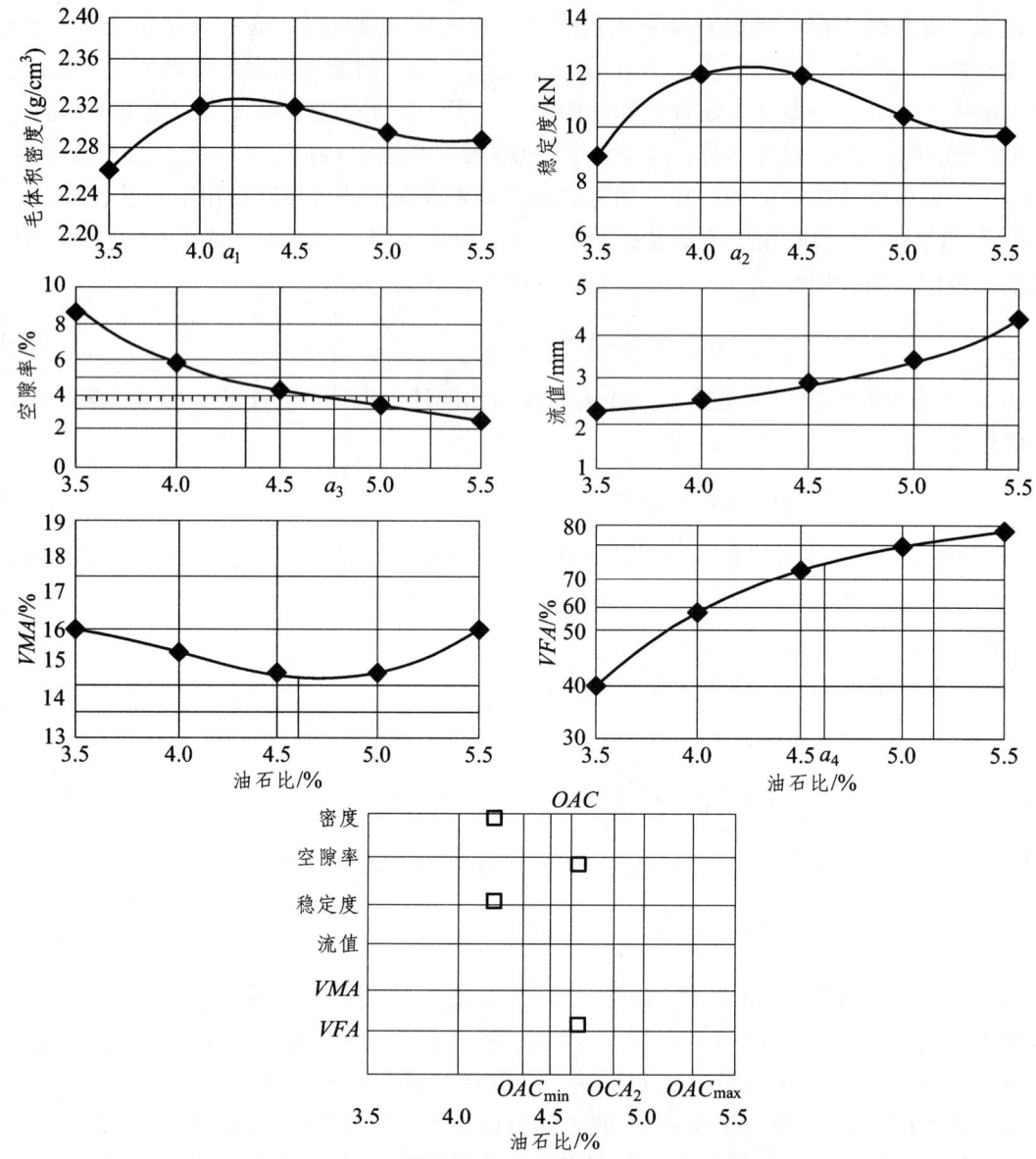

图 6-13 沥青用量与马歇尔试验结果关系图

注：图中 a_1=4.2%，a_2=4.25%，a_3=4.8%，a_4=4.7%，OAC_1=4.49%（由 4 个平均值确定），OAC_{min}=4.3%，OAC_{max}=5.3%，OAC_2=4.8%，OAC=4.64%。此例中相对于空隙率 4% 的油石比为 4.6%。

5. 配合比设计检验

（1）对用于高速公路和一级公路的密级配沥青混合料，需在配合比设计的基础上按要求进行各种使用性能的检验，不符合要求的沥青混合料，必须更换材料或重新进行配合比设计。

（2）高温稳定性检验。对公称最大粒径等于或小于 19 mm 的混合料，必须按最佳沥青用量 OAC 制作车辙试件进行车辙试验，动稳定度应符合表 6-4 的要求。

（3）水稳定性检验。按最佳沥青用量 OAC 制作试件，必须进行浸水马歇尔试验和冻融劈裂试验，残留稳定度及残留强度比均应符合表 6-16 的规定。

表 6-16 沥青混合料水稳定性检验技术要求

气候条件与技术指标	相应下列气候分区的技术要求			
年降雨量（mm）及气候分区	>1000	500~1000	250~500	<250
	1.潮湿区	2.湿润区	3.半干区	4.干旱区
浸水马歇尔试验残留稳定度/%，不小于				
普通沥青混合料	80		75	
SMA 混合料　普通沥青	75			
SMA 混合料　改性沥青	80			
冻融劈裂试验的残留强度比/%，不小于				
普通沥青混合料	75		70	
SMA 混合料　普通沥青	75			
SMA 混合料　改性沥青	80			

（4）低温抗裂性能检验。对公称最大粒径等于或小于 19 mm 的混合料，可以按规定方法进行低温弯曲试验。

（5）渗水系数检验。可以利用轮碾机成型的车辙试件进行渗水试验。

本章小结

沥青混合料是经人工合理选择级配组成的矿质混合料，与适量沥青材料拌和而成的混合料的总称。沥青混合料包括沥青混凝土混合料和沥青碎石混合料两大类。沥青混合料按照矿质混合料的级配类型不同，可以分为连续密级配沥青混凝土混合料、连续半开级配沥青混合料、开级配沥青混合料和间断级配沥青混合料；按照强度形成原理的不同，可以分为嵌挤原则和密实原则两大类。

按嵌挤原则构成的沥青混合料的结构强度主要是以矿料颗粒之间的嵌挤力和内摩阻力为主，以沥青结合料的黏聚力为辅。按密实原则构成的沥青混合料则主要是以沥青结合料的黏聚力为主，矿料间的嵌挤力和内摩阻力为辅。

由于材料组成分布、矿料与矿料及矿料与沥青间的相互作用、剩余空隙率的大小等的不同，沥青混合料可分为悬浮-密实结构、骨架-空隙结构、骨架-密实结构三大类。

沥青混合料在路面结构中破坏的原因，主要是高温时抗剪强度不够或者塑性变形过大，使路面产生波浪、车辙、拥包与推移等高温变形现象，以及在低温时抗剪强度不够或者变形能力较差而产生开裂现象。因此，沥青混合料强度理论，要求沥青混合料必须具备足够的抗剪强度，同时在高温时，必须具备较好的高温稳定性，在低温时，必须具备较好的低温抗裂性。

沥青混合料的体积特征参数包括沥青混合料的密度、沥青混合料的空隙率、沥青混合料的矿料间隙率和沥青混合料的沥青饱和度。

沥青混合料受自然环境因素和交通荷载作用，要求混合料必须具有高温稳定性、低温抗裂性、耐久性、抗滑性和施工和易性。

沥青混合料的高温稳定性采用马歇尔试验来测定，对于高级公路、一级公路、城市快速路、主干路用沥青混合料，还需要进行车辙试验。马歇尔试验用于测定沥青混合料试件的破坏荷载和抗变形能力，以获得马歇尔稳定度（MS）、流值（FL）和马歇尔模数（T）三项指标。为了提高沥青混合料的高温稳定性，可以采用提高沥青高温黏度，多选用表面粗糙、多棱角、颗粒接近立方体的矿料来增强沥青混合料骨架的嵌挤力，合理选择沥青用量等方法。

目前，用于研究和评价沥青混合料低温抗裂性的方法可以分为三类：预估沥青混合料的开裂温度；评价沥青混合料的低温变形能力或应力松弛能力；评价沥青混合料低温抗裂能力。

沥青混合料的耐久性是指沥青混合料在使用过程中抵抗环境因素及行车反复作用的能力，它包括沥青混合料的抗老化性、水稳定性和抗疲劳性等综合性能。

工地气温状况、施工条件和沥青混合料的材料组成将会影响到沥青混合料的施工和易性。

沥青混合料配合比设计是采用马歇尔试验进行配合比设计的方法，适用于密级配沥青混凝土及沥青稳定碎石混合料。沥青混合料全过程配合比设计包括三个阶段：试验室配合比设计阶段、生产配合比设计阶段和生产配合比验证（即试验路试铺）阶段。

复习思考题

1. 简述沥青混合料的优点和缺点。
2. 沥青混合料如何分类？
3. 沥青混合料强度形成原理有哪几种？每种强度形成原理的特点是什么？
4. 简述沥青混合料的三种基本结构。每种基本结构的代表类型、力学特点和路用性质特点是什么？
5. 简述沥青混合料抗剪强度的影响因素。
6. 沥青混合料的体积特征参数有哪些？如何计算？
7. 如何评价沥青混合料的高温稳定性？影响高温稳定性的主要因素有哪些？
8. 沥青路面冬季开裂的原因是什么？如何评价沥青混合料的低温抗裂性？
9. 简述沥青混合料"老化"原因及影响因素。
10. 解释沥青混合料的水稳定性。
11. 沥青混合料的抗滑性与哪些因素有关？
12. 沥青混合料中各组成材料如何选择？
13. 简述沥青混合料配合比设计过程。

第七章　砌筑材料

 **本章描述**

砌体在建筑中起承重、围护和分隔作用。用于砌体的材料品种较多，有砖、砌块和砂浆等。它们与建筑物的功能、自重、成本、工期以及建筑能耗等均有直接关系。

本章主要讲述了砖和砌块的主要类型及性质、墙用板材的类型、砌筑用石材的类型、选用原则及石材的防护。

教学目标

1. 能力目标

能识别主要的砌筑材料。

能说出砌筑材料的性质及用途。

2. 知识目标

了解砖和砌块材料的类型。

掌握砖和砌块材料的性质。

熟悉墙用板材的类型、砌筑用石材的类型、选用原则及石材的防护。

3. 素质目标

培养学生爱岗敬业、细心踏实、勇于进取的工作作风以及严谨求实的学习态度。

砌体结构历史悠久，"秦砖汉瓦"之说，代表两千年前，我国砖瓦材料运用已很普遍。19 世纪中叶，人们发明了水泥（cement），加入砂浆，形成水泥砂浆等，提高了砌体强度。古代采用砌体结构的几个著名建筑：长城、嵩岳寺砖塔、安济桥、大雁塔、无梁殿等。

西安大雁塔（图 7-1）：全称"慈恩寺大雁塔"，位于距西安市区 4 km 的慈恩寺内，始建于公元 652 年，是一座楼阁式砖塔，塔高 64 余米，塔基边长 25 m，共有 7 层，塔身呈方形锥体。全塔采用磨砖对缝，砖墙上显示出棱柱，可以明显分出墙壁开间，具有中国传统建筑艺术的风格。

嵩岳寺砖塔（图 7-2）：嵩岳寺，是屹立在"五岳"之中岳——河南省嵩山南麓的一座古老佛刹。建于北魏，是我国现存大型古塔实物中年代最早的一座，具有极高的建筑和艺术价值。它高 39.8 m，共 15 层，底层直径 10.6 m，内径 5 m，壁厚 2.5 m，如此多层之高塔在全国范围内罕有。它是一座砖塔，全塔除塔刹和基石外，均以砖砌筑，砖呈灰黄色，以黏土砌缝。汉魏时塔多为木构楼阁式，后来才渐渐被砖石材料代替，嵩岳寺塔则是这一转化的最早实例，因而极为可贵。该塔的外形和下层平面为十二边形，是现存塔的实物中的孤例。

图 7-1　西安大雁塔　　　　　图 7-2　嵩岳寺砖塔

7.1　砖

砌墙砖按孔洞率的大小分为：实心砖、多孔砖、空心砖。实心砖又称普通砖，孔洞率小于 25%；多孔砖孔洞率不小于 25%，孔的尺寸小而数量多；空心砖孔洞率不小于 40%，孔的尺寸大而数量少。

砖按制造工艺分为：烧结砖、蒸养（压）砖、免烧（蒸）砖。

砖按原料分为：黏土砖、页岩砖、灰砂砖、粉煤灰砖、煤矸石砖、煤渣砖等。

7.1.1　烧结砖

凡经焙烧而制成的砖称为烧结砖。烧结砖根据其孔洞率大小分别有烧结普通砖、烧结多孔砖和烧结空心砖 3 种。

1. 烧结普通砖

国家标准《烧结普通砖》（GB 5101—2003）规定，凡以黏土、页岩、煤矸石和粉煤灰等为主要原料，经成型、焙烧而成的实心或孔洞率不大于 15% 的砖，称为烧结普通砖，见图 7-3。

生产普通黏土砖的原料为易熔黏土，从颗粒组成来看，以砂质黏土或砂土最为适宜。生产工艺过程为：采土→配料调制→制胚→干燥→焙烧→成品。

焙烧是制砖的关键过程，在焙烧时燃料燃烧完全，窑内为氧化气氛，因而生成三氧化二铁（Fe_2O_3）而使砖呈红色，称为红砖。制得红砖再经浇水闷窑，使窑内形成还原气氛，促使砖内红色高价氧化铁（Fe_2O_3）还原成青灰色的低价氧化铁（FeO），制得青砖。青砖一般较红砖严密、耐碱、耐久性好，但由于价格高，目前生产应用较少。

普通黏土砖焙烧温度应适当，否则会出现欠火砖或过火砖。欠火砖是焙烧温度低、火候不足的砖，其特征是黄皮黑心、声哑、强度低、耐久性差。过火砖是焙烧温度过高的砖，其特征是颜色较深、声音清脆、强度与耐久性均高，但导热系数较大，而且产品多弯曲变形。

此外，生产中可将煤渣、含碳量高的粉煤灰等工业废料掺入制胚的土中制作内燃砖。当砖焙烧到一定温度时，废渣中的炭也在干坯体内燃烧，因此可以节省大量的燃料和5%~10%的黏土原料。内燃砖燃烧均匀，表现密度小，导热系数低，且强度可提高约20%。

1）技术性质

（1）规格尺寸。

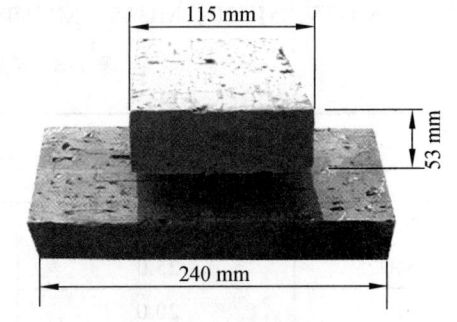

图7-3 烧结普通砖

烧结普通砖的尺寸规格是 240 mm×115 mm×53 mm（图7-3）。其中240 mm×115 mm 面称为大面，240 mm×53 mm 面称为条面，115 mm×53 mm 面称为顶面。在砌筑时，4块砖长、8块砖宽、16块砖厚，再分别加上砌筑灰缝（每个灰缝宽度为 8~12 mm，平均取 10 mm），其长度均为 1 m。理论上，1 m³ 砖砌体大约需要用 512 块。烧结普通砖的尺寸允许偏差应符合（GB 5101—2003）相关规定，见表7-1。

表7-1 烧结普通砖尺寸允许偏差

公称尺寸	优等品		一等品		合格品	
	样品平均偏差	样品平均级差不大于	样品平均偏差	样品平均级差不大于	样品平均偏差	样品平均级差不大于
240	±2.0	8	±2.5	7	±3.0	8
115	±1.5	5	±2.0	6	±2.5	7
53	±1.5	4	±1.6	5	±2.0	6

（2）外观质量。

砖的外观质量应符合表7-2的规定。

表7-2 烧结普通砖外观质量要求

项 目		优等品	一等品	合格品
两条面高度差，不大于		2	3	4
弯曲，不大于		2	3	4
杂质凸出高度，不大于		2	3	4
缺棱掉角的三个破坏尺寸，不得同时大于		5	20	30
裂纹长度	大面上宽度方向及其延伸到条面的长度	≤30	≤60	≤80
	大面上长度方向及其延伸到顶面的长度或条面上水平裂纹的长度	≤50	≤80	≤100
完整面不得少于		二条面和二顶面	一条面和一顶面	—
颜 色*		基本一致	—	—

注：*为装饰面施加的色差，凹凸纹、拉毛、压花等不算作缺陷。

凡有下列缺陷之一者，不得称为完整面：

a. 缺损在条面或顶面上造成的破坏面尺寸同时大于 10 mm×10 mm；

b. 条面或顶面上裂纹宽度大于 1 mm，其长度超过 30 mm；

c. 压陷、粘底、焦花在条面或顶面上的凹陷或凸出超过 2 mm，区域尺寸同时大于 10 mm×10 mm。

（3）强度等级。

普通黏土砖的强度等级根据 10 块砖的抗压强度平均值、标准值或最小值划分共分为 MU30、MU25、MU20、MU15、MU105 个等级，其具体要求如表 7-3 所示。

表 7-3 烧结普通砖强度等级划分规定

MPa

强度等级	抗压强度平均值 $\bar{f} \geqslant$	变异系数 $\delta \leqslant 0.21$ 强度标准值 $f_k \geqslant$	变异系数 $\delta > 0.21$ 单块最小抗压强度值 $f_{min} \geqslant$
MU30	30.0	22.0	25.0
MU25	25.0	18.0	22.0
MU20	20.0	14.0	16.0
MU15	15.0	10.0	12.0
MU10	10.0	6.5	7.5

（4）耐久性。

① 抗风化性能。

抗风化性能是指在干湿变化、温度变化、冻融变化等物理因素作用下材料不破坏并长期保持原有性质的能力，它是材料耐久性的重要内容之一。烧结普通砖的抗风化性能是一项综合性指标，主要受砖的吸水率与地域位置的影响。此外，用于东北、内蒙古、新疆等严重风化区的烧结普通砖，必须进行冻融实验。烧结普通砖的抗风化性能必须符合国家标准《烧结普通砖》（GB 5101—2003）中的有关规定（表 7-4）。

表 7-4 烧结普通砖的抗风化性能

砖种类	严重风化区				非严重风化区			
	5 h 沸煮吸水率/% ≤		饱和系数 ≤		5 h 沸煮吸水率/% ≤		饱和系数 ≤	
	平均值	单块最大值	平均值	单块最大值	平均值	单块最大值	平均值	单块最大值
黏土砖	18	20	0.85	0.87	19	20	0.88	0.90
粉煤灰砖*	21	23			23	25		
页岩砖	16	18	0.74	0.77	18	20	0.78	0.80
煤矸石砖								

注*：粉煤灰掺入量（体积比）小于 30% 时，按黏土砖规定判定。

② 泛霜。

泛霜是砖在使用过程中的一种盐析现象（图 7-4）。砖内过量的可溶盐受潮吸水而溶解，随水分蒸发迁移至砖表面，在过饱和状态下结晶析出，形成白色粉状附着物，影响建筑物的美观。如果溶盐为硫酸盐，当水分蒸发呈晶体析出时，产生膨胀，使砖面及砂浆剥落。标准规定：优等品，无泛霜；一等品，不允许出现泛霜；合格品，不许出现严重泛霜。

③ 石灰爆裂。

石灰爆裂是指烧结普通砖的原料或内燃物质中夹杂着石灰质，焙烧时被烧成生石灰，砖在使用吸水后，体积膨胀而发生的爆裂现象（图 7-5）。石灰爆裂影响砌砖墙的平整度、灰缝的平直度，甚至使墙面发生裂纹，使墙体破坏。因此石灰爆裂应符合国家标准《烧结普通砖》（GB 5101—2003）中有关规定：

图 7-4　烧结普通砖泛霜　　　　图 7-5　烧结普通砖石灰爆裂

优等品：不允许出现最大破坏尺寸大于 2 mm 的爆裂区域。

一等品：

a. 最大破坏尺寸大于 2 mm 且小于等于 10 mm 的爆裂区域，每组砖样不得多于 15 处。

b. 不允许出现最大破坏尺寸大于 10 mm 的爆裂区域。

合格品：

a. 最大破坏尺寸大于 2 mm 且小于等于 15 mm 的爆裂区域，每组砖样不得多于 15 处，其中大于 10 mm 的不得多于 7 处。

b. 不允许出现最大破坏尺寸大于 15 mm 的爆裂区域。

（5）质量等级。

尺寸偏差和抗风性能结合的砖，根据外质量、泛霜和石灰爆裂三项指标，分别为优等品（A）、一等品（B）和合格品（C）三个等级。

2）应　用

烧结普通砖具有一定的强度、较好的耐久性、一定的保温隔热性能，在建筑工程中主要被用于建筑各种承重墙体和非承重墙体等围护结构。烧结普通砖可砌筑砖柱、拱、烟囱、筒拱式过梁和基础等，也可与轻混凝土、保温隔热材料等配合使用。在砖砌体中配置适当的钢筋或钢丝网，可作为薄壳结构、钢筋砖过梁等。碎砖可作为混凝土集料和碎砖三合土的原材料。

但是烧结黏土砖制取砖土，大量破坏农田，加上施工效率低、抗震性能差等缺点，因此我们正大力推广墙体材料改革，以空心砖、工业废渣砖及砌块、轻质板材来代替实心黏土砖。

2. 烧结多孔砖

烧结多孔砖是以黏土、页岩、煤矸石、粉煤灰、淤泥及其他固体废弃物等为主要原料经焙烧而成的砖，见图 7-6。其生产过程与普通烧结砖基本相同，但塑性要求较高。

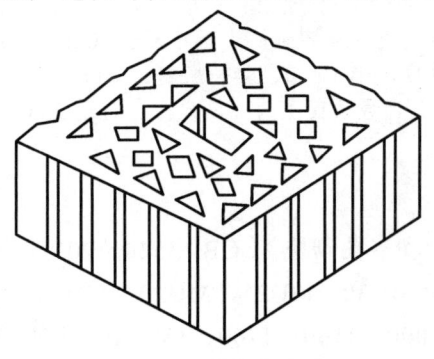

图 7-6　烧结多孔砖

1）技术性质

（1）规格尺寸。

烧结多孔砖为大面有孔的直角六面体，孔多而小，孔洞垂直于受压面。砖的形状如图 7-6 所示，孔的形状为矩形或圆形孔，孔宽度不大于 13 mm，孔长度不大于 40 mm。规格大的砖应设置手抓孔，手抓孔尺寸为（30~40）mm×（75~85）mm。长、宽、高尺寸应符合下列要求：290 mm、240 mm、190 mm、180 mm、140 mm、115 mm、90 mm；其他规格尺寸由供需双方协商确定。烧结多孔砖的尺寸允许偏差见表 7-5。

表 7-5　烧结多孔砖的尺寸允许偏差　　　　　　　　　　　　　　　　　　mm

尺　寸	样本平均偏差	样本级差≤
>400	±3.0	10.0
300~400	±2.5	9.0
200~300	±2.5	8.0
100~200	±2.0	7.0
<100	±1.5	6.0

（2）外观质量。

烧结多孔砖的外观质量应符合表 7-6 的规定。

表 7-6　烧结多孔砖的外观质量要求　　　　　　　　　　　　　　　　　　mm

项　目		指　标
完整面不得少于		一条面和一顶面
缺棱掉角的三个破坏尺寸，不得同时大于		30
裂纹长度	a. 大面（有孔面）上深入孔壁 15 mm 以上宽度方向及其延伸到条面的长度	≤80
	b. 大面（有孔面）上深入孔壁 15 mm 以上长度方向及其延伸到顶面的长度	≤100
	c. 条顶面上的水平裂纹	≤100
杂质在砖面上造成的凸出高度		5

注：凡有下列缺陷之一者，不得称为完整面：
　　a. 缺损在条面或顶面上造成的破坏面尺寸同时大于 20 mm×30 mm；
　　b. 条面或顶面上裂纹宽度大于 1 mm，其长度超过 70 mm；
　　c. 压陷、粘底、焦花在条面或顶面上的凹陷或凸出超过 2 mm，区域最大投影尺寸同时大于 20 mm×30 mm。

（3）强度等级。

按国家标准《烧结多孔砖和多孔砌块》（GB 13544—2011）的规定，烧结多孔砖根据砖的抗压强度平均值和标准值分为 MU30、MU25、MU20、MU15、MU10 五个强度等级，根据砖的干燥表观密度平均值分为 1000、1100、1200、1300 四个密度等级，见表 7-7。

表 7-7 烧结多孔砖的强度等级和密度等级

强度等级	抗压强度平均值 $\overline{f} \geq$/MPa	抗压强度标准值 $f_k \geq$/MPa	密度等级	3 块砖干燥表观密度平均值/（kg·m⁻³）
MU30	30.0	22.0	1000	900~1000
MU25	25.0	18.0	1000	1000~1100
MU20	20.0	14.0	1200	1100~1200
MU15	15.0	10.0	1300	1200~1300
MU10	10.0	6.5		

（4）耐久性。

烧结多孔砖的抗风化性能见表 7-8。

表 7-8 烧结多孔砖的抗风化性能指标

砖种类	严重风化区				非严重风化区			
	5 h 沸煮吸水率/%，不大于		饱和系数		5 h 沸煮吸水率/%，不大于		饱和系数	
	平均值	单块最大值	平均值	单块最大值	平均值	单块最大值	平均值	单块最大值
黏土砖	21	23	≤0.85	≤0.87	23	25	≤0.88	≤0.90
粉煤灰砖	23	25			30	32		
页岩砖	16	18	≤0.74	≤0.77	18	20	≤0.78	≤0.80
煤矸石砖	19	21			21	23		

注：粉煤灰掺入量（体积比）小于 30% 时，按黏土砖规定判定。

2）应 用

烧结多孔砖孔洞率在 28% 以上，表观密度为 1400 kg/m³ 左右。虽然多孔砖具有一定的孔洞率，使砖受压时有效受压面积减小，但因制坯时承受较大的压力，使砖孔壁致密程度提高，且对原材料要求也较高，这就补偿了因有效面积减少而造成的强度损失，故烧结多孔砖的强度仍较高，常被用于砌筑 6 层以下的承重墙。

3. 烧结空心砖

烧结空心砖简称空心砖，是指以页岩、煤矸石或粉煤灰为主要原料，经焙烧而成的具有竖向孔洞（孔洞率不小于 40%，孔的尺寸大而数量少）的砖，见图 7-7。

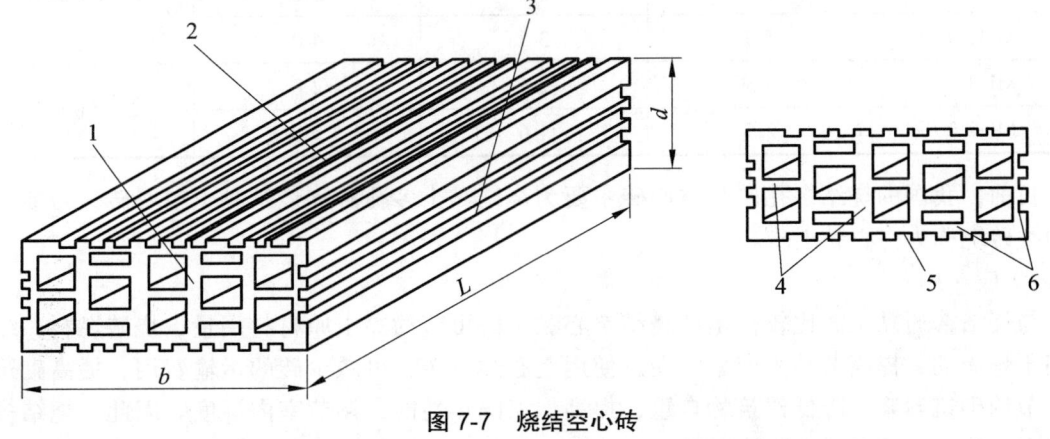

图 7-7 烧结空心砖

1—顶面；2—大面；3—条面；4—肋；5—凹线槽；6—外壁；L—长度；b—宽度；d—高度

1)技术性质

(1)规格尺寸。

根据国家标准《烧结空心砖和空心砌块》(GB 13545—2003)的规定,砖的长、宽、高尺寸应符合下列要求:390 mm、290 mm、240 mm、190 mm、180(175)mm、140 mm、115 mm、90 mm(也可由供需双方商定)。

(2)强度等级。

烧结空心砖按砖的表观密度分成 800、900、1000、1100 四个体积密度级别,见表 7-9;根据抗压强度分为 MU10.0、MU7.5、MU5.0、MU3.5、MU2.5 五个强度等级,见表 7-10。强度、密度、抗风化性能和放射性物质合格的砖和砌块,根据尺寸偏差、外观质量、孔洞排列及其结构、泛霜、石灰爆裂、吸水率分为优等品(A)、一等品(B)、合格品(C)三个质量等级。对于黏土、页岩、煤矸石空心砖和空心砌块优等品要求吸水率不大于 16%,一等品吸水率不大于 18%,合格品吸水率不大于 20%。烧结多孔砖的泛霜及石灰爆裂要求同烧结普通砖,不允许有欠火砖、酥砖。

表 7-9 烧结空心砖和空心砌块的密度等级

密度等级	5块密度平均值/($kg \cdot m^{-3}$)
800	≤800
900	801~900
1000	901~1000
1100	1001~1100

表 7-10 烧结空心砖和空心砌块的强度等级

强度等级	抗压强度/MPa			密度等级范围/($kg \cdot m^{-3}$) 不大于
	抗压强度平均值 $\bar{f}$ 不小于	变异系数 $\delta \leq 0.21$ 抗压强度标准值 f_k 不小于	变异系数 $\delta > 0.21$ 单块最小抗压强度值 f_{min} 不小于	
MU10.0	10.0	7.0	8.0	1 100
MU7.5	7.5	5.0	5.8	
MU5.0	5.0	3.5	4.0	
MU3.5	3.5	2.5	2.8	800
MU2.5	2.5	1.6	1.8	

目前,我国的烧结多孔砖与空心砖主要为烧结黏土多孔砖和烧结黏土空心砖,习惯上将这两类砖统称为空心黏土砖。

2)应用

与烧结普通黏土砖比较,生产烧结空心黏土砖可节约黏土原材料用量、烧砖燃料,缩短砖坯干燥周期,提高劳动生产率,而且使用空心黏土砖,可减少砖的运输费用,提高砌筑效率,节约砌筑砂浆,降低建筑物自重,提高保温隔热性能,调节室内湿度。因此,烧结多孔砖和空心砖得到越来越广泛的应用,发展高强多孔砖、空心砖也是我国墙体材料改革的方向。

7.1.2 非烧结砖

1. 蒸压灰砂砖

蒸压灰砂砖是以石英和砂为主要材料，经细磨、混合搅拌、陈化、压制成型和蒸压养护制成的。一般石灰占 10%～20%，砂占 80%～90%。

1）技术性质

（1）规格尺寸。

蒸压灰砂砖（图 7-8）的尺寸规格与烧结普通砖相同，为 240 mm×115 mm×53 mm。

（2）强度等级。

国家标准《蒸压灰砂砖》（GB 11945—1999）规定，蒸压灰砂砖根据产品的尺寸偏差和外观质量分为优等品（A）、一等品（B）、合格品（C）三个等级，根据砖浸水 24 h 后的抗压强度和抗折强度分为 MU25、MU20、MU15、MU10 四个强度等级，见表 7-11。

图 7-8 蒸压灰砂砖

表 7-11 蒸压灰砂砖的性能指标

强度等级（标号）	抗压强度/MPa		抗折强度/MPa		抗冻性	
	平均值不小于	单块值不小于	平均值不小于	单块值不小于	冻后抗压强度（MPa）平均值不小于	单块砖的干质量损失（%）不大于
MU25	25.0	20.0	5.0	4.0	20.0	2.0
MU20	20.0	16.0	4.0	3.2	16.0	2.0
MU15	15.0	12.0	3.3	2.6	12.0	2.0
MU10	10.0	8.0	2.5	2.0	8.0	2.0

2）应　用

强度等级大于 MU15 的砖可用于基础及其他建筑部位。MU10 砖可用于砌筑防潮层以上的墙体。长期使用温度高于 200 ℃ 以及承受急冷、急热或有酸性介质侵蚀的建筑部位应避免使用灰砂砖。

2. 蒸压（养）粉煤灰砖

粉煤灰砖是利用电厂废料粉煤灰为主要原料，掺入适量的石灰和石膏或再加入部分炉渣等，经配料、拌和、压制成型、常压或高压蒸汽养护而成的实心砖（图 7-9）。

1）技术性质

（1）规格尺寸。

图 7-9 蒸压粉煤灰砖

其外形尺寸同普通砖，即长 420 mm、宽 115 mm、高 53 mm，呈深灰色，体积密度约为 1500 kg/m³。

（2）强度等级。

《粉煤灰砖》（JC 239—2001）规定，根据外观质量、强度、抗冻性和干燥收缩值，粉煤灰砖分为优等品、一等品和合格品。粉煤灰砖的强度等级分为 MU30、MU25、MU20、MU15 和 MU10 五级（表 7-12）。一般要求优等品和一等品干燥收缩值不大于 0.65 mm/m，合格品干燥收缩值不大于 0.75 mm/m。

表 7-12　粉煤灰砖的性能指标

强度等级	抗压强度/MPa		抗折强度/MPa		抗冻性	
	10块平均值不小于	单块值不小于	10块平均值不小于	单块值不小于	抗压强度（MPa）平均值不小于	单块砖的干质量损失（%）不大于
MU30	30.0	24.0	6.2	5.0	24.0	2.0
MU25	25.0	20.0	5.0	4.0	20.0	2.0
MU20	20.0	16.0	4.0	3.2	16.0	2.0
MU15	15.0	12.0	3.3	2.6	12.0	2.0
MU10	10.0	8.0	2.5	2.0	8.0	2.0

注：强度等级以蒸汽养护后 1 d 的强度为准。

2）应　用

粉煤灰砖可用于工业与民用建筑的墙体和基础，但用于基础或易受冻融和干湿交替作用的建筑部位，必须使用一等品和优等品。粉煤灰砖不得用于长期受热（200 ℃ 以上）、受急冷急热和有酸性介质侵蚀的建筑部位。为避免或减少收缩裂缝的产生，用粉煤灰砖砌筑的建筑物，应适当增设圈梁及伸缩缝。

3. 炉渣砖

炉渣砖（图 7-10）是以煤燃烧后的炉渣（煤渣）为主要原料，加入适量的石灰或电石渣、石膏等材料混合、搅拌、成型、蒸汽养护等而制成的砖。其尺寸规格与普通砖相同，呈黑灰色，体积密度为 1300～2 000 kg/m³，吸水率 6%～19%。炉渣砖按其

图 7-10　炉渣砖

抗压强度和抗折强度分为 MU20、MU12、MU10 三个强度等级（表 7-13）。该类砖可用于一般工程的内墙和非承重外墙，但不得用于受高温、受急冷急热交替作用或有酸性介质侵蚀部位。

表 7-13　炉渣砖的强度等级　　　　　　　　　　　　　　　　　MPa

强度等级	抗压强度平均值 $f \geqslant$	变异系数 $\delta \leqslant 0.21$	变异系数 $\delta \geqslant 0.21$
		强度标准值 $f_k \geqslant$	单块最小抗压强度 $f_{min} \geqslant$
MU25	25.0	19.0	20.0
MU20	20.0	14.0	16.0
MU15	15.0	10.0	12.0

注：强度等级以蒸汽养护后 24～36 h 的强度为准。

7.2 砌 块

砌块是利用混凝土、工业废料（炉渣，粉煤灰等）或地方材料制成的人造块材，外形尺寸比砖大，具有设备简单、砌筑速度快的优点，符合建筑工业化发展中墙体改革的要求。

砌块按尺寸和质量的大小不同分为小型砌块、中型砌块和大型砌块。砌块系列中主规格的高度大于 115 mm 而小于 380 mm 的称作小型砌块，高度为 380 ~ 980 mm 称为中型砌块，高度大于 980 mm 的称为大型砌块。使用中以中小型砌块居多。

砌块按外观形状可以分为实心砌块和空心砌块。空心率小于 25% 或无孔洞的砌块为实心砌块；空心率大于或等于 25% 的砌块为空心砌块。

空心砌块有单排方孔、单排圆孔和多排扁孔三种形式，其中多排扁孔对保温较有利。按砌块在组砌中的位置与作用，空心砌砖可以分为主砌块和各种辅助砌块。

根据材料不同，常用的砌块有普通混凝土与装饰混凝土小型空心砌块、轻集料混凝土小型空心砌块、粉煤灰小型空心砌块、蒸压加气混凝土砌块、免蒸加气混凝土砌块（又称环保轻质混凝土砌块）和石膏砌块。吸水率较大的砌块不能用于长期浸水、经常受干湿交替或冻融循环的建筑部位。

7.2.1 蒸压加气混凝土砌块

蒸压加气混凝土砌块（图 7-11）是用钙质材料（如水泥、石灰）和硅质材料（如砂子、粉煤灰、矿渣）的配料中加入铝粉作加气剂，经加水搅拌、浇注成型、发气膨胀、预养切割，再经高压蒸汽养护而成的多孔硅酸盐砌块。

发气剂又称加气剂，是制造加气混凝土的关键材料。发气剂大多选用脱脂铝粉。掺入浆料中的铝粉，在碱性条件下产生化学反应：铝粉极细，产生的氢气形成许多小气泡，保留在很快凝固的混凝土中。这些大量的均匀分布的小气泡，使加气混凝土砌块具有许多优良特性。

图 7-11 蒸压加气混凝土砌块

1. 技术性质

（1）规格尺寸。

根据《蒸压加气混凝土砌块》（GB 11968—2006）的规定，砌块一般规格的公称尺寸有两个系列，单位为毫米：

① 长度：600；高度：200，250，300；宽度：75，100，125，150，175，200，250…（以25 递增）。

② 长度：600；高度：240，300；宽度：60，120，180，240，…（以 60 递增）。

其他规格可由购货单位与生产厂协商确定。

砌块的尺寸偏差和外观应符合表 7-14。

表 7-14　尺寸偏差和外观

项目			指标	
			优等品（A）	合格品（B）
尺寸允许偏差/mm	长	L	±3	±4
	宽	B	±1	±2
	高	H	±1	±2
缺棱掉角	最小尺寸不得大于/mm		0	30
	最大尺寸不得大于/mm		0	70
	大于以上尺寸的缺棱掉角个数，不得对于/个		0	2
裂纹长度	贯穿一棱二面的裂纹长度不得大于裂纹所在面的裂纹方向的尺寸总和的		0	1/3
	任一面上的裂纹长度不得大于裂纹方向尺寸		0	1/2
	大于以上尺寸的裂纹条数，不多于/条		0	2
爆裂、粘模和损坏密度不大大于/mm			10	30
平面弯曲			不允许	
表面疏松、层裂			不允许	
表面油污			不允许	

注：完整面是指表面没有裂纹、爆裂和长宽高三个方向均大于 20 mm 的缺棱掉角的缺陷者。

（2）强度等级及干密度等级。

砌块按抗压强度和容重分级，强度级别有 10，25，35，50，75 级；容重级别有 03，04，05，06，07，08 级。根据《蒸压加气混凝土砌块》（GB 11968—2006）的规定，砌块各级别立方体抗压强度见表 7-15，砌块各级别干密度见表 7-16。

表 7-15　砌块的立方体抗压强度　　　　　　　　　　　　　　　　　MPa

强度级别	立方体抗压强度	
	平均值不小于	单组最小值不小于
A1.0	1.0	0.8
A2.0	2.0	1.6
A2.5	2.5	2.0
A3.5	3.5	2.8
A5.0	5.0	4.0
A7.5	7.5	6.0
A10.0	10.0	8.0

表 7-16　砌块的干密度　　　　　　　　　　　　　　　　　　　　kg/m³

干密度级别		B03	B04	B05	B06	B07	B08
干密度	优等品（A）≤	300	400	500	600	700	800
	优等品（B）≤	325	425	525	625	725	825

(3)质量等级。

砌块按尺寸偏差、容重分为:优等品(A)、一等品(B)、合格品(C)三等。

(4)产品标记。

砌块按名称、强度、容重、长度、高度、宽度和等级顺序进行标记。

例如,强度级别为10,容重级别为03,长度为600 mm,高度为200 mm,宽度为100 mm,质量等级为优等品的蒸压加气混凝土砌块表示为:加气块 10-03-600×200×100-A,GB11968-89。

2. 特　性

(1)轻质性。

蒸压加气混凝土砌块的密度一般为 400~700 kg/m³,相当于空心黏土砖的1/3、实心黏土砖的1/5、混凝土的1/4,也低于一般轻集料混凝土的容重。因而,采用蒸压加气混凝土砌块作墙体材料可以大大减轻建筑物的自重,节约建筑材料和工程费用。

(2)保温性。

蒸压加气混凝土砌块内部含有大量气泡和微孔,因而有良好的保温性能。密度为 400~700 kg/m³ 的加气混凝土,导热系数通常为 0.09~0.17 W/(m·K),保温能力是黏土砖的 3~4 倍、普通混凝土的 4~8 倍。

(3)抗压性。

06级蒸压加气混凝土砌块抗压强度为3.5 MPa,07级为5.0 MPa。蒸压加气混凝土砌块整体强度大,每个砌块一般相当于10块黏土砖,因此其砌体的强度利用率高,强度利用系数为 0.7~0.8,而黏土砖的强度利用系数只有 0.2~0.3。

(4)耐火性。

蒸压加气混凝土砌块导热系数低,热迁移慢,能有效抵抗火灾,并保护结构不受火灾影响。其耐火温度高达 700 ℃,为一级耐火材料,属无机不燃物,高温下不会产生有害气体,是消防免检产品。

(5)吸声性。

蒸压加气混凝土具有球状密闭多孔结构,因而有一定的吸声性能,吸声系数为 0.2~0.3,吸声性能优于普通的混凝土,适用于对吸声有特殊要求的建筑墙体。加气混凝土墙的隔声量,100 mm 厚为 45 dB,180 mm 厚为 53 dB,240 mm 厚为 58 dB。

(6)耐久性。

600 mm×300 mm×300 mm 的试件在大气中暴露一年后抗压强度提高25%,10 年强度仍然保持稳定,大部分加气混凝土在自然炭化后强度略有提高,这说明加气混凝土具有良好的耐久性能。

(7)抗渗水性。

蒸压加气混凝土具有密闭独立球状结构,因而吸水导湿缓慢。经试验,采用淋浴喷头分别向 240 mm 厚的黏土砖墙和加气混凝土墙喷淋,黏土砖墙 12 h 后全部浸透,而加气混凝土墙喷淋 72 h 后渗水深度为 80~100 mm。因此,加气混凝土制品适用于多雨地区的外墙。

(8)易加工性。

蒸压加气混凝土砌块不仅可以在工厂内生产出多种规格,还可以进行锯、刨、钻、钉。

3. 选用要点

（1）蒸压加气混凝土砌块主要用于建筑物的外填充墙和非承重内隔墙，也可与其他材料组合成为具有保温隔热功能的复合墙体，但不宜用于最外层。

（2）蒸压加气混凝土砌块如无有效措施，不得用于下列部位：建筑物标高±0.000以下；长期浸水、经常受干湿交替或经常受冻融循环的部位；受酸碱化学物质侵蚀的部位以及制品表面温度高于80 ℃的部位。

（3）后砌的非承重墙、填充墙或隔墙与外承重墙相交处，应沿墙高900～1000 mm处用钢筋与外墙拉接，且每边深入墙内的长度不得小于700 mm。

（4）蒸压加气混凝土外墙墙面的突出部分，如线脚、出檐、窗台等，应做泛水和滴水，避免流入墙中的水经多次冻融循环后，破坏外墙面。

（5）在砌块墙底、墙顶、门窗洞口处，应局部采用烧结普通砖或多孔砖砌筑，其高度不宜小于200 mm。

（6）不同干密度和强度等级的加气混凝土砌块不应混砌，也不得与其他砖和砌块混砌。

（7）砌筑砂浆应采用黏结性能良好的专用砂浆；加气混凝土的抹面也应采用专用的抹面材料或聚丙烯纤维抹面抗裂砂浆。

4. 适用范围

蒸压加气混凝土砌块适用于各类建筑地面（±0.000）以上的内外填充墙和地面以下的内填充墙（有特殊要求蒸压加气混凝土砌块的墙体除外）。

蒸压加气混凝土砌块不应直接砌筑在楼面、地面上。对于厕浴间、露台、外阳台以及设置在外墙面的空调机承托板与砌体接触部位等经常受干湿交替作用的墙体根部，宜浇筑宽度同墙厚、高度不小于0.2 m的C20素混凝土墙垫；对于其他墙体，宜用蒸压灰砂砖在其根部砌筑高度不小于0.2 m的墙垫。

蒸压加气混凝土砌块不得使用在下列部位：

（1）建筑物±0.000以下（地下室的室内填充墙除外）部位。

（2）长期浸水或经常干湿交替的部位。

（3）受化学侵蚀的环境，如强酸、强碱或高浓度二氧化碳等的环境。

（4）砌体表面经常处于80 ℃以上的高温环境。

（5）屋面女儿墙。

案例分析 7-1：某工厂（框架结构）用蒸压加气混凝土砌块砌筑外墙（非承重墙），该蒸压加气混凝土砌块出釜一周后即砌筑，工程完工一个月后墙体出现裂纹，试分析原因。

原因分析：该外墙属于框架结构的非承重墙，所用的蒸压加气混凝土砌块出釜仅一周，其收缩率仍较大，在砌筑完工干燥过程中继续产生收缩，墙体在沿着砌块与砌块交接处就会产生裂缝。

7.2.2 蒸养粉煤灰砌块

蒸养粉煤灰砌块（图 7-12）是由粉煤灰、石灰、石膏或其他集料按一般比例组成的混合物，成型后经蒸汽养护而得的一种墙体材料。

1. 技术性质

其主规格尺寸有 880 mm×380 mm×240 mm 和 880 mm×420 mm×240 mm 两种。砌块按立方体试件的抗压强度分为 MU10 和 MU13 两个强度等级，按外观质量、尺寸偏差和干缩性能分为一等品（B）和合格品（C）两个质量等级。

图 7-12　蒸养粉煤灰砌块

砌块的外观和尺寸应符合下列要求：

（1）砌块表面不得有疏松现象。

（2）砌块表面可以有直径 5~30 mm 的质地松软的灰团存在，但每平方米或每米不得多于 2 个，总数不得多于 4 个，直径大于 5 mm 的爆裂性石灰块不得存在。

（3）贯穿面棱的裂缝不得存在，一般的收缩发丝裂纹不计。

（4）砌块表面可以有直径为 15~30 mm 的蜂窝可以存在，但每平方米或每面不得多于 2 个；空洞直径小于 15 mm 的麻面现象，其面积不大于所处表面面积的十分之一是可以的。

（5）砌块应面平棱直，砌块边缘的翘曲在 1 m 长度上应不大于 5 mm，在边缘的整个长度上也不应大于 10 mm。

（6）砌块棱角脱落现象，其深度不应大于 40 mm，长度不应大于边长的四分之一，且砌块应有一个完整的条面，深度小于 10 mm 者，不作棱角脱落论。

（7）砌块实际尺寸与设计尺寸的偏差，不应超过下列数值：

长度：+5 mm/10 mm；

高度：+5 mm/10 mm；

厚度：±8 mm。

对角线差砌块高度超过 80 cm 者不大于 15 mm，低于 80 cm 者不大于 8 mm（或砌块条面、顶面相对两棱边高低偏差不大于 8 mm）。

（8）砌块中，埋设零件位置的偏差，以及为通风管和其他管线所留孔洞位置的偏差，均不应超过 10 mm。

2. 特　性

（1）抗冻性与耐水性。

抗冻性和耐水性是反映制品耐久性的两项重要指标，特别是抗冻性。抗冻性是将试样在 −15~−20 ℃ 冻 5 h，在 10~20 ℃ 的水中融化 3 h，根据如此冻融循环 15 次后的强度损失及外观破坏情况来衡量的。

粉煤灰砖由于主要采用粉煤灰，通过扫描电子显微镜观察，粉煤灰颗粒偏粗，有较多空隙的熔渣颗粒和玻璃小球，因而吸水速度较慢，一般要 24 h 才能达到饱和状态。

粉煤灰砖的吸水率一般为 8.26%~14.0%，比黏土砖略低（黏土砖 14.29%~16.7%），长期浸泡水中，强度会继续增长。经 15 次冻融循环后，外观基本完整，抗压强度为 8~16 MPa，干质量损失小于 2.0%，它的抗冻性和耐水性都是良好的。

（2）干湿交替循环。

干湿交替循环，就是将制品放入水中浸湿到规定时间，再放入干燥箱中干燥，干燥后再放入水中浸湿,这样往复为一个循环。试样经15次干湿循环后,强度比原来还有提高。

3. 应用

蒸养粉煤灰砌块属硅酸盐类制品,其干缩值比水泥混凝土大,弹性模量低于同强度的水泥混凝土制品。以炉渣为集料的粉煤灰砌块,其体积密度为1 300~1 550 kg/m³,导热系数为0.465~0.582 W/(m·K)。粉煤灰砌块适用于一般工业与民用建筑的墙体和基础,但不宜用于长期受高温(和炼钢车间)和经常受潮湿的承重墙,也不宜用于有酸性介质侵蚀的建筑部分。

7.2.3 普通混凝土小型空心砌块

普通混凝土小型空心砌块(图7-13)是以普通混凝土拌合物为原料,经成型、养护而成的空心块体墙材,有承重砌块和非承重砌块两类。为减轻自重,非承重砌块可用炉渣或其他轻质集料配置。

1. 技术性质

根据外观质量和尺寸偏差,普通混凝土小型空心砌块分为优等品(A),一等品(B)及合格品(C)三个质量等级,其强度等级分为MU3.5,MU7.5,MU10.0,MU20.0,见表7-17。砌块的主规格尺寸为390 mm×190 mm×190 mm,尺寸允许偏差应符合表7-18,其他规格尺寸可由供需双方协商。

图7-13 普通混凝土小型空心砌块

表7-17 尺寸允许偏差 mm

项目名称	优等品(A)	一等品(B)	合格品(C)
长度	±2	±3	±3
宽度	±2	±3	±3
高度	±2	±3	+3 -4

表7-18 强度等级 MPa

强度等级	砌砖抗压强度	
	平均值不小于	单块最小值不小于
MU3.5	3.5	2.8
MU5.0	5.0	4.0
MU7.5	7.5	6.0
MU10.0	10.0	8.0
MU15.0	15.0	12.0
MU20.0	20.0	16.0

普通混凝土小型空心砌块产品的标记:按产品名称(代号NHB)、强度等级、外观质量等级和标准编号的顺序进行标记。比如强度等级为MU7.5,其标记为NHB MU7.5 GB 8239。

2. 应 用

混凝土小型空心砌块可用于多层建筑的内墙和外墙。这种砌块在建筑时一般不易浇水，但在气候特别干燥炎热时，可在砌筑前稍喷水湿润。砌块因失水而产生的收缩会导致墙体开裂，为了控制砌块建筑的墙体裂缝，其相对含水率应符合规定；用于清水墙的砌块，还应满足抗渗性要求。

7.2.4 混凝土中型空心砌块

混凝土中型空心砌块（图 7-14）是以水泥或煤矸石无熟料水泥，配以一定比例的集料，制成空心率大于或等于 25%的制品。

1. 技术性质

其尺寸规格为：长度 500 mm、600 mm、800 mm；宽度 200 mm、240 mm；高度 400 mm、450 mm、800 mm、900 mm。用无熟料水泥配置的砌块属硅酸盐类制品，生产中应通过蒸汽养护或相关的技术措施以提高产品质量。这类砌块的干燥收缩值≤0.08 mm/m；经 15 次冻融循环后其强度损失≤15%，外观无明显疏松、剥落和裂缝；自然炭化系数（1.15×人工炭化系数）≥0.85。

图 7-14 混凝土中型空心砌块

2. 应 用

中型空心砌块具有体积密度小、强度较高、生产简单、施工方便等特点，适用于民用与一般工业建筑物的墙体。

常用的建筑砌块还有轻集料混凝土小型空心砌块、石膏砌块、泡沫混凝土砌块等。

7.3 墙用板材

墙用板材是一种新型墙体材料。它改变了墙体建筑的传统工艺，采用通过黏结、组合等方法进行墙体施工，加快了建筑施工的速度。墙板除轻质外还有保温、隔热、隔声、防水及自承重的性能。

墙用板材的种类很多，主要包括加气混凝土、石膏板、石棉水泥板、玻璃纤维增强水泥板、铝合金板、稻草板、植物纤维板及镀塑钢板等类型。现就常用的几种墙板进行介绍。

7.3.1 石膏板

石膏板包括纸面石膏板、纤维石膏板及石膏空心条板三种。

1. 纸面石膏板

纸面石膏板（图 7-15）是以熟石膏为凝胶材料，掺入适量添加剂和纤维为板芯，以特制的护面纸作为面层的一种轻质板材，主要包括普通纸面石膏板、防火纸面石膏板和防水纸面石膏板三个品种。

纸面石膏板具有轻质、高强、绝热、防火、防水、吸声、可加工、施工方便等特点。普通纸面石膏板适用于建筑物的围护墙、内隔墙和吊顶。在厨房厕所以及空气湿度经常大于70%的潮湿环境使用时，必须采取相对防潮措施。

防水纸面石膏板经过防水处理，而且石膏芯材也含防水成分，因而适用于湿度较大的房间墙面。由于它有石膏外墙衬板吃、耐水石膏衬板两种，可适用于卫生间、厨房、浴室等贴瓷砖、金属板、塑料面砖墙的衬板。

2. 纤维石膏板

纤维石膏板（图 7-16）是以石膏为主要原料，加入适量有机或无机纤维和外加剂，经打浆、辅浆脱水、成型、干燥而成的一种板材。

纤维石膏板具有轻质、高强、耐火、隔声、可加工、施工方便等特点，主要用于工业与民用建筑的非承重内墙、天棚吊顶及内墙贴面等。

图 7-15　纸面石膏板

图 7-16　纤维石膏板

3. 石膏空心条板

石膏空心条板（图 7-17）是以熟石膏为胶凝材料，掺入适量的水、粉煤灰或水泥和少量的纤维，同时掺入膨胀珍珠岩为轻质集料，经搅拌、成型、抽芯、干燥等工序制成的空心条板。

石膏空心条板具有重量轻、强度高、隔热、隔声、防水等性能，可锯、可刨、可钻、施工简便。与纸面石膏板相比，其石膏用量多、不用纸和胶黏剂、不用龙骨，工艺设备简单，所以比纸面石膏板造价低。石膏空心条板只要用于工业与民用建筑的内隔墙，其墙面可做喷浆、涂料、贴瓷砖、贴壁纸等各种饰面。

7.3.2　混凝土墙板

混凝土墙板（图 7-18）由各种混凝土为主要原材料加工制作而成，主要有蒸压加气混凝土板、挤压成型混凝土多孔条板、轻集料混凝土配筋墙板等。

蒸压加气混凝土板是由钙质材料(水泥+石灰或水泥+矿渣)、硅质材料(石英砂或粉煤灰)、石膏、铝粉、水和钢筋组成的轻质板材。其内部含有大量微小、非连通的气孔，孔隙率为70%~80%，因而具有自重小、保温隔热性好、吸声性强等特点，同时具有一定的承载能力和耐火性，主要用作内、外墙板，屋面板或楼板。

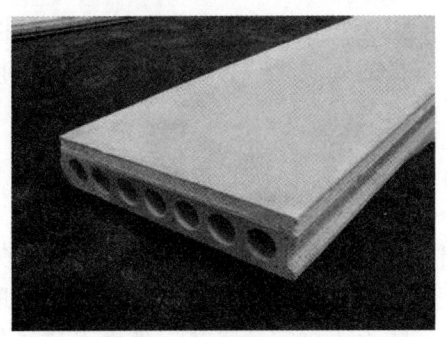
图 7-17 石膏空心条板

图 7-18 混凝土墙板

轻集料混凝土配筋墙板是以水泥为胶凝材料，以陶粒或天然浮石为粗集料，以陶砂、膨胀珍珠岩砂、浮石砂为细集料，经搅拌、成型、养护而制成的一种轻质墙板。为增强其抗弯能力，常常在内部轻集料混凝土浇筑完后可铺设钢筋网片。在每块墙板内部均设置 6 块预埋铁件，施工时与柱或楼板的预埋钢板焊接相连，墙板接缝处需采取防水措施（主要为构造防水和材料防水两种）。

混凝土多孔条板是以混凝土为主要原料的轻质空心条板。混凝土多孔条板按其生产方式有固定式挤压成型、移动式挤压成型两种，按其混凝土种类有普通混凝土多孔条板、轻集料混凝土多孔条板、VRC 轻质多孔条板等。其中 VRC 轻质多孔条板快硬型硫铝酸盐水泥是掺入 35%~40% 的粉煤灰为胶凝材料，以高强纤维为增强材料，掺入膨胀珍珠岩等轻集料而成的一种板材。以上混凝土多孔条板主要用作建筑物内隔墙。

7.3.3 纤维水泥板

纤维水泥板是以水泥砂浆或静浆作基材，以非连续的短纤维或连续的长纤维作增强材料所组成的一种水泥基复合材料。纤维水泥板包括玻璃纤维增强水泥板和石棉水泥板、石棉水泥珍珠岩板等。

1. 玻璃纤维增强水泥板

玻璃纤维增强水泥板（图 7-19），是一种新型墙体材料，近年来广泛应用于工业与民用建筑中，尤其是高层建筑物中的内隔墙。该水泥板是用抗碱玻璃纤维作增强材料，以水泥砂浆为胶结材料，经成型、养护而成的一种复合材料。此水泥板具有强度高、韧性好、抗裂性优良等特点，主要用于非承重和半承重构件，可用来制造外墙板、复合外墙板、天花板、永久性模板等。

图 7-19 玻璃纤维增强水泥板

2. 石棉水泥板

石棉水泥板是用石棉作增强材料，水泥净浆作基材制成的板材，按其物理性能又分有一类板、二类板和三类板 3 类，按其尺寸偏差可分为优等品和合格品两种，其规格品种多，能适应各种需要。

石棉水泥板具有较高的抗拉、抗折强度及防水、耐蚀性能，且锯、钻、钉等加工性能好，干燥状态下还有较高的电绝缘性，主要可作复合外墙板的外层，或作隔墙板、吸声吊顶板、通风板和电绝缘板等。

7.3.4 泰柏板

泰柏板（舒乐板，图 7-20）是一种新型建筑材料，选用强化钢丝焊接而成的三维笼为构架，内阻燃 EPS 泡沫塑料芯材组成，而后喷涂水泥砂浆制成的一种轻质板材，是目前取代轻质墙体最理想的材料。泰柏板具有质量轻、强度高、防火、抗震、隔热、隔声、抗风化、耐腐蚀的优良性能。

7.3.5 铝塑复合墙板

铝塑复合墙板（图 7-21）简称铝塑板，是由经过表面处理并涂装烤漆的铝板作为表层，聚乙烯塑料板作为芯层，经过一系列工艺过程加工复合而成的新型材料。铝塑板是由性质不同的两种材料（金属与非金属）组成的，既保留了原组成材料（金属铝、非金属聚乙烯塑料）的主要特征，又克服了原组成材料的缺点，进而获得了众多优异的材料性能，如豪华美观、艳丽多彩的装饰性、耐候、耐蚀、耐冲击、防火、防潮、隔热、隔声、抗震性，质轻，易加工成型，易搬运安装，可快速施工等特性。这些性能为铝塑板开辟了广阔的运用前景。

铝塑板由于材料性能上的诸多优势，被广泛应用于各种建筑装饰上，如天花板、包柱、柜台、家具、电话亭、电梯、店面、广告牌、防尘室壁材、厂房壁材等，已经成为三大幕墙中（天然石材、玻璃幕墙、金属幕墙）金属幕墙的代表。在发达国家，铝塑板还被应用于巴士、火车箱体的制造，飞机、船舶的隔间壁材，设备、仪器的外箱体等。

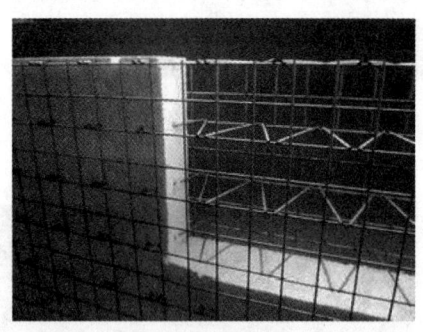

图 7-20　泰柏板

图 7-21　铝塑复合墙板

7.4 砌筑用石材

7.4.1 砌筑用石材的分类

砌筑用石材分为毛石、料石两种。

1. 毛石

毛石是在采石场爆破后得到的形状不规则的石块，按其表面的平整程度分为乱毛石和平毛石两种。

（1）乱毛石：其形状极不规则。

（2）平毛石：乱毛石略经加工而成的毛石，其形状较整齐，大致有上、下两个平行面。毛石主要用于砌筑基础、勒脚、墙身、挡土墙、堤坝等。

2. 料石

料石指经人工凿琢或机械加工而成的规则六面体块石，按表面加工的平整度可分为4种。

（1）毛料石：表面不经加工或稍加修整的料石。

（2）粗料石：表面加工成凹凸深度不大于20 mm的料石。

（3）细料石：表面加工成凹凸深度不大于10 mm的料石。

（4）细料石：表面加工成凹凸深度不大于2 mm的料石。

料石常用于砌筑墙身、地坪、踏步、柱、拱和纪念碑等。

7.4.2 石材的选用原则

在土木工程设计和施工中，应根据适应性和经济性的原则选用石材。

1. 适应性

适应性原则主要考虑石材的技术性能是否能满足使用要求。可根据石材在土木工程中的用途和部位，选定其主要技术性质能满足要求的岩石。例如：承重用石材，主要应考虑强度、耐水性、抗冻性等技术性能；饰面用石材，主要考虑表面平整度、光泽度、色彩与环境的协调、尺寸公差、外观缺陷及加工性等技术要求；围护结构用石材，主要考虑其导热性；用在高温、高湿、严寒等特殊环境中的石材，还分别考虑其耐久性、耐水性、抗冻性及耐化学侵蚀性等。

2. 经济性

天然石材表观密度大，不宜长途运输，应综合考虑地方资源，尽可能做到就地取材、降低成本。天然岩石一般质地坚硬，加工费工耗时，成本高。因此，选择石材时必须予以慎重考虑。

7.4.3 石材的防护

天然石材在使用过程中受周围自然环境因素的影响，如水分的浸渍与渗透，空气中有害气体的侵蚀及光、热或外力的作用等，会发生分化而逐渐破坏。而水是石材发生破坏的主要原因，它能软化石材并加剧其冻害，且能与有害气体结合成酸，使石材发生分解与溶解。大量的水流还能对石材起冲刷与冲击作用，从而加速石材的破坏。因此，使用石材时应特别注意水的影响。

为了减轻与防止石材的风化与破坏，可以采取以下防护措施。

1. 合理选材

石材的分化与破坏速度，主要取决于石材抗破坏因素的能力，所以，合理选用石材品种，是防止破坏的关键。对于重要的工程，应该选用结构致密、耐分化能力强的石材，而且，其外露的表面应光滑,以便使水分能迅速排掉。

2. 表面处理

可在石材表面用石蜡或涂料进行处理,使其表面隔绝大气和水分,起到防护作用。

本章小结

本章以砌墙、砌砖为重点,简要介绍了墙用板材的种类、规格、特性及应用情况。

砖按照生产工艺分为烧结砖和非烧结砖,烧结普通砖是使用最多的墙体材料。烧结普通砖的技术性质主要包括强度、耐久性和外观指标,按有无孔洞分为空心砖、多孔砖和实心砖。

房建用材中70%是墙材,黏土制品占主导,每年耗用黏土资源源达10多亿立方米,相当于毁田50万亩(1亩=667 m^2),烧砖耗煤约7000万吨。为了保护环境,黏土砖在中国主要大、中城市及部分地方已禁止使用。重视使用多孔砖和空心砖,充分利用工业废料生产其他普通砖、非烧结砖是我国墙材改革的方向。

砌块主要有蒸养粉煤灰砌块、蒸压加气混凝土砌块、普通混凝土小型空心砌块、混凝土中型空心砌块等。各类型砌块按抗压强度划分为若干强度等级,按尺寸偏差、外观质量分为优等品、一等品和合格品三个质量等级。

墙用板材主要包括加气混凝土板、石膏板、石棉水泥板、玻璃纤维增强水泥板等类型。

复合墙板和砌块是国家大力推广使用的墙体材料。

复习思考题

1. 普通黏土砖的强度等级是怎样划分的?质量等级是依据砖的哪些具体性能划分的?
2. 烧结多孔砖和空心砖的强度等级是如何划分的?各有什么用途?
3. 何谓烧结普通砖的泛霜和石灰爆裂?它们对砌筑工程有何影响?
4. 烧结黏土砖在砌筑施工前为什么一定要浇水润湿?
5. 某工地备用红砖10万块,在储存两个月后,尚未砌筑施工就发现有部分砖自裂成碎块,试解释这是何原因所致。
6. 目前所用的墙体材料有哪几种?简述墙体材料的发展方向。

第八章　金属材料

 本章描述

金属材料分为黑色金属和有色金属两大类。黑色金属主要有钢材、铸铁等。有色金属有铝、铜、铅、锌等金属及合金。土木工程中用量最大的金属材料是钢材，广泛地应用于建筑、铁路、桥梁等结构工程中，而铝、铜及其合金等主要应用于建筑安装及装饰工程中。

本章主要讲述了钢的冶炼与分类、钢材的技术性质、建筑钢材的牌号与选用、钢材的锈蚀与防止、钢轨的类型及力学指标等主要内容。

 教学目标

1. 能力目标

能说出钢的主要类型。

会绘制低碳钢受拉时的应力-应变图，并能指出变形的四个阶段。

能说出建筑钢材牌号的含义。

能说出钢轨的主要类型。

2. 知识目标

了解钢的分类。

掌握钢材的力学性能。

理解建筑钢材牌号的含义。

了解钢材的锈蚀与防止。

掌握钢轨的断面及类型。

3. 素质目标

培养学生自主学习的能力、严谨求实的学习态度以及爱岗敬业、细心踏实、勇于进取的工作作风。

8.1　钢的冶炼与分类

8.1.1　钢的冶炼

钢和铁的主要成分都是铁和碳，用含碳量的多少加以区分，含碳量大于 2.06% 的为生铁，小于 2.06% 的为钢。

钢是由生铁冶炼而成的。生铁是由铁矿石、焦炭和少量石灰石等在高温的作用下进行还原反应和其他的化学反应，铁矿石中的氧化铁形成金属铁，然后再吸收碳而成的。生铁的主要成分是铁，但含有较多碳以及硫、磷、硅、锰等杂质，杂质使得生铁的性质硬而脆，塑性很差,抗拉强度很低,使用受到很大限制。炼钢的目的就是通过冶炼将生铁中的含碳量降至 2.06% 以下,其他杂质含量降至一定的范围内,以显著改善其技术性能,提高质量。

钢的冶炼方法主要有氧气转炉法、电炉法和平炉法三种,不同的冶炼方法对钢材的质量有着不同的影响,如表 8-1 所示。目前,氧气转炉法已成为现代炼钢的主要方法,而平炉法则已基本被淘汰。

表 8-1 炼钢方法的特点和应用

炉 种	原 料	特 点	生产钢种
氧气转炉	铁水、废钢	冶炼速度快,生产效率高,钢质较好	碳素钢、低合金钢
电 炉	废 钢	容积小,耗电大,控制严格,钢质好,但成本高	合金钢、优质碳素钢
平 炉	生铁、废钢	容量大,冶炼时间长,钢质较好且稳定,成本较高	碳素钢、低合金钢

8.1.2 钢的分类

钢的分类方法很多,目前的分类方法主要有下面几种。

1. 按化学成分分类

(1)碳素钢。碳素钢含碳量为 0.02% ~ 2.06%,按含碳量又可分为低碳钢(含碳量 < 0.25%)、中碳钢(含碳量 0.25% ~ 0.6%)、高碳钢(含碳量 > 0.6%)。

在建筑工程中,主要用的是低碳钢和中碳钢。

(2)合金钢。合金钢可以分为低合金钢(合金元素总量 < 5%)、中合金钢(合金元素总量为 5% ~ 10%)、高合金钢(合金元素总量 > 10%)。

建筑上常用低合金钢。

2. 按有害杂质含量分类

(1)普通钢。硫含量 ≤ 0.050%,磷含量 ≤ 0.045%。
(2)优质钢。硫含量 ≤ 0.035%,磷含量 ≤ 0.035%。
(3)高级优质钢。硫含量 ≤ 0.025%,磷含量 ≤ 0.025%。
(4)特级优质钢。硫含量 ≤ 0.025%,磷含量 ≤ 0.015%。

建筑中常用普通钢,有时也用优质钢。

3. 根据冶炼时脱氧程度分类

(1)沸腾钢。炼钢时加入锰铁进行脱氧,脱氧很不完全,故称沸腾钢,代号为"F"。沸腾钢组织不够致密,杂质和夹杂物多,硫、磷等杂质偏析较严重,故质量较差。但其生产成本低、产量高,可广泛用于一般的建筑工程。

(2)镇静钢。炼钢时一般采用硅铁、锰铁和铝锭等作脱氧剂,脱氧充分,这种钢水铸锭时能平静地充满锭模并冷却凝固,基本无 CO 气泡产生,故称镇静钢,代号为"Z"(亦可省略不写)。镇静钢虽成本较高,但其组织致密,成分均匀,性能稳定,故质量好,适用于预应力混凝土等重要结构工程。

(3)特殊镇静钢。比镇静钢脱氧程度更充分彻底的钢,其质量最好,适用于特别重要的结构工程,代号为"TZ"(亦可省略不写)。

(4) 半镇静钢。脱氧程度介于沸腾钢和镇静钢之间,为质量较好的钢,其代号为"b"。

4. 根据用途分类

(1) 结构钢:主要用作工程结构构件及机械零件的钢。
(2) 工具钢:主要用作各种量具、刀具及模具的钢。
(3) 特殊钢:具有特殊物理、化学或机械性能的钢,如不锈钢、耐酸钢和耐热钢等。
建筑上常用的是结构钢。

8.1.3 钢材的化学成分及其对钢材性能的影响

钢材中除了主要化学成分铁(Fe)以外,还含有少量的碳(C)、硅(Si)、锰(Mn)、磷(P)、硫(S)、氧(O)、氮(N)、钛(Ti)、钒(V)等元素,这些元素虽然含量少,但对钢材性能有很大影响:

1. 碳

碳是决定钢材性能的最重要元素。当钢中含碳量在 0.8% 以下时,随着含碳量的增加,钢材的强度和硬度提高,而塑性和韧性降低;但当含碳量在 1.0% 以上时,随着含碳量的增加,钢材的强度反而下降。随着含碳量的增加,钢材的焊接性能变差(含碳量大于 0.3% 的钢材,可焊性显著下降),冷脆性和时效敏感性增大,耐大气锈蚀性下降。

2. 硅

硅是作为脱氧剂而加入的,是钢中的有益元素。硅含量较低(小于 1.0%)时,能提高钢材的强度,而对塑性和韧性无明显影响。

3. 锰

锰是炼钢时用来脱氧去硫而加入的,是钢中的有益元素。锰具有很强的脱氧去硫能力,能消除或减轻氧、硫所引起的热脆性,大大改善钢材的热加工性能,同时能提高钢材的强度和硬度。锰是我国低合金结构钢中的主要合金元素。

4. 磷

磷是钢中很有害的元素。随着磷含量的增加,钢材的强度、屈强比、硬度均提高,而塑性和韧性显著降低。特别是温度越低,对塑性和韧性的影响越大,显著加大钢材的冷脆性。磷也使钢材的可焊性显著降低。但磷可提高钢材的耐磨性和耐蚀性,故在低合金钢中可配合其他元素作为合金元素使用。

5. 硫

硫也是钢中很有害的元素。硫的存在会加大钢材的热脆性,降低钢材的各种机械性能,也使钢材的可焊性、冲击韧性、耐疲劳性和抗腐蚀性等均降低。

6. 氧

氧是钢中的有害元素。随着氧含量的增加,钢材的强度有所提高,但塑性特别是韧性显著降低,可焊性变差。氧的存在会造成钢材的热脆性。

7. 氮

氮对钢材性能的影响与碳、磷相似，随着氮含量的增加，钢材的强度提高，塑性特别是韧性显著降低，可焊性变差，冷脆性加剧。氮在铝、铌、钒等元素的配合下可以减少其不利影响，改善钢材性能，可作为低合金钢的合金元素使用。

8. 钛

钛是强脱氧剂。钛能显著提高强度，改善韧性、可焊性，但稍降低塑性。钛是常用的微量合金元素。

9. 钒

钒是弱脱氧剂。钒加入钢中可减弱碳和氮的不利影响，有效地提高强度，但有时也会增加焊接淬硬倾向，钒也是常用的微量合金元素。

8.2 钢材的技术性质

钢材的技术性质主要包括力学性能（抗拉性能、冲击韧性、疲劳强度和硬度等）和工艺性能（冷弯性能、焊接性能和热处理性能等）两个方面。

8.2.1 力学性能

1. 抗拉性能

抗拉性能是建筑钢材最主要的技术性能。通过拉伸试验可以测得屈服强度、抗拉强度和伸长率，这些是钢材的重要技术性能指标。

建筑钢材的抗拉性能可用低碳钢受拉时的应力-应变图（图 8-1）来阐明。低碳钢从受拉至拉断，分为以下四个阶段。

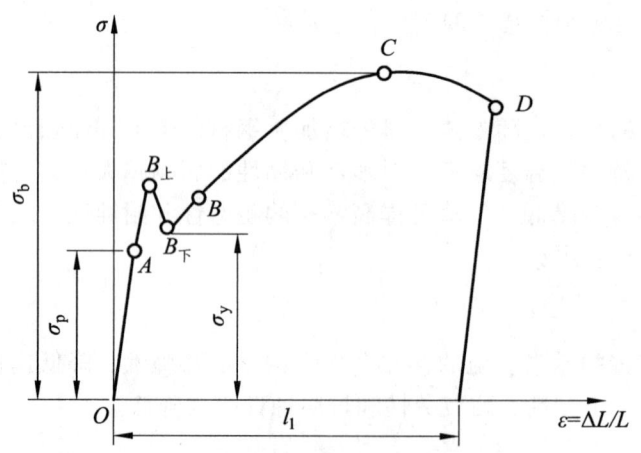

图 8-1 低碳钢受拉时应力-应变图

1）弹性阶段

OA 阶段，如卸去荷载，试件将恢复原状，表现为弹性变形，与 A 点相对应的应力为弹性极限,用 σ_{ls} 表示。此阶段应力与应变成正比,其比值为常数,即弹性模量,用 E 表示,即 $E=\dfrac{\sigma_p}{\varepsilon_p}$。弹性模量反映了钢材抵抗变形的能力,它是钢材在受力条件下计算结构变形的重要指标。土木工程中常用的低碳钢的弹性模量 $E=(2.0\sim2.1)\times10^5$ MPa,弹性极限 $\sigma_p=180\sim200$ MPa。

2)屈服阶段

AB 为屈服阶段。在 AB 曲线范围内,应力与应变不成比例,开始产生塑性变形,应变增加的速度大于应力增长速度,钢材抵抗外力的能力发生"屈服"了。图中 $B_上$ 点是这一阶段应力最高点,称为屈服上限,$B_下$ 点为屈服下限。因 $B_下$ 比较稳定易测,故一般以 $B_下$ 点对应的应力作为屈服点,用 σ_y 表示。常用低碳钢的 σ_y 为 195~300 MPa。

中碳钢和高碳钢没有明显的屈服现象,规范规定以 0.2%残余变形所对应的应力值作为名义屈服强度,用 $\sigma_{0.2}$ 表示。

屈服强度对钢材使用意义重大:一方面,当钢材的实际应力超过屈服强度时,变形即迅速发展,将产生不可恢复的永久变形,尽管尚未破坏但已不能满足使用要求;另一方面,当应力超过屈服强度时,受力较高部位的应力不再提高,而自动将荷载重新分配给某些应力较低部位。因此,屈服强度是设计中确定钢材的容许应力及强度取值的主要依据。

3)强化阶段

BC 阶段,当荷载超过屈服点以后,由于试件内部组织结构发生变化,抵抗变形能力又重新提高,故称为强化阶段。对应于最高点 C 点的应力为强度极限或抗拉强度,用 σ_b 表示。抗拉强度是钢材所能承受的最大拉应力,即当拉应力达到强度极限时,钢材完全丧失了对变形的抵抗能力而断裂。

通常,钢材是在弹性范围内使用的,但在应力集中处,其应力可能超过屈服强度,此时由于产生一定的塑性变形,可使结构中的应力产生重分布,从而使结构免遭破坏。

抗拉强度虽然不能直接作为计算依据,但屈服强度与抗拉强度的比值,即"屈强比"(σ_y/σ_b)对工程应用有较大意义。工程使用的钢材不仅希望具有高的屈服强度,还希望具有一定的屈强比。屈强比越小,钢材在应力超过屈服强度工作时的可靠性越大,即延缓结构损坏过程的潜力越大,因而结构的安全储备越大,结构越安全。但屈强比过小,钢材强度的有效利用率低,造成浪费。常用碳素钢的屈强比为 0.58~0.63,合金钢的屈强比为 0.65~0.75。

4)颈缩阶段

CD 阶段,当钢材强化达到最高点后,试件薄弱处的截面显著缩小,产生"颈缩现象",由于试件断面急剧缩小,塑性变形迅速增加,拉力也随着下降,最后试件拉断。试件拉断后的标距增量与原始标距之比的百分率为伸长率(断后伸长率),按式(8-1)计算:

$$\delta=\dfrac{l_1-l_0}{l_0}\times100\% \qquad (8\text{-}1)$$

式中:δ——伸长率,%;

l_1——试件拉断后的标距,mm;

l_0——试件试验前的原始标距,mm;

钢材拉伸时塑性变形在试件标距内的分布是不均匀的,颈缩处的伸长较大。所以原始标距 l_0 与直径 d 之比越大,颈缩处的伸长值在总伸长值中所占的比例就越小,计算出的伸长率 δ

也越小。通常钢材拉伸试件取 $l_0=5d$ 或 $l_0=10d$，对应的伸长率分别记为 δ_5 和 δ_{10}，对于同一钢材，$\delta_5 > \delta_{10}$。

测定试件拉断处的截面面积 A。试件拉断前后截面面积的改变量与原始截面面积 A_0 的百分比称为断面收缩率 ψ。断面收缩率的计算公式如下：

$$\psi = \frac{A_0 - A}{A_0} \times 100\% \tag{8-2}$$

伸长率和断面收缩率都表示钢材断裂前经受塑性变形的能力。伸长率越大或者断面收缩率越高，表示钢材塑性越好。尽管结构是在钢的弹性范围内使用，但在应力集中处，其应力可能超过屈服点，此时产生一定的塑性变形，可使结构中的应力产生重分布，从而使结构免遭破坏。另外，钢材塑性大，则在塑性破坏前，有很明显的塑性变形和较长的变形持续时间，便于人们发现和补救问题，从而保证钢材在建筑上的安全使用，也有利于钢材加工成各种形式。

2. 冲击韧性

冲击韧性是钢材抵抗冲击荷载的能力。钢材的冲击韧性用试件冲断时单位面积上所吸收的能量来表示。冲击韧性按式（8-3）计算：

$$\alpha_k = \frac{A_k}{S_0} \tag{8-3}$$

式中：α_k——冲击韧性，J/cm^2；

A_k——试件冲断时所吸收的冲击能，J；

S_0——试件槽口处最小横截面面积，cm^2。

影响钢材冲击韧性的主要因素有：化学成分、冶炼质量、冷作硬化及时效、环境温度等。钢材的冲击韧性随温度的降低而下降，其规律是：开始时，冲击韧性随温度的降低而缓慢下降，但当温度降至一定的范围（狭窄的温度区间）时，钢材的冲击韧性骤然下降很多而呈脆性，即冷脆性，此时的温度称为脆性转变温度，见图 8-2。脆性转变温度越低，表明钢材的低温冲击韧性越好。为此，在负温下使用的结构，设计时必须考虑钢材的冷脆性，应选用脆性转变温度低于最低使用温度的钢材，并满足规范规定的-20 ℃ 或-40 ℃ 条件下冲击韧性指标的要求。

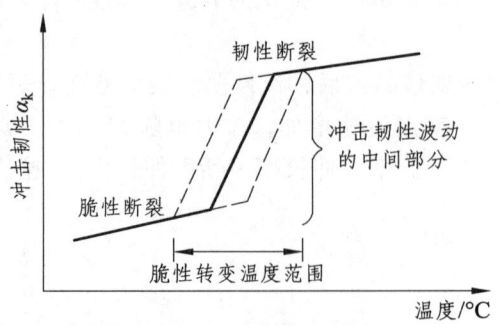

图 8-2 钢的脆性转变温度

3. 疲劳强度

钢材在交变荷载的反复作用下，往往在最大应力远小于其抗拉强度时就发生破坏，这种现象称为钢材的疲劳性。疲劳破坏的危险应力用疲劳强度（或称疲劳极限）来表示，它是指疲劳试验时试件在交变应力作用下,于规定的周期基数内不发生断裂所能承受的最大应力。一般把钢材承受交变荷载 $10^6 \sim 10^7$ 次时不发生破坏的最大应力作为疲劳强度。设计承受反复荷载且需进行疲劳验算的结构时,应了解所用钢材的疲劳极限。

研究证明,钢材的疲劳破坏是拉应力引起的,首先在局部开始形成微细裂纹,其后由于裂纹尖端处产生应力集中而使裂纹迅速扩展直至钢材断裂。因此,钢材的内部成分的偏析、夹杂物的多少以及最大应力处的表面光洁程度、加工损伤等,都是影响钢材疲劳强度的因素。疲劳破坏经常是突然发生的,因而具有很大的危险性,往往造成严重事故。

4. 硬　度

硬度是指金属材料在表面局部体积内,抵抗硬物压入表面的能力,亦即材料表面抵抗塑性变形的能力。测定钢材硬度采用压入法,即以一定的静荷载(压力),把一定的压头压在金属表面,然后测定压痕的面积或深度来确定硬度。按压头或压力不同,硬度测量方法有布氏法、洛氏法等,相应的硬度试验指标称布氏硬度(HB)和洛氏硬度(HR)。较常用的方法是布氏法,其硬度指标是布氏硬度值。

1)布氏硬度

布氏硬度试验是按规定选择一个直径为 D(mm)的淬硬钢球或硬质合金球,以一定荷载 P(N)将其压入试件表面,持续至规定时间后卸去荷载,测定试件表面上的压痕直径 d(mm),根据计算或查表确定单位面积上所承受的平均应力值,其值作为硬度指标(无量纲),称为布氏硬度,代号为 HB。布氏硬度测定示意图如 8-3 所示。

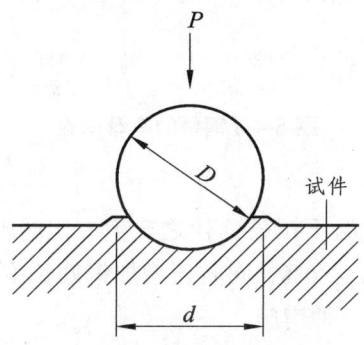

图 8-3　布氏硬度测定示意图

布氏硬度法比较准确,但压痕较大,不宜用于成品检验。

2)洛氏硬度

洛氏硬度试验是将金刚石圆锥体或钢球等压头,按一定试验荷载压入试件表面,以压头压入试件的深度来表示硬度值(无量纲)。这种方法测得的硬度称为洛氏硬度,代号为 HR。

洛氏硬度法的压痕小,所以常用于判断工件的热处理效果。

8.2.2　工艺性能

钢材应具有良好的工艺性能,以满足施工工艺的要求。冷弯、冷拉、冷拔及焊接性能是建筑钢材的重要工艺性能。

1. 冷弯性能

冷弯性能是钢材在常温条件下,承受弯曲变形的能力,是反映钢材缺陷的一种重要工艺性能。钢材的冷弯性能以试验时的弯曲角度和弯心直径作为指标来表示。

钢材冷弯时弯曲角度越大,弯心直径越小,则表示对冷弯性能的要求越高。试件弯曲处若无裂纹、断裂及起层等现象,则认为其冷弯性能合格。

钢材的冷弯性能与伸长率一样,也是反映钢材在静荷载作用下的塑性,而且冷弯是在更苛刻的条件下对钢材塑性的严格检验,它能反映钢材内部组织是否均匀、是否存在内应力及夹杂物等缺陷。在工程中,冷弯试验还被用作严格检验钢材焊接质量的一种手段。

冷弯性能是指钢材在常温下承受弯曲变形的能力。钢材的冷弯性能指标以试件弯曲的角度 α 和弯心直径对试件厚度(或直径)的比值 d/a 来表示。

钢材的冷弯试验是通过直径(或厚度)为 a 的试件,采用标准规定的弯心直径 d($d=na$),弯曲到规定的弯曲角(180°或90°)时,试件的弯曲处不发生裂缝、裂断或起层,即认为冷弯性能合格。钢材弯曲时的弯曲角度越大,弯心直径越小,则表示其冷弯性能越好。图 8-4 为弯曲时不同弯心直径的钢材冷弯试验。

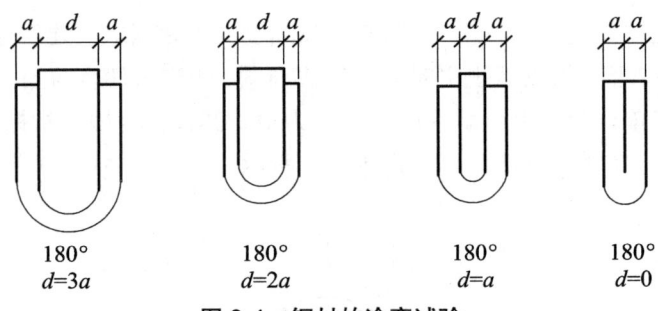

图 8-4 钢材的冷弯试验

2. 冷 拉

将热轧钢筋用拉伸设备在常温下拉长,使之产生一定的塑性变形的过程称为冷拉。冷拉后的钢筋不仅屈服强度提高 20%~30%,同时还增加钢筋长度(4%~10%),因此冷拉也是节约钢材(一般为 10%~20%)的一种措施。

钢材经冷拉后屈服阶段缩短,伸长率减小,材质变硬。

实际冷拉时,应通过试验确定冷拉控制参数。冷拉参数的控制,直接关系到冷拉效果和钢材质量。

钢筋的冷拉可采用控制应力或控制冷拉率的方法。当采用控制应力方法时,在控制应力下的最大冷拉率应满足规定要求,当最大冷拉率超过规定要求时,应进行力学性能检验。当采用控制冷拉率方法时,冷拉率必须由试验确定,测定冷拉率时钢筋的冷拉应力应满足规定要求。对不能分清炉罐号的热轧钢筋,不应采取控制冷拉率的方法。

3. 冷 拔

将光圆钢筋通过硬质合金拔丝模孔强行拉拔。钢筋在冷拔过程中,不仅受拉,同时还受到挤压作用。经过一次或多次冷拔后,钢筋的屈服强度可提高 40%~60%,但塑性大大降低,具有硬钢的性质。

4. 钢材的焊接

在建筑工程中，各种型钢、钢板、钢筋及预埋件等需用焊接加工。钢结构有 90% 以上是焊接结构。焊接的质量取决于焊接工艺、焊接材料及钢的焊接性能。

钢材的可焊性是指钢材是否适应通常的焊接方法与工艺的性能。可焊性好的钢材指易于用一般焊接方法和工艺施焊，焊口处不易形成裂纹、气孔、夹渣等缺陷；焊接后钢材的力学性能，特别是强度不低于原有钢材，硬脆倾向小。钢材可焊性能的好坏，主要取决于钢的化学成分。含碳量高将增加焊接接头的硬脆性，含碳量小于 0.25% 的碳素钢具有良好的可焊性。

钢筋焊接应注意的问题是：冷拉钢筋的焊接应在冷拉之前进行；钢筋焊接之前，焊接部位应清除铁锈、熔渣、油污等；应尽量避免不同国家的进口钢筋之间或进口钢与国产钢筋之间的焊接。钢材的主要焊接方法：

（1）电弧焊：以焊条作为一极，钢材为另一极，利用焊接电流通过产生的电弧热进行焊接的一种熔焊方法。

（2）闪光对焊：将两钢材安放成对接形式，利用电阻热使对接点金属熔化，产生强烈飞溅，形成闪光，迅速施加顶锻力完成的一种压焊方法。

（3）电渣压力焊：将两钢材安放成竖向对接形式，利用焊接电流通过两钢材端面间隙，在焊剂层下形成电弧过程和电渣过程，产生的电弧热和电阻热熔化钢材，加压完成的一种压焊方法。

（4）埋弧压力焊：将两钢材安放成 T 型接头形式，利用焊接电流通过，在焊剂层下产生电弧，形成熔池，加压完成的一种压焊方法。

（5）电阻点焊：将两钢材安放成交叉叠接形式，压紧于两电极之间，利用电阻热熔化母材金属，加压形成焊点的一种压焊方法。

（6）气压焊：采用氧乙炔火焰或其他火焰对两钢材对接处加热，使其达到塑性状态（固态）或熔化状态（熔态）后，加压完成的一种压焊方法。

焊接过程的特点是：在很短的时间内达到很高的温度；金属熔化的体积很小；由于金属传热快，故冷却的速度很快。因此，在焊件中常发生复杂的、不均匀的反应和变化，存在剧烈的膨胀和收缩，因而易产生变形、内应力和组织的变化。

8.3 建筑钢材的牌号与选用

土木工程中常用的钢材可分为钢筋混凝土结构用钢和钢结构用钢两大类。前者主要是钢筋、钢丝和钢绞线，后者主要是型钢和钢板。

8.3.1 建筑钢材的牌号

在土木工程中，常用的钢筋、钢丝、型钢及预应力锚具等，基本上都是由碳素结构钢和低合金高强度结构钢等钢种经热轧或再经冷加工强化及热处理等工艺加工而成的。

1. 碳素结构钢

碳素结构钢是最基本的钢种,包括一般结构钢和工程用热轧钢板、钢带、型钢等。《碳素结构钢》(GB/T 700—2006)具体规定了它的牌号、技术要求、试验方法、检验规则等。

(1)牌号表示方法。

碳素结构钢的牌号由代表屈服强度的字母、屈服强度数值、质量等级符号、脱氧方法符号四个部分按顺序组成。其中:以"Q"代表屈服强度,屈服强度数值分为 195 MPa、215 MPa、235 MPa 和 275 MPa 四种;质量等级按钢中硫、磷有害杂质含量由多到少分为 A、B、C、D 四级,钢的质量随 A、B、C、D 顺序逐渐提高;脱氧方法以 F 表示沸腾钢、Z 表示镇静钢、TZ 表示特殊镇静钢,Z 和 TZ 符号可以省略。

例如,Q235BF 表示碳素结构钢的屈服强度为 235 MPa(当钢材厚度或直径≤16 mm 时),质量等级为 B 级,即硫、磷均控制在 0.045% 以下,脱氧程度为沸腾钢。

(2)技术要求。

碳素结构钢的技术要求主要包括牌号和化学成分、冶炼方法、交货状态、力学性能及表面质量五个方面。碳素结构钢的力学性能(含拉伸和冲击试验)、冷弯性能指标应分别符合表 8-2 和表 8-3 的要求。

表 8-2 碳素结构钢的力学性能

牌号	等级	屈服强度[①] $R_{el}(\sigma_s)/(N/mm^2)$,不小于						抗拉强度[②] $R_m(\sigma_s)/(N/mm^2)$	断后伸长率 A(%),不小于					冲击试验(V 型缺口)	
		厚度(或直径)/mm							厚度(或直径)/mm					温度/°C	冲击吸收功(纵向)/J,不小于
		16	>16~40	>40~60	>60~100	>100~150	>150~200		≤40	>40~60	>60~100	>100~150	>150~200		
Q195	—	195	185	—	—	—	—	315~430	33	—	—	—	—	—	—
Q215	A	215	205	195	185	175	165	335~450	31	30	29	27	26	—	—
	B													+20	+27
Q235	A	235	225	215	215	195	185	375~500	26	25	24	22	21	—	—
	B													+20	27[③]
	C													0	
	D													-20	
Q275	A	275	265	255	245	225	215	410~540	22	21	20	18	17	—	—
	B													+20	27
	C													0	
	D													-20	

注:① Q195 的屈服强度值仅供参考,不作交货条件。
② 厚度大于 100 mm 的钢材,抗拉强度下限允许降低 20 N/mm²。宽带钢(包括剪切钢板)抗拉强度上限不作交货条件。
③ 厚度小于 25 mm 的 Q235B 级钢材,如供方能保证冲击吸收功值合格,经需方同意,可不做检验。

表 8-3 碳素结构钢的冷弯性能

牌号	试样方向	冷弯试验 180° $B=2a$ [①]	
		钢材厚度（或直径）[②]/mm	
		≤60	>60～100
		弯心直径 d	
Q195	纵	0	—
	横	0.5a	—
Q215	纵	0.5a	1.5a
	横	a	2a
Q235	纵	a	2a
	横	1.5a	2.5a
Q275	纵	1.5a	2.5a
	横	2a	3a

注：① B 为试样宽度，a 为试样厚度（或直径）。
② 钢材厚度（或直径）大于 100 mm 时，弯曲试验由双方协商确定。

（3）性能及应用。

碳素结构钢冶炼方便，成本较低。其力学性能稳定，塑性好，在各种加工（如轧制、加热或迅速冷却）过程中敏感性较小，构件在焊接、冲击及适当超载的情况下也不会突然破坏。

碳素结构钢随牌号的增大，碳含量增加，屈服强度及抗拉强度提高，但塑性与韧性降低，冷弯性能变差，同时焊接性能也降低。

Q195、Q215 两种牌号的钢，强度较低，但塑性、韧性、加工性能与焊接性能较好，故多用于受荷较小及焊接结构中，常用来制作钢钉、铆钉及螺栓等。

Q235 是土木工程中最常用的碳素结构钢牌号，其既具有较高的强度，又具有较好的塑性、韧性，同时还具有较好的焊接性能及可加工性等综合性能，可轧制成各种型钢、钢板、钢管和钢筋，能够满足一般钢结构和钢筋混凝土结构用钢的要求，且成本较低。

Q275 牌号的钢，强度较高，但塑性、韧性差，焊接性能也差，不宜进行冷加工，可用来轧制带肋钢筋，制作螺栓配件，用于钢筋混凝土结构及钢结构中，但更多的是用于机械零件和工具中。

2. 低合金高强度结构钢

低合金高强度结构钢是用来加工生产建筑钢材的主要钢种。《低合金高强度结构钢》（GB/T 1591—2008）具体规定了钢的牌号技术要求、试验方法、检验规则等内容。

（1）牌号表示方法。

低合金高强度结构钢牌号的表示方法与碳素结构钢基本相同，由代表屈服强度的字母、屈服强度数值和质量等级符号三个部分按顺序组成。其中：以"Q"代表屈服强度，屈服强度数值分为 345 MPa、390 MPa、420 MPa、460 MPa、500 MPa、550 MPa、620 MPa、690 MPa 八种；质量等级按钢中硫、磷有害杂质含量由多到少分为 A、B、C、D、E 五级，钢的质量随 A、B、C、D、E 顺序逐渐提高。

例如，Q390C 表示低合金高强度结构钢的屈服点为 390 MPa（当公称厚度、直径或边长 ≤16 mm 时），质量等级为 C 级，即硫、磷均控制在 0.035%以下。

当需方要求钢板具有厚度方向性能时，则在上述规定牌号后加上代表厚度方向（Z 向）性能级别的符号，如 Q390C215。

（2）技术要求。

低合金高强度结构钢的技术要求主要包括牌号及化学成分、冶炼方法、交货状态、力学性能及工艺性能、表面质量及特殊要求等几个方面。各牌号钢的拉伸及冲击试验性能指标应分别符合《低合金高强度结构钢》具体规定的要求。低合金高强度结构钢一般由转炉或电炉冶炼，必要时加炉外精炼；以热轧、控轧、正火、正火轧制或正火加回火、热机械轧制（TMCP）或热机械轧制加回火状态交货；其表面质量应符合钢板、钢带、型钢和钢棒等相关产品标准的规定。

（3）性能及应用。

低合金高强度结构钢与碳素结构钢相比，具有较高的强度，同时还具有较好的塑性、韧性、焊接性能和耐磨性等。因此，它是综合性能较好的建筑钢材，在相同的使用条件下，可比碳素结构钢节省用钢量 20%～30%，对减轻结构自重有利。低合金高强度结构钢主要用于轧制各种型钢（角钢、槽钢、工字钢）、钢板、钢管及钢筋等，广泛用于钢筋混凝土结构和钢结构中，特别适用于各种重型结构、大跨度结构、高层结构、大柱网结构以及承受动荷载和冲击荷载的结构（如桥梁结构等）。

8.3.2　常用建筑钢材

1. 钢筋混凝土用钢

钢筋混凝土结构用钢材，主要由碳素结构钢和低合金高强度结构钢轧制而成，主要品种有：

（1）热轧钢筋。

热轧钢筋是经热轧成型并自然冷却的成品钢筋，是土木工程中用量最大的钢材品种之一，主要用于钢筋混凝土结构和预应力钢筋混凝土结构的配筋。

热轧钢筋按其表面特征可分为热轧光圆钢筋和热轧带肋钢筋。光圆钢筋横截面通常为圆形，表面光滑不带纹理。光圆钢筋强度较低，塑性、焊接性能好，伸长率高，便于弯折成形，广泛用于普通钢筋混凝土构件中的非预应力钢筋，中小型结构的主要受力钢筋或各种结构的箍筋等。带肋钢筋横截面通常也为圆形，但其表面带有两条（也可不带）纵肋和沿长度方向均匀分布的月牙形横肋，且纵横肋之间不相交，如图 8-5 所示。带肋钢筋强度较高，塑性和焊接性能较好，因表面带肋，加强了钢筋与混凝土之间的黏结力，广泛用于大、中型钢筋混凝土结构的受力钢筋。

热轧光圆钢筋是指经热轧成型，横截面通常为圆形，表面光滑的成品钢筋。热轧光圆钢筋按屈服强度特征值分为 235、300 级，钢筋牌号由 HPB 和屈服强度特征值构成，分为 HPB235 和 HPB300 两种。钢筋的公称直径范围为 6～22 mm。根据《钢筋混凝土用钢第 1 部分：热轧光圆钢筋》（GB 1499.1—2008）的规定，各牌号钢筋的力学性能和工艺性能应分别符合表 8-4 的要求。

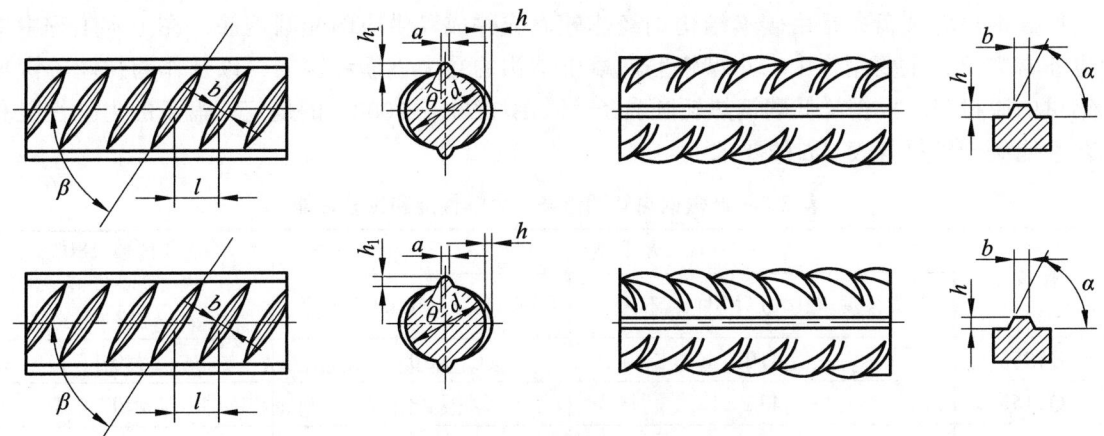

图 8-5 月牙肋钢筋（带纵肋）表面及截面形状

d—钢筋内径；α—横肋斜角；h—横肋高度；β—横肋与轴线夹角；h_1—纵肋高度；
θ—纵肋斜角；a—纵肋顶宽；l—横肋间距；b—横肋顶宽

表 8-4 热轧光圆钢筋的力学性能和工艺性能

牌号	屈服强度 $R_{el}(\sigma_s)$/MPa	抗拉强度 $R_m(\sigma_b)$/MPa	伸长率 A/%	最大力总伸长率 A_{gt}/%	冷弯试验180° d—弯心直径 a—钢筋公称直径
HPB235	≥235	≥370	≥25.0	≥10.0	$d=a$
HPB300	≥300	≥420			

热轧带肋钢筋分为普通热轧带肋钢筋（按热轧状态交货的钢筋）和细晶粒热轧带肋钢筋（在热轧过程中，通过控轧和控冷工艺形成的细晶粒钢筋）两类，是钢筋混凝土结构中使用的主要钢筋类别。热轧带肋钢筋按屈服强度特征值分为 335、400、500 级。普通热轧带肋钢筋牌号由 HRB 和屈服强度特征值构成，分为 HRB335、HRB400 和 HRB500 三种，细晶粒热轧带肋钢筋牌号由 HRBF 和屈服强度特征值构成，分为 HRBF335、HRBF400 和 HRBF500 三种。钢筋的公称直径范围为 6～50 mm；根据《钢筋混凝土用钢第 2 部分：热轧带肋钢筋》（GB 1499.2—2007）的规定，各牌号钢筋的力学性能和工艺性能应符合表 8-5 的要求。

表 8-5 热轧带肋钢筋的力学性能和工艺性能

牌号	屈服强度 $R_{el}(\sigma_s)$/MPa	抗拉强度 $R_m(\sigma_b)$/MPa	伸长率 A/%	最大力总伸长率 A_{gt}/%	公称直径 a	
HRB335 HRBF335	335	455	17		6～25	$3a$
					28～40	$4a$
					>40～50	$5a$
HRB400 HRBF400	400	540	16	7.5	6～25	$4a$
					28～40	$5a$
					>40～50	$6a$
HRB500 HRBF500	500	630	15		6～25	$6a$
					28～40	$7a$
					>40～50	$8a$

低碳钢热轧圆盘条是由碳素结构钢经热轧而成并成盘供应的光圆钢筋，在土木工程中应用也非常广泛，主要用作中、小型钢筋混凝土结构的受力钢筋和箍筋，以及作为拉丝等深加工钢材的原材料。根据《低碳钢热轧圆盘条》(GB/T 701—2008)的规定，盘条的力学性能和工艺性能应分别符合表8-6的要求。

表8-6 低碳钢热轧圆盘条的力学性能和工艺性能

牌号	力学性能		冷弯试验180° d—弯心直径 a—试样直径
	抗拉强度 $R_m(\sigma_b)$/MPa，不大于	伸长率 A (%)，不小于	
Q195	410	30	$d=0$
Q215	435	28	$d=0$
Q235	500	23	$d=0.5a$
Q275	540	21	$d=1.5a$

注：1. 经供需双方协商并在合同中注明，可做冷弯试验。
　　2. 直径>12 mm 盘条，冷弯性能指标由供需双方协商确定。

(2) 冷轧带肋钢筋。

冷轧带肋钢筋是指热轧圆盘条经冷轧后，在其表面带有沿长度方向均匀分布的三面或两面横肋的钢筋。冷轧带肋钢筋的牌号由 CRB 和钢筋的抗拉强度最小值构成，分为 CRB550、CRB650、CRB800、CRB970 四个牌号。其中 CRB550 为普通钢筋混凝土用钢筋，其他牌号为预应力混凝土用钢筋。CRB550 钢筋的公称直径范围为 4～12 mm，CRB650 及以上牌号钢筋的公称直径为 4 mm、5 mm、6 mm。根据《冷轧带肋钢筋》(GB 13788—2008)的规定，各牌号冷轧带肋钢筋的力学性能和工艺性能应符合表8-7的要求。

表8-7 冷轧带肋钢筋的力学性能和工艺性能

牌号	$R_{p0.2}(\sigma_{p0.2})$ /MPa，不小于	$R_m(\sigma_b)$ /MPa，不小于	伸长率(%)不小于		冷弯试验180° d—弯心直径 a—钢筋公称直径	反复弯曲次数	应力松弛初始应力应相当于公称抗拉强度的70%，1000 h松弛率(%)，不大于
			$A_{11.3}(\delta_{10})$	$A_{100}(\delta_{100})$			
CRB550	500	550	8.0	—	$d=3a$	—	—
CRB650	585	650	—	4.0		3	8
CRB800	720	800	—	4.0		3	8
CRB970	875	970	—	4.0		3	8

冷轧带肋钢筋具有强度高、塑性好、节约钢材、质量稳定，与混凝土的握裹力强，综合性能良好等优点。CRB550宜用作普通钢筋混凝土构件的受力主筋、架立筋和构造筋，其他牌号宜用作中、小型预应力混凝土构件的受力主筋。

(3) 冷轧扭钢筋。

冷轧扭钢筋是采用低碳钢热轧圆盘条经专用钢筋冷轧扭机调直、冷轧并冷扭（或冷辊）一次成型具有规定截面形式和相应节距的连续螺旋状钢筋。冷轧扭钢筋按其截面形状不同分为Ⅰ型、Ⅱ型和Ⅲ型三种类型，按其强度级别不同分为CTB550级和CTB650级。根据《冷轧扭钢筋》(JG 190—2006)的规定，冷轧扭钢筋的力学性能和工艺性能指标应符合表8-8的要求。

表 8-8 冷轧扭钢筋的力学性能和工艺性能

强度级别	型号	抗拉强度 $R_m(\sigma_b)$ /(N/m²)	伸长率 A/%	180°弯曲试验（弯心直径=3a）	应力松弛率/% (当 $\sigma_{con}=0.7f_{ptk}$) 10 h	1000 h
CTB550	I	≥550	$A_{11.3}$≥4.5	受弯曲部位钢筋表面不得产生裂纹	—	—
	II	≥550	≥10		—	—
	III	≥550	≥12		—	—
CTB650	III	≥650	A_{100}≥4		≤5	≤8

注：1. a 为冷轧扭钢筋标志直径。

2. A、$A_{11.3}$ 分别表示以标距 $5.65\sqrt{S_0}$ 或 $11.3\sqrt{S_0}$（S_0 为试样原始截面面积）的试样断后伸长率，A_{100} 表示标距为 100 mm 的试样断后伸长率。

3. σ_{con} 为预应力钢筋张拉控制应力；f_{ptk} 为预应力冷轧扭钢筋抗拉强度标准值。

冷轧扭钢筋具有刚度大、不易变形、与混凝土握裹力大、无须加工（预应力或弯钩）等优点，可直接用于混凝土工程，可节约 30%钢材。使用冷轧扭钢筋可减小板的设计厚度、减轻自重，施工时可按需要将成品钢筋直接供应现场铺设，无须现场加工，改变了传统加工钢筋占用场地、不利于机械化生产的弊端。

（4）预应力混凝土用热处理钢筋。

预应力混凝土用热处理钢筋是由普通热轧中碳低合金钢筋经淬火和回火调质处理后的钢筋，按直径有 6 mm、8 mm、10 mm 三种规格，按其外形有纵肋和无纵肋两种，但都有横肋。

热处理钢筋具有高强度、高韧性和高黏结力及塑性降低等特点，适用于预应力混凝土构件的配筋，但其应力腐蚀及缺陷敏感性强，使用时应防止锈蚀及刻痕等。

（5）预应力混凝土用钢绞线。

预应力混凝土用钢绞线是以数根高强度钢丝经绞捻（一般为左捻）、稳定化处理（在一定张力下进行的短时热处理，以减小应用时的应力松弛）等工序制成。预应力混凝土用钢绞线按结构分为用两根钢丝捻制的钢绞线 1×2、用三根钢丝捻制的钢绞线 1×3、用三根刻痕钢丝捻制的钢绞线 1×3 I、用七根钢丝捻制的标准型钢绞线 1×7、用七根钢丝捻制又经模拔的钢绞线（1×7）C。1×2、1×3、1×7 结构钢绞线外形如图 8-6 所示。

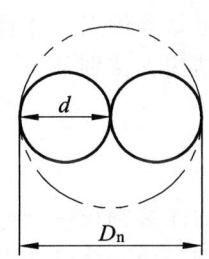 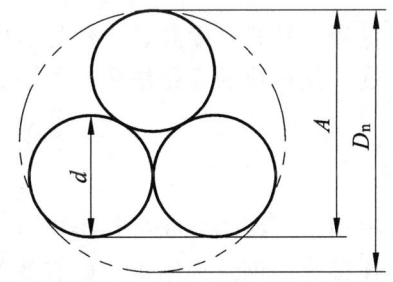 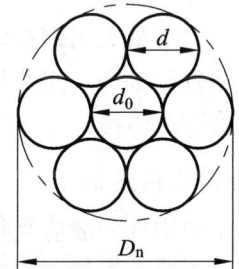

图 8-6 不同结构钢绞线外形示意图

D_n—钢绞线直径；d_0—中心钢丝直径；d—外围钢丝直径；A—1×3 结构钢绞线测量尺寸

根据《预应力混凝土用钢绞线》（GB/T 5224—2003）的规定，预应力混凝土用钢绞线的主要力学性能应符合表 8-9 的要求。

表 8-9 预应力混凝土用钢绞线的主要力学性能

钢绞线结构	钢绞线公称直径 d_n/mm	抗拉强度 $R_m(\sigma_b)$/MPa, 不小于	最大力总伸长率 A_{gt}(%), 不小于	应力松弛性能 初始负荷相当于公称最大力的百分数/%	应力松弛性能 1000 h 后应力松弛率 r/%, 不大于
1×2	5.00	1 570, 1 720, 1 860, 1 960	对所有规格	对所有规格	对所有规格
1×2	5.80	1 570, 1 720, 1 860, 1 960			
1×2	8.00	1 470, 1 570, 1 720, 1 860, 1 960			
1×2	10.00	1 470, 1 570, 1 720, 1 860, 1 960			
1×2	12.00	1 470, 1 570, 1 720, 1 860			
1×3	6.20	1 570, 1 720, 1 860, 1 960		60	1.0
1×3	6.50	1 570, 1 720, 1 860, 1 960			
1×3	8.60	1 470, 1 570, 1 720, 1 860, 1 960			
1×3	8.74	1 570, 1 670, 1 860			
1×3	10.80	1 470, 1 570, 1 720, 1 860, 1 960			
1×3	12.90	1 470, 1 570, 1 720, 1 860, 1 960			
1×3 I	8.74	1 570, 1 670, 1 860	3.5		
1×7	9.50	1 720, 1 860, 1 960		70	2.5
1×7	11.10	1 720, 1 860, 1 960			
1×7	12.70	1 720, 1 860, 1 960			
1×7	15.20	1 470, 1 570, 1 670, 1 720, 1 860, 1 960			
1×7	15.70	1 770, 1 860			
1×7	17.80	1 720, 1 860			
(1×7) C	12.70	1 860		80	4.5
(1×7) C	15.20	1 820			
(1×7) C	18.00	1 720			

注:最大力下总伸长率检验,对于 1×7 和 (1×7) C 结构的钢绞线采用 $L_0 \geqslant 500$ mm,其他结构钢绞线采用 $L_0 \geqslant 400$ mm。

预应力混凝土用钢绞线以盘卷供货,具有强度高、柔性好、安全可靠等优点,并且开盘后无须调直、接头,主要用于大跨度、重负荷的后张法预应力混凝土结构,特别是曲线配筋预应力混凝土结构。

2. 钢结构用钢

钢结构构件一般应直接选用各种型钢,型钢之间可直接连接或附加连接钢板进行连接,连接方式主要有铆接、焊接及螺栓连接等。钢结构用钢主要有热轧型钢、冷弯薄壁型钢、热(冷)轧钢板和钢管等,所用钢材主要是碳素结构钢和低合金高强度结构钢。

(1) 热轧型钢。

常用的热轧型钢有工字钢、槽钢、角钢(等边角钢和不等边角钢)、T 型钢、H 型钢、L 型钢、Z 型钢等。我国建筑用热轧型钢主要采用碳素结构钢和低合金高强度结构钢来轧制。在碳素结构钢中主要用 Q235A（碳的质量分数为 0.14%~0.22%），其特点是冶炼容易，成本低廉，强度适中，塑性和焊接性能较好，适合土木工程使用。在低合金高强度结构钢中主要采用 Q345 和 Q390，可用于大跨度、承受动荷载的钢结构中。

（2）冷弯薄壁型钢。

冷弯薄壁型钢通常采用 1.5~6 mm 厚度的薄钢板或钢带（一般采用碳素结构钢或低合金结构钢）经冷弯（轧）或模压而成，有角钢、槽钢等开口薄壁型钢及方形、矩形等空心薄壁型钢。冷弯薄壁型钢属于高效经济截面，由于壁薄、刚度好，能高效地发挥材料的作用，在同样的荷载作用下，可减轻构件质量，节约钢材，用于建筑结构可比热轧型钢节约钢材 38%~50%。冷弯薄壁型钢可用于轻型钢结构中，且施工方便，可降低综合费用。

建筑用压型钢板是冷弯薄壁型钢的另一种形式，它是用厚度为 0.4~3 mm 的钢板、镀锌钢板、彩色涂层钢板经冷压（轧）成的各种类型的波形板。压型钢板具有单位质量轻、强度高、抗震性能好、施工速度快、外形美观等特点，主要用于围护结构、屋面板、楼板及各种装饰板等。

（3）钢板和钢管。

钢结构使用的钢板是由碳素结构钢和低合金高强度结构钢轧制而成的扁平钢材，以平板状态供货的称为钢板，以卷状态供货的称为钢带。钢板按轧制温度的不同，可分为热轧钢板和冷轧钢板两类。土木工程用钢板或钢带的钢种主要是碳素结构钢，一些重型结构、大跨度结构、高压容器等也采用低合金高强度结构钢。

按厚度分，热轧钢板又可分为厚板（厚度大于等于 4 mm）和薄板（厚度小于 4 mm）两种；而冷轧钢板只有薄板（厚度小于 4 mm）一种。厚板可用作结构型钢的连接与焊接，组成钢结构承力构件，薄板可用作屋面或墙面等围护结构，或作为薄壁型钢的原料。

土木工程用钢管有无缝钢管和焊接钢管两类。无缝钢管以优质碳素结构钢或低合金高强度结构钢为原料，采用热轧、冷拔无缝方法制造。热轧无缝钢管具有良好的力学性能和工艺性能，主要用于压力管道。焊接钢管采用优质或普通碳素钢钢板卷焊而成，分为直缝焊钢管和螺旋焊钢管两类。焊接钢管价格相对较低、易加工，但一般抗压性能较差。在建筑结构上钢管多用于制作桁架、塔桅等构件，也可用于制作钢管混凝土。

8.4 钢材的锈蚀与防止

8.4.1 钢材的锈蚀

钢材的锈蚀是指其表面与周围介质发生化学作用或电化学作用而遭到破坏。

钢材的锈蚀可使钢材的有效截面积减小，产生锈坑应力集中、锈蚀，使混凝土胀裂、削弱混凝土对钢筋的握裹力等，使结构性能降低或加速结构破坏。尤其在冲击荷载、循环交变荷载作用下，将产生锈蚀疲劳现象，使钢材的疲劳强度大为降低，甚至出现脆性断裂。

根据锈蚀作用机理，钢材的锈蚀可分为化学锈蚀和电化学锈蚀两种。

1. 化学锈蚀

化学锈蚀是指钢材直接与周围介质发生化学反应而产生的锈蚀。这种锈蚀多数是氧化作用,使钢材表面形成疏松的氧化物。在常温下,钢材表面形成薄层氧化保护膜(钝化膜)FeO,可以起一定的防止钢材锈蚀的作用,故在干燥环境中,钢材锈蚀进展缓慢。但在温度或湿度较高的环境中,化学锈蚀进展加快。

2. 电化学锈蚀

电化学锈蚀是指钢材与电解质溶液接触,形成微电池而产生的锈蚀。潮湿环境中钢材表面会被一层电解质水膜所覆盖,而钢材本身含有铁、碳等多种成分,由于这些成分的电极电位不同,形成许多微电池。在阳极区,铁被氧化成为 Fe^{2+} 离子进入水膜;在阴极区,溶于水膜中的氧被还原为 OH^- 离子。随后两者结合生成不溶于水的 $Fe(OH)_2$,并进一步氧化成为疏松易剥落的红棕色铁锈 $Fe(OH)_3$。

电化学锈蚀是钢材锈蚀的最主要形式。

影响钢材锈蚀的主要因素有环境中的湿度、氧,介质中的酸、碱、盐,钢材的化学成分及表面状况等。一些卤素离子,特别是氯离子能破坏氧化膜(钝化膜),促进锈蚀反应,使锈蚀迅速发展。

钢材锈蚀时,伴随着体积膨胀,一般锈胀 1.5~3 倍,最严重的可达到原体积的 6 倍,在钢筋混凝土中会使周围的混凝土胀裂。埋入混凝土中的钢材,由于混凝土的碱性介质(新浇混凝土的 pH 值为 12 左右),在钢材表面形成碱性氧化膜(钝化膜),阻止锈蚀继续发展,故混凝土中的钢材一般不易锈蚀。

8.4.2 防止钢材锈蚀的措施

钢结构防止锈蚀通常采用表面刷漆的方法。常用的底漆有红丹、环氧富锌漆、铁红环氧底漆等,面漆有调和漆、醇酸磁漆、酚醛磁漆等。薄壁钢材可采用热浸镀锌或镀锌后加涂塑料涂层等措施。

混凝土配筋的防锈措施,根据结构的性质和所处环境等,考虑混凝土的质量要求,主要是提高混凝土的密实度,保证足够的钢筋保护层厚度,限制氯盐外加剂的掺入量。混凝土中还可掺用阻锈剂。

预应力钢筋一般含碳量较高,又多经过变形加工或冷加工,因而对锈蚀破坏很敏感,特别是高强度热处理钢筋,容易产生锈蚀现象。所以,重要的预应力混凝土结构,除了禁止掺用氯盐外,还应对原材料进行严格检验。

钢材的化学成分对耐锈蚀性影响很大,通过加入某些合金元素,可以提高钢材的耐锈蚀能力。例如,在钢中加入一定量的铬、镍、钛等合金元素,可制成不锈钢。

8.5 钢 轨

8.5.1 钢轨的功用及要求

钢轨是铁路轨道的主要组成部件。它的功用在于引导机车车辆的运行,承受车轮的巨压力并将压力传递到轨枕上，为车轮提供连续、平顺和阻力较小的滚动表面。在电气化铁路或自动闭塞区段，钢轨还兼做轨道电路之用。

为使列车能够安全、平稳和不间断地运行，钢轨除必须充分发挥上述诸功能外，还应保证在轮载和轨温变化作用下，应力和变形均不超过规定的限值。这就要求钢轨具有足够的强度、韧性和耐磨性。

机车依靠其动轮与钢轨顶面之间的摩擦牵引列车前进，这就要求钢轨顶面粗糙，使车轮与钢轨之间产生足够的摩擦力。但对车辆来说，摩阻力太大会使行车阻力增加，这就又要求钢轨有一个光滑的滚动表面。从这一矛盾的主要方面出发，钢轨仍应维持其光滑的表面，必要时，可用向轨面撒砂的方法提高机车动轮与钢轨之间的黏着力。

钢轨依靠本身的刚度抵抗轮载作用下的弹性弯曲，但是为了减轻车轮对钢轨的动力冲击作用，防止机车车辆走行部分及钢轨的折损，又要求钢轨具有必要的弹性。

车轮与钢轨之间接触面积很小，而来自车轮的压力却十分巨大，为使钢轨不致被压陷或磨耗太快，钢轨应具有足够的硬度。但硬度太高，钢轨又容易受冲击而折损，因此，要求钢轨具有一定的韧性。

此外，还应考虑到在我国的铁路建设事业中，每年需要大量的各种类型钢轨，因此，钢轨必须设计合理、价格低廉、轻重齐备、自成系列。

为满足上述这些要求，在设计和制造钢轨时，对其材质、断面形状、质量、强度、韧性和耐磨性能等都应充分考虑。

8.5.2 钢轨的断面及类型

1. 钢轨断面

作用于钢轨上的力主要是竖直力，其结果是使钢轨挠曲。钢轨可视为弹性基础上的连续长梁，而梁抵抗挠曲的最佳断面形状为工字形。因此，钢轨采用由轨头、轨腰和轨底三部分组成的宽底式工字形断面，如图 8-7 所示。

钢轨断面应满足下列要求：

（1）钢轨头部是直接和车轮接触的部分。为改善轮轨接触条件，提高其抵抗压陷和耐磨的能力，轨头宜大而厚，并有足够的面积以备磨耗，其几何形状应适合轮轨的接触。

（2）为使钢轨有较大的承载能力和抗弯能力，钢轨腰部必须有足够的厚度和高度。轨腰与钢轨头部及底部的连接，必须保证夹板能有足够的支承面，并使断面的变化不至于太突然，以免产生过大的应力集中。

（3）钢轨底部直接支承在轨枕顶面上。为保持钢轨稳定，轨底应有足够的宽度和厚度，并具有必要的刚度和抵抗锈蚀的能力。

（4）钢轨的头部顶面宽、轨腰厚、轨身高及轨底宽是钢轨断面的 4 个主要参数。钢轨高度应尽可能大一些，以保证有足够的惯性矩及断面系数来承受竖直轮载的动力作用。但钢轨越高，其在横向水平力作用下的稳定性越差。轨身高与轨底宽之间应有一个适当的比例，一般采用 1.15～1.20。

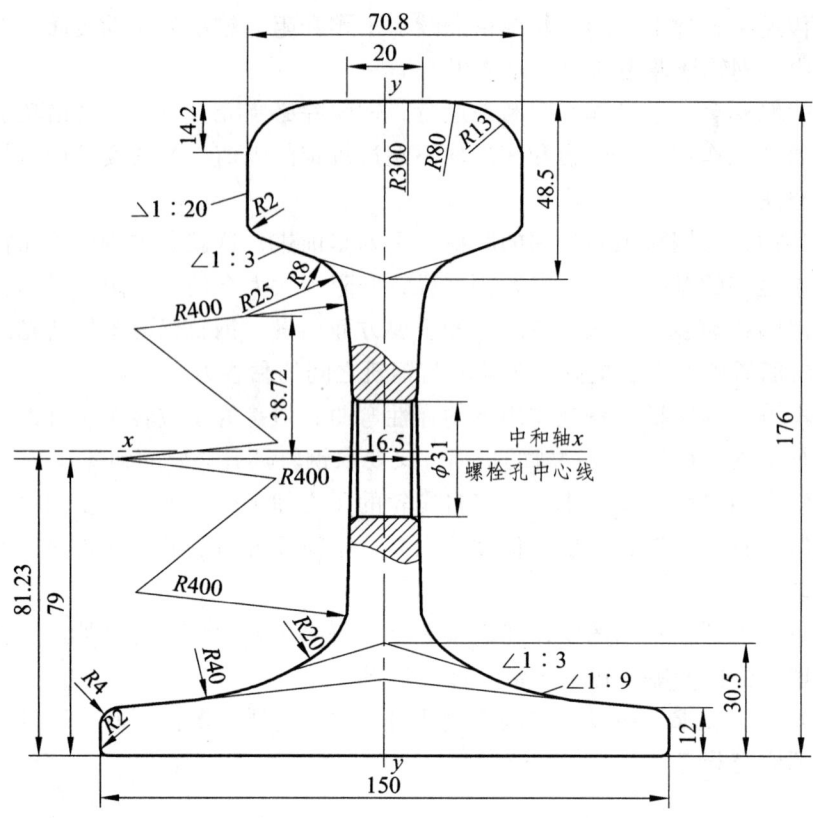

图 8-7 60 kg/m 钢轨断面图

2. 钢轨类型

钢轨的类型以每米大致质量千克数表示。目前，我国铁路的钢轨类型主要有 75 kg/m、60 kg/m、50 kg/m 及 43 kg/m。世界上最重型的钢轨已达到 77.5 kg/m，我国也在重载线路上逐步铺设 75 kg/m 钢轨。

（1）重型钢轨：每米公称质量大于 30 kg 的钢轨。火车钢轨和起重机轨都属重轨。火车钢轨：用于铺设铁路，要承受火车营运时的压力、冲击荷载和摩擦，要求有足够的强度和一定的韧性，质量要求严格，除保证其化学成分外，还要求检验力学性能、落锤试验和酸浸低倍组织等，生产厂有武钢、鞍钢、包钢和攀钢等。起重机轨即吊车轨，其高度较低，头宽及腰厚尺寸较大，只要求检验化学成分和抗拉强度，用于铺设起重机轨道，生产厂有鞍钢和攀钢。

（2）轻型钢轨：每米公称质量小于或等于 30 kg 的钢轨。轻轨的质量要求比重轨低，只要求检验其化学成分、抗拉强度、硬度和落锤试验等。主要用途：轻轨主要用于林区、矿区、工厂及施工现场等处铺设临时运输线路和轻型机车用线路。

3. 铁路钢轨型号

（1）轻型钢轨型号：钢轨材质：Q235，55Q；钢轨规格：30 kg/m，24 kg/m，22 kg/m，18 kg/m，15 kg/m，12 kg/m，8 kg/m。

（2）重型钢轨型号：钢轨材质：45Mn，71Mn；钢轨规格：50 kg/m，43 kg/m，38 kg/m，33 kg/m。

（3）起重钢轨型号：钢轨材质：U71Mn；钢轨规格：QU70 kg/m，QU80 kg/m，QU100 kg/m，QU120 kg/m。以上钢轨型号为常用钢轨型号。

8.5.3 钢轨材质

钢轨的材质是指钢轨的化学成分及其金相组织，要使钢轨具有高可靠性的前提是钢轨材质具有较高的纯净度和合理的化学成分。钢轨出现质量问题主要是由于钢轨的内部夹杂、缺陷所引起的疲劳折损。所以提高钢轨材质的纯净度是减少钢轨疲劳折损、提高钢轨可靠性、延长使用寿命的有效途径之一。

钢轨钢的主要元素是碳和铁，并根据强度和硬度的需要增加其他化学元素，同时限制磷和硫等有害元素的含量。同一种类型的钢轨中，不同炉号和生产批次，其化学元素也有一些差别，所以钢轨中的化学元素含量是一个范围。

碳（C）是钢轨抗拉强度的主要来源，一般含量为0.65%，但一般小于0.82%，如含碳最过大，则会使钢轨的伸长率、断面收缩率和冲击韧性下降。

锰（Mn）可提高钢轨强度和韧性，并去除有害的氧化铁和硫类夹杂物，如钢材中的含锰量超过1.2%，则称为高锰钢、钢材的硬度、抗冲击性、耐磨性能能得到较大的提高，但锰对钢轨的焊接有不利影响。

硅（Si）易与氧结合，除去钢中的气泡，增加钢的致密性，如在钢轨中的含硅最较高，则也能提高钢轨的耐磨性能，如钢中 SiO_2 以非金属夹杂物存在，则往往是钢轨的疲劳伤损源。

磷（P）是有害成分，如钢轨中含磷过多，则就会出现冷脆性，在严寒地区，易造成钢轨断裂。

硫（s）也是有害成分，如钢材中含硫过多，则当钢轨温度达到 800~1200 ℃ 时出现热脆性，造成钢轨轧制或热加工过程中钢轨断裂，出现大量废品。一般要求磷和硫的含量都小于 0.04%，国外有些钢轨磷和硫的含量常达到或小于 0.015%。

此外，目前世界各国也生产合金轨，即在钢轨中加入钒（V）、铬（Cr）、钼（Mo）等，以提高钢轨的材质，满足高速铁路的要求。我国和世界各国主要钢轨的化学成分如表8-10所示。

表8-10 我国和世界主要钢轨化学成分 （%）

项目	C	Si	Mn	P	S	Al	V	σ_b/MPa	δ_s/%
京沪技术条件	0.65~0.75	0.10~0.50	0.80~1.30	≤0.025	0.008~0.025	0.004			
U71Mn	0.65~0.76	0.15~0.35	1.10~1.40	≤0.025	≤0.04	—	0.03	883	8
U71MnSi	0.65~0.75	0.85~1.15	1.10~1.15	≤0.04	≤0.04			883	8
U75V（PD3）	0.71~0.78	0.50~0.70	0.75~1.05	≤0.025	0.008~0.025	0.004	0.04~0.08	900	
UIC 900A	0.60~0.80	0.10~0.50	0.80~1.30	≤0.040	≤0.040	—	—	880~1030	10
TGV	0.60~0.80	0.10~0.50	0.80~1.30	≤0.035	≤0.030	≤0.004	—		

续表

项目	C	Si	Mn	P	S	Al	V	σ_b/MPa	δ_s/%
EN规定（液）	0.62~0.80	0.15~0.58	0.70~1.20	≤0.025	≤0.025	≤0.004	—		
EN规定（固）	0.60~0.82	0.13~0.60	0.65~1.25	≤0.030	≤0.030	≤0.004			
JISE1101	0.63~0.75	0.15~0.30	0.70~1.10	≤0.030	≤0.025	—			

注：EN—欧洲标准协会，JISE1101—日本工业标准 1101—1993；σ_b 为抗拉强度；δ_s 为伸长率；U75V 轨 Al 一栏内的 V 代表钒。

表 8-11 列出了对残留元素上限值的规定。可以看出，为了提高钢轨材质的纯净度，在化学成分上对 P、S、Al、H、O 等有害元素的含量进行了更严格的限制，并对残留元素的含量作了规定。京沪技术条件中的化学成分主要是参考了法国 TGV 及德国 ICE 使用 UIC900 钢种的经验及 TGV 和 EN 标准对 UIC900A 标准的部分补充和修订，并考虑到提高焊接性能的需要而对碳的含量作了小量调整之后而提出的，它综合了国外高速铁路钢轨的经验，因而具有更优良的性能。为了提高国产钢轨的纯净度，在冶炼和轧制过程中必须引入铁水预处理、碱性氧气转炉或电弧冶炼、炉外精炼、真空脱气、连铸、高压水除磷等先进技术。

表 8-11 钢轨残留元素上限（%）

项目		Cr（铬）	Mo（钼）	Ni（镍）	Cu（铜）	Sn（锡）	Sb（锑）	Ti（钛）	Nb（铌）	V（钒）	Cu+10Sn	Cr+Mo+Ni+Cu+V
京沪技术条件		0.15	0.02	0.10	0.15	0.040	0.020	0.025	0.01	0.03	0.35	0.35
TGV	平均值	0.028	0.004	0.036	0.026	0.011	微量	微量	微量	微量	—	0.35
	偏差	0.010	0.002	0.005	0.010	0.007						
EN		0.15	0.15	0.10	0.15	0.04	0.02	0.025	0.01	0.03	0.35	0.35

8.5.4 钢轨力学指标

钢轨的力学性能也是钢轨的主要特性，包括强度极限、屈服极限、疲劳极限、延伸率、断面收缩率、冲击韧性及布氏硬度指标等。这些指标对钢轨的承载能力、磨耗、压溃、断裂及其他伤损有很大的影响。高速铁路钢轨还对裂纹扩展速度、残余应力、落锤性能等提出了比常速铁路更高的要求。

近几年来，我国的钢轨制造技术和工艺都有较大的进步。京沪高速铁路根据世界各国高速铁路对钢轨的力学性能要求，提出了相应的技术条件，如表 8-12 所示。表中的各项指标值大体是参照 UIC900A 和 EN 标准制定的。

表 8-12 钢轨的力学指标

参数	σ_b/MPa	δ_5/%	硬度（HB）	疲劳寿命（次）（$\gamma=-1$，应变幅 1 350 Hz）	K_{1c}(MPam$^{1/2}$)		da/dN(m/GC)		残余应力/MPa	落锤（1 t，高 9.1 m）
					最小值	平均值	K/(MPa·m$^{1/2}$) 10	13.5		
指标	≥880	≥10	260~300	5×10^6	26	29	17	≤250	1	—

钢轨的硬度是一项重要指标，高硬度的钢轨一般较耐磨（要与车轮的硬度相匹配），其使

用寿命也相应提高。对于普通的高碳钢钢轨，一般布氏硬度为 280~300 HB，但低的也有 260 HB。对于有些特殊要求的钢轨，如曲线钢轨，当钢轨在 800 ℃ 以上时，采用水雾冷却，使钢轨的硬度达 355~390 HB。目前对钢轨的热处理分两种，一种是铁路工务部门对钢轨轨头淬火，一种是钢铁厂在钢轨出厂前根据铁路工务部门的要求对钢轨进行淬火等热处理，一般钢铁厂对钢轨淬火的质量较好。工厂热处理的钢轨大大减小了钢体中珠光体薄片的间距，钢轨的最高硬度可达 400 HB。

本章小结

本章主要讲述了钢的冶炼与分类、钢材的技术性质、建筑钢材的牌号与选用、钢材的锈蚀与防止、钢轨的类型及力学指标等主要内容。

钢和铁的主要成分都是铁和碳，用含碳量的多少加以区分，含碳量大于 2.06% 的为生铁，小于 2.06% 的为钢。钢材中除了主要化学成分铁（Fe）以外，还含有少量的碳（C）、硅（Si）、锰（Mn）、磷（P）、硫（S）、氧（O）、氮（N）、钛（Ti）、钒（V）等元素，这些元素虽然含量少，但对钢材性能有很大影响。

钢材的技术性质主要包括力学性能（抗拉性能、冲击韧性、疲劳强度和硬度等）和工艺性能（冷弯性能、焊接性能和热处理性能等）两个方面。

在土木工程中，常用的钢筋、钢丝、型钢及预应力锚具等，基本上都是由碳素结构钢和低合金高强度结构钢等钢种经热轧或再经冷加工强化及热处理等工艺加工而成的。本章介绍了两者的牌号、技术要求、试验方法、检验规则等主要内容。

钢材的锈蚀可分为化学锈蚀和电化学锈蚀两种。钢结构防止锈蚀通常采用表面刷漆的方法。混凝土配筋的防锈措施，根据结构的性质和所处环境等，考虑混凝土的质量要求，主要是提高混凝土的密实度，保证足够的钢筋保护层厚度，限制氯盐外加剂的掺入量。

钢轨采用由轨头、轨腰和轨底三部分组成的宽底式工字形断面，钢轨类型以每米大致质量（kg）数表示。目前，我国铁路的钢轨类型主要有 75 kg/m、60 kg/m、50 kg/m 及 43 kg/m。

复习思考题

1. 常用的炼钢方法有哪几种？各有何特点？
2. 钢材根据脱氧程度的不同可分为哪几类？各有何特点？
3. 钢的化学成分主要有哪些？它们对钢材性能有何影响？
4. 低碳钢拉伸时的应力-应变曲线分为哪几个阶段？各阶段有何特征？
5. 钢材的冲击韧性与哪些因素有关？什么是脆性临界温度和时效敏感性？
6. 什么是冷加工强化处理？冷加工强化的机理是什么？
7. 什么是钢材的焊接性能？影响钢材焊接性能的主要因素是什么？
8. 碳素结构钢的牌号如何表示？牌号和性能之间有何关系？
9. 低合金高强度结构钢的牌号如何表示？
10. 钢筋混凝土用钢主要有哪几种？各自的性能和适用范围如何？
11. 引起建筑钢材腐蚀的原因有哪些？如何避免钢材的腐蚀？

参考文献

[1] 严家伋. 道路建筑材料. 北京：人民交通出版社，2001.
[2] 周士琼. 土木工程材料. 北京：中国铁道出版社，2006.
[3] 赵丽萍. 土木工程材料. 北京：人民交通出版社，2009.
[4] 梁学忠. 工程材料. 北京：中国铁道出版社，2012.
[5] 湖南大学，天津大学，同济大学，东南大学. 土木工程材料. 北京：中国建筑工业出版社，2003.
[6] 卢经扬，于素萍. 建筑材料. 北京：清华大学出版社，2006.
[7] 全国一级建造师执业资格考试用书编写委员会. 市政公用工程管理与实务. 北京：中国建筑工业出版社，2014.
[8] 交通部. JTG E41—2005 公路工程岩石试验规程. 北京：人民交通出版社，2005.
[9] 建设部. JGJ 52—2006 普通混凝土用砂、石质量及检验方法标准. 北京：中国建筑工业出版社，2006.
[10] 国家质量监督检验检疫总局. GB 175—2007 通用硅酸盐水泥. 北京：中国标准出版社，2007.
[11] 国家质量监督检验检疫总局. GB 13693—2005 道路硅酸盐水泥. 北京：中国标准出版社，2005.
[12] 国家质量监督检验检疫总局. GB/T 2015—2005 彩色硅酸盐水泥. 北京：中国标准出版社，2005.
[13] 国家质量监督检验检疫总局. GB 201—2000 铝酸盐水泥. 北京：中国标准出版社，2000.
[14] 国家质量监督检验检疫总局. GB/T 1345—2005 水泥细度检验方法筛析法. 北京：中国标准出版社，2005.
[15] 国家质量监督检验检疫总局. GB/T 1346—2011 水泥标准稠度用水量、凝结时间、安定性检验方法. 北京：中国标准出版社，2011.
[16] 建设部，国家质量监督检验检疫总局. GB/T 50080—2002 普通混凝土拌合物性能试验方法标准. 北京：中国建筑工业出版社，2003.
[17] 国家质量监督检验检疫总局. GB/T 4508—2010 沥青延度测定法. 北京：中国标准出版社，2011.
[18] 国家质量监督检验检疫总局. GB/T 4509—2010 沥青针入度测定法. 北京：中国标准出版社，2011.
[19] 国家质量监督检验检疫总局. GB/T 4507—2014 沥青软化点测定法. 北京：中国标准出版社，2014.
[20] 国家质量监督检验检疫总局. GB/T 28900—2012 钢筋混凝土用钢材试验方法. 北京：中国标准出版社，2013.